# ディジタルシステムの設計とテスト

藤原 秀雄 著

工学図書株式会社

# 序

　半導体技術の急速な進歩により，コンピュータに代表されるディジタルシステムは現代の情報社会に広く浸透している。マイクロプロセッサ・チップのようにコンピュータを1個の部品として取り扱うことができるようになってから久しい。現在ではすでに複数個のコンピュータが1チップに搭載可能となり，複数のプロセッサ，メモリ，周辺回路から成るシステム全体が1チップで実現されるシステムLSI（システム・オン・チップ）が実現している。このように，ますます小型化，低価格化，高性能化，高信頼化へと進むディジタルシステムの応用範囲は無限に近いといっても過言ではない。今日の我々の生活はディジタルシステムなしには考えられなくなってきており，ディジタルシステムのもつ意義，重要性には計り知れないものがある。

　このような状況において，ディジタルシステムを設計しようとする立場の人はもちろんであるがディジタルシステムを利用しようとする立場の人にとっても，簡単なディジタルシステムを設計できる程度にディジタルシステムの中身を理解しておくことは重要である。

　本書はディジタルシステム設計論あるいはハードウェア設計論の大学および大学院レベルの入門教科書である。旧著「コンピュータの設計とテスト」で扱ったコンピュータの設計論とテスト論を，ディジタルシステムの設計論とテスト論へとその内容の拡充を行った。したがって題名を「ディジタルシステムの設計とテスト」とした。初心者にもわかりやすく，図表を多く用い具体的な例を多く挙げて，できるだけ平易に解説するよう努めた。

　第1章では，ディジタルシステムの設計の流れと設計自動化について概説した。第2章と第3章では，ゲートレベルとレジスタ転送レベルでの論理の基

礎を述べた．第4章と第5章では，ディジタルシステムを構成するデータパスとコントローラについて各々の設計を解説し，第6章で，動作レベルからレジスタ転送レベルへの自動合成である高位合成について述べている．第7章では，モデルコンピュータを例にコンピュータの設計法を解説している．第8章から第10章には，ディジタルシステムのテスト論を解説した．ゲートレベルとレジスタ転送レベルでのテスト手法，テストパターンの自動生成法，テスト容易化設計法について述べている．第10章のテスト容易化設計では，最近の研究成果である非スキャン設計法，システムオンチップのテストについても解説している．

　本書ではディジタルシステムの設計論だけに止めず，ディジタルシステムのテスト論についても解説している．社会に広く浸透しているディジタルシステムのテストの問題は非常に重要であるからである．正しく動作しないディジタルシステムの存在は，単にサービスの停止，中断にとどまらず，社会的にも大きな影響を与えることになる．IEEE（米国電気電子学会）から"Design and Test of Computers"という題名の学術雑誌が発行されるようになってから久しいが，信頼性の高い，故障のないコンピュータやディジタルシステムを設計，製造するためには，設計の段階でテストのことを十分考慮することの必要性，重要性を訴える論文が数多く発表されてきている．本書は大学および大学院の教科書としてまとめたものであるが，これからディジタルシステムの設計やテストを担当される方々に対する入門書としても役立てれば幸いである．

　最後に，本書刊行に際し，いろいろお世話になった工学図書笠原隆氏，岩崎敬一郎氏をはじめ関係諸氏に心からお礼申し上げる．

2004年2月

藤原秀雄

# 目　次

**第1章　ディジタルシステムの設計** …………………………… 1
　1.1　ディジタルシステム ……………………………………… 1
　1.2　設計の流れと設計自動化 ………………………………… 2

**第2章　ゲート論理** ……………………………………………… 6
　2.1　ブール代数 ………………………………………………… 6
　2.2　ディジタル回路 …………………………………………… 8
　2.3　組合せ回路の設計 ………………………………………… 15
　2.4　順序回路の設計 …………………………………………… 26
　演習問題 ………………………………………………………… 34

**第3章　レジスタ転送論理** ……………………………………… 37
　3.1　マイクロ操作とレジスタ転送言語 ……………………… 37
　3.2　転送用マイクロ操作 ……………………………………… 39
　3.3　演算用マイクロ操作 ……………………………………… 46
　演習問題 ………………………………………………………… 50

**第4章　データパスの設計** ……………………………………… 52
　4.1　データパスの構成 ………………………………………… 52
　4.2　算術演算回路の設計 ……………………………………… 55
　4.3　論理演算回路の設計 ……………………………………… 57
　4.4　ALUの設計 ………………………………………………… 58

|  |  |  |
|---|---|---|
| 4.5 | シフタの設計 | 61 |
| 演習問題 |  | 63 |

## 第5章　コントローラの設計 … 66
5.1　コントローラの構成 … 66
5.2　結線制御の設計 … 68
5.3　マイクロプログラム制御 … 73
5.4　マイクロ命令 … 76
5.5　マイクロプログラムの設計 … 79
演習問題 … 88

## 第6章　高位合成 … 90
6.1　高位合成の流れ … 90
6.2　コントロール／データフローグラフ … 91
6.3　スケジューリング … 93
6.4　バインディング … 99
6.5　レジスタ転送レベル回路の生成 … 101
演習問題 … 107

## 第7章　コンピュータの設計 … 109
7.1　設計の流れ … 109
7.2　システム設計 … 111
7.3　機能設計 … 115
7.4　論理設計 … 118
7.5　マイクロプログラム設計 … 125
演習問題 … 133

## 第8章　ディジタルシステムのテスト……………………………………… 135
- 8.1　故障モデル ……………………………………………………… 135
- 8.2　ゲート論理のテスト …………………………………………… 141
- 8.3　レジスタ転送論理のテスト …………………………………… 146
- 演習問題……………………………………………………………… 153

## 第9章　テスト生成 ……………………………………………………… 155
- 9.1　ブール微分 ……………………………………………………… 155
- 9.2　組合せ回路のテスト生成 ……………………………………… 160
- 9.3　順序回路のテスト生成 ………………………………………… 176
- 9.4　故障シミュレーション ………………………………………… 180
- 9.5　テスト生成アルゴリズムとベンチマークの歴史 …………… 187
- 演習問題……………………………………………………………… 190

## 第10章　テスト容易化設計 ……………………………………………… 194
- 10.1　テスタビリティ ……………………………………………… 194
- 10.2　万能テスト法 ………………………………………………… 199
- 10.3　スキャン設計 ………………………………………………… 202
- 10.4　非スキャン設計 ……………………………………………… 207
- 10.5　組込み自己テスト …………………………………………… 213
- 10.6　システムオンチップのテスト ……………………………… 218
- 演習問題……………………………………………………………… 223

## 付録　VHDLで記述したモデルコンピュータ ………………………… 224

## 参考文献 …………………………………………………………………… 251

# 第 1 章　ディジタルシステムの設計

## 1.1　ディジタルシステム

　ディジタルシステム (digital system) とは，離散的な有限値の信号 (ディジタル信号) を処理する素子が相互に接続されて構成された装置をいう．代表的なものとしては**ディジタルコンピュータ** (digital computer) がある．ディジタルコンピュータは，現代社会に広く浸透している．科学技術や，工業，商業，の分野で使われる大型コンピュータから，個人用の**パーソナルコンピュータ** (personal computer)，家電，自動車，携帯電話などの電子機器に組み込まれる**システム LSI** (Large Scale Integration) に至るまで，その規模，性能，価格も広範囲にわたっている．その用途も，大学，研究機関での科学技術計算，銀行などの商用でのデータ処理，交通機関での種々の制御，天気予報，医療，自動車，家庭における電気製品，携帯電話，ディジタルカメラ，家庭用ゲーム機，等々，これも広範囲にわたり，今日の我々の生活はコンピュータなしには考えられなくなっている．

　パーソナルコンピュータのような汎用コンピュータシステムとは異なり，家電，自動車，携帯電話などの各種の電子機器に組み込まれる制御用コンピュータシステムのような特定用途向きのコンピュータを組み込んだシステムを**組込みシステム** (embedded system) という．このような組込みシステムは 1 チップの LSI (大規模集積回路) として実現されることが多く，システム LSI あるいは**システムオンチップ** (SoC：system–on–chip) とも呼ばれる．システム LSI は，その用途から分かるように，まず内蔵されるコンピュータシステムは低コストで実現される安価なものが要求される．動作環境も様々なところで使われることから，温度，電圧などの動作条件も厳しく，低消費電力が要求される．さらに，人間と直接関係することから高い信頼性，リアルタイム性などが欠かせない．このように費用，性能，消費電力，信頼性，などの制約を考慮した最適なシステムをいかに短期間で設計するかが重要になる．

半導体技術の進歩によって設計される LSI の規模や複雑度が飛躍的に増大している。Gordon E. Moore の発見した法則（ムーアの法則）が示す通り，半導体の集積度はおよそ 18 ヶ月で 2 倍（3 年で 4 倍）の勢いで拡大して来ている。この技術進歩は今後当分続くものと予測されている。これにより設計される LSI が急速に大規模化しており，設計が益々困難になってきている。これを解決するためには，システムの設計生産性を向上させる必要がある。設計の生産性を向上させるためには，いくつかの対策が考えられる。その一つに，**コンピュータ援用設計**（CAD：computer-aided design）あるいは**設計自動化**（DA：design automation）がある。コンピュータを活用した設計自動化により，設計の様々な工程を自動化し，最適な設計を高速に求める。さらに，人手で行う設計レベルをより抽象度の高い上位の設計レベルに引き上げることにより，より大規模なシステムを容易に人手で設計できるようにする。このためにも上位の設計レベルからの設計自動化が必要となる。設計生産性の向上のためには，設計の再利用も有効である。システム全体をゼロから設計するのではなく，既に設計された部品を再利用して，新たに設計する部分をできるだけ少なくし，全体としての設計を高速化することにより，設計生産性を向上させる。システム LSI でのこのような部品は**設計資産**（IP：intellectual property）と呼ばれる。その他に，部品だけでなくアーキテクチャの枠組みを含めて再利用しようとするプラットフォームベース設計など，設計の生産性を向上させるために様々な方策が考えられている。

## 1.2 設計の流れと設計自動化

ディジタルシステムの設計は，図 1.1 に示すように大きく 4 つの段階に分けられる。第 1 段階は，**システム設計**（アルゴリズム設計，アーキテクチャ設計ともいう）と呼ばれ，システムの仕様から，**ハードウェア**（hardware）で実現する部分と**ソフトウェア**（software）で実現する部分の切り分けを行い（**ハードウェア／ソフトウェア協調設計**, hardware/software co-design），ハードウェアにどのような動作を要求するかを決め，それに必要なシステム構成を決定する。動作アルゴリズムやシステムの大まかなアーキテクチャを決定することになる。動作アルゴリズムは，C 言語などで記述され，**動作記述**（behavior description）と呼ばれる。

第 2 段階は**機能設計**と呼ばれ，動作アルゴリズムを実現する**レジスタ転送レベル**（RTL, register transfer level）回路を設計する。図 1.2 に示すように，レジスタ転送

## 1.2 設計の流れと設計自動化

```
システム仕様
    ↓
システム設計
    ↓
動作記述
    ↓
機能設計            高位合成
    ↓
レジスタ転送レベル
回路記述
    ↓
論理設計            論理合成
    ↓
ゲートレベル
回路記述
    ↓
レイアウト設計      自動配置配線
    ↓
マスクパターン
```

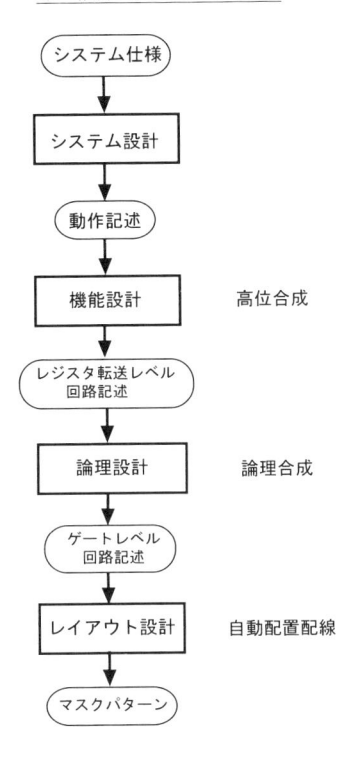

図1.1 設計の流れ

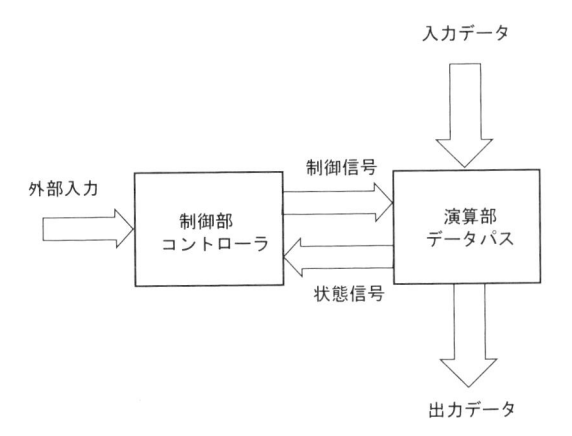

図1.2 レジスタ転送レベル回路

レベル回路は，レジスタや演算器等から成る**演算部**（**データパス**，data path）とそれを制御する**制御部**（**コントローラ**，controller）から構成される。コントローラは**有限状態機械**（**FSM**，finite state machine）で記述される。機能設計を行う設計自動化は，**高位合成**（high-level synthesis）（機能合成，動作合成ともいう）と呼ばれ，動作記述をレジスタ転送レベル回路記述に自動変換する。レジスタ転送レベル回路は，**VHDL**（VHSIC Hardware Description Language）や **Verilog-HDL** 等の**ハードウェア記述言語**（**HDL**：hardware description language）で記述される。データパスの設計は第4章，コントローラの設計は第5章，高位合成については第6章で詳しく述べる。

機能設計が終わると**論理設計**に移る。論理設計では，データパスやコントローラをAND や OR 等の**論理素子**（**ゲート**，gate）や**フリップフロップ**（flip flop）等の**記憶素子**から成る**論理回路**（logic circuit）に変換する。論理設計を行う設計自動化は，**論理合成**（logic synthesis）呼ばれ，レジスタ転送レベル回路記述をゲートレベル回路記述に自動変換する。論理回路の設計については第2章で詳しく述べる。

最後に，**レイアウト設計**では，システムをLSIで実現するために，その製造プロセスにおいて必要なマスクパターンを設計する。最初に，システムの構成要素である部品をLSIのどこに配置するかというフロアプランを決め，その後，部品を構成する各ゲートの配置とその間の配線を決定する。レイアウト設計における設計自動化は**自動配置配線**と呼ばれる。

以上でハードウェアの設計は完了する。システム設計の際に分割されたソフトウェアの部分は，システムに組込まれたコンピュータ（**プロセッサ**，processor）によって実行される。そのソフトウェアを実現するプログラムを設計し，LSI内の**プログラムメモリ**（ROM：read-only-memory）に格納する。

以上のように，システム設計，機能設計，論理設計，レイアウト設計と各段階を経てディジタルシステムが設計される。LSIの形で製造されるディジタルシステムに設計誤りがある場合，それまでの設計，製造にかかった費用が無駄となり膨大な損失となる。これを防ぐためにも製造前の段階で設計誤りを取り除いておくことは重要である。効率よく設計誤りを取り除くには，できるだけ早い時期に各設計段階で設計誤りを発見することが重要である。**設計検証**（design verification）には，ハードウェアとソフトウェアを含めたシステム全体の動作を確認するためのシステム検証や，機能設計段階や論理設計段階でのハードウェアの動作を確認する論理検証な

どがある．設計が仕様どおり誤りなく行われているかの検証は，シミュレータを用いて行われることが多く，各設計段階で異なったシミュレータが用いられる．システム設計では，システムレベルの**システムシミュレータ**，**ハードウェア／ソフトウェア協調シミュレータ**，機能設計の検証にはレジスタ転送レベルの**機能シミュレータ**，論理設計の検証にはゲートレベルの**論理シミュレータ**，などがある．

# 第2章　ゲート論理

## 2.1　ブール代数

ディジタルシステムの基礎となる論理体系は，19世紀中頃に英国の数学者ブール（G. Boole）が考案した**ブール代数**（Boolean algebra）である。ブール代数はつぎのように定義される。

すくなくとも2つの要素0と1をもつ集合B上に，2つの2項演算＋と・および1つの単項演算 ¯ が定義されていて，Bの任意の要素 $a, b, c$ について，つぎの等式（公理）を満たすとき，この代数系 $<B, +, \cdot, ^-, 0, 1>$ を**ブール代数**という。演算＋，・，¯ を各々，**ブール和**，**ブール積**，**反転**と呼ぶ。

(1)　ベキ等律　　　$a+a=a$　　　　　　　　　　$a \cdot a=a$

(2)　交換律　　　　$a+b=b+a$　　　　　　　　$a \cdot b=b \cdot a$

(3)　結合律　　　　$(a+b)+c=a+(b+c)$　　　$(a \cdot b) \cdot c=a \cdot (b \cdot c)$

(4)　吸収律　　　　$a+(a \cdot b)=a$　　　　　　　$a \cdot (a+b)=a$

(5)　分配律　　　　$(a+b) \cdot c=(a \cdot c)+(b \cdot c)$　$(a \cdot b)+c=(a+c) \cdot (b+c)$

(6)　対合律　　　　$\bar{\bar{a}}=a$

(7)　相補律　　　　$a+\bar{a}=1$　　　　　　　　　$a \cdot \bar{a}=0$

(8)　単位元　　　　$1 \cdot a=a$　　　　　　　　　$0+a=a$

(9)　零元　　　　　$1+a=1$　　　　　　　　　$0 \cdot a=0$

(10)　**ド・モルガン**（DeMorgan）律

　　　　　　　　　$\overline{(a+b)}=\bar{a} \cdot \bar{b}$　　　　　　　　$\overline{(a \cdot b)}=\bar{a}+\bar{b}$

上述の各公理において，左右の式は互いに**双対**である。すなわち，＋と・，0と1を入れ換えても，その等式は成立している。**双対の原理**（duality principle）がブール代数において成立している。さらに，上述の各公理は互いに独立ではなく，いく

つかの公理から他の公理を導くことができる。その中で，交換律，分配律，相補律，単位元の 4 つの公理から成る公理系は，ブール代数の独立な公理系を形成している。

ブール代数$<B, +, \cdot, ^-, 0, 1>$において，集合 B 上の任意の値をとる変数を**ブール変数**と呼び，ブール変数と定数 0 と 1 に演算 $+, \cdot, ^-$ を施して得られる式を**ブール式**という。ブール式で表現する関数を**ブール関数**（Boolean function）という。特に，0 または 1 のみをとるブール変数を**論理変数**といい，その場合のブール式，ブール関数，ブール和，ブール積，反転を，各々，**論理式**，**論理関数**，**論理和（OR）**，**論理積（AND）**，**論理否定（NOT）**と呼ぶ。

論理和 OR, 論理積 AND, 論理否定 NOT の演算はつぎのようになる。論理和の記号＋は算術和と間違いやすいので，その場合は∨の記号で表現する。また，論理積・の記号は∧で表現することもあり，表示しなくとも分かる場合は省略することもある。

$$0 + 0 = 0 \qquad 0 + 1 = 1 \qquad 1 + 0 = 1 \qquad 1 + 1 = 1$$

$$0 \cdot 0 = 0 \qquad 0 \cdot 1 = 0 \qquad 1 \cdot 0 = 0 \qquad 1 \cdot 1 = 1$$

$$\overline{0} = 1 \qquad \overline{1} = 0$$

2 つの論理関数が等価であることを示すには上記の公理を使って等号が成り立つことを証明すればよいが，**真理値表**（truth table）を使って変数の取りうるすべての組み合わせに対して 2 つの論理関数が同じ値を取ることを示してもよい。例えば，$F_1 = \overline{(x+y)}$, $F_2 = \overline{x}\,\overline{y}$ とおいて，$x$ と $y$ の取りうる 4 通りのすべての組み合わせについて，真理値表を作成すると表 2.1 のようになる。このようにしてド・モルガンの定理

表2.1　ド・モルガンの定理を検証する真理値表

| $x$ | $y$ | $x+y$ | $\overline{x+y}$ | $\overline{x}$ | $\overline{y}$ | $\overline{x}\,\overline{y}$ |
|---|---|---|---|---|---|---|
| 0 | 0 | 0 | 1 | 1 | 1 | 1 |
| 0 | 1 | 1 | 0 | 1 | 0 | 0 |
| 1 | 0 | 1 | 0 | 0 | 1 | 0 |
| 1 | 1 | 1 | 0 | 0 | 0 | 0 |

を確かめることができる。

## 2.2 ディジタル回路

　入力値，出力値および内部状態の値が 0 または 1 の値の組み合わせとして表現することのできる回路を**ディジタル回路**（digital circuit）または**論理回路**（logic circuit）という。論理回路はさらに，**組合せ回路**（combinational circuit）と**順序回路**（sequential circuit）に分類できる。回路の出力値がそのときの入力値だけにより決まるとき，これを組合せ回路と呼び，入力値だけで決まらず回路の内部状態にも依存するとき順序回路と呼ぶ。

　組合せ回路では，出力値がそのときの入力値だけで決まるので，各入力の組み合わせに対して，どのような出力値が得られるかということを指定する真理値表によって，その動作を記述することができる。また，真理値表は論理関数で記述できるので，組合せ回路の出力は，入力の論理関数として定義することができる。

　図 2.1 に示す $n$ 入力 $m$ 出力組合せ回路において，各入力に論理変数 $x_1, x_2, ..., x_n$，各出力に論理変数 $z_1, z_2, ..., z_m$ を対応させる。出力 $z_i$ は入力変数 $x_1, x_2, ..., x_n$ の論理関数

$$z_i = f_i(x_1, x_2, ..., x_n) \qquad i = 1, 2, ..., m$$

として表すことができる。

　論理関数に現われる各基本論理演算子 AND, OR, NOT と同じ論理機能をもつ AND, OR, NOT の各論理素子を結合することにより，組合せ回路が構成される。この論理素子を**ゲート**（gate）と呼ぶ。NOT（否定）ゲートは**インバータ**（inverter）ともいう。AND, OR, NOT ゲートのほかに，**バッファ**（buffer），NAND, NOR, XOR（Exclusive-OR），XNOR（Exclusive-NOR），などのゲートがある。これらのゲートの動作を示す論理式および論理回路図を書くときに使う図示記号を図 2.2 に示す。

**図2.1** $n$ 入力 $m$ 出力組合せ回路

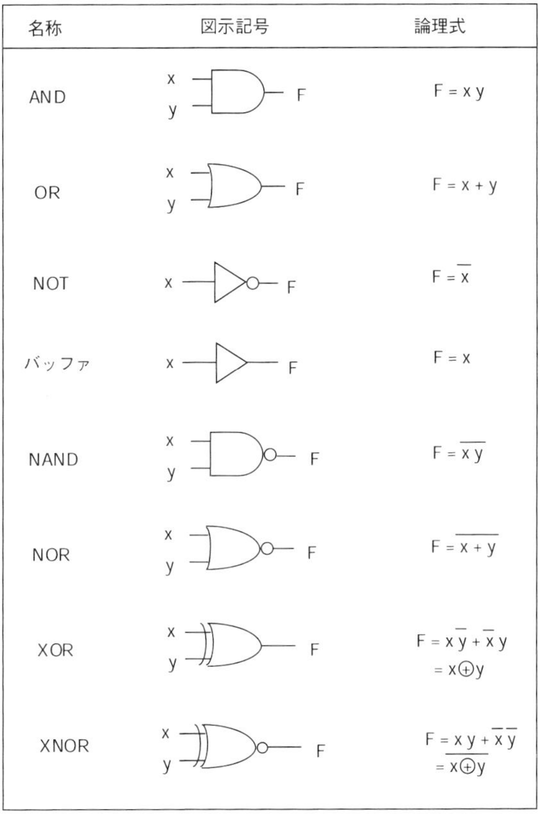

## 2.2 ディジタル回路

| 名称 | 図示記号 | 論理式 |
|---|---|---|
| AND | x, y → F | $F = xy$ |
| OR | x, y → F | $F = x + y$ |
| NOT | x → F | $F = \overline{x}$ |
| バッファ | x → F | $F = x$ |
| NAND | x, y → F | $F = \overline{xy}$ |
| NOR | x, y → F | $F = \overline{x + y}$ |
| XOR | x, y → F | $F = x\overline{y} + \overline{x}y$<br>$= x \oplus y$ |
| XNOR | x, y → F | $F = xy + \overline{x}\,\overline{y}$<br>$= x \odot y$ |

**図2.2** 論理ゲートの図示記号と論理式

これらのゲートを結合して任意の組合せ回路を構成することができるが，論理関数を実現する組合せ回路は必ずしも一意的に決まらない．図 2.3 に，$F = xy + uv$ の論理関数を実現した 3 つの異なる組合せ回路を示す．図 2.4 は，NAND ゲートを使って排他的論理和 XOR ゲートを実現した回路例である．

順序回路は，組合せ回路と記憶素子群よりなり，記憶素子を経由してループを含む図 2.5 のような回路となる．順序回路においては，出力はそのときに加えられた入力の値と内部状態の値によって決められる．また，内部状態は，そのときの入力と内部状態によってつぎの時刻の内部状態へと変化する．この時刻のタイミングをとるかとらないかにより，順序回路は**同期式順序回路**（synchronous sequential circuit）と**非同期式順序回路**（asynchronous sequential circuit）に分類される．同期式順序回

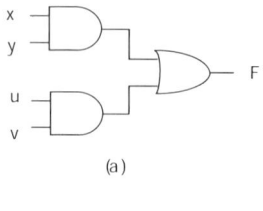

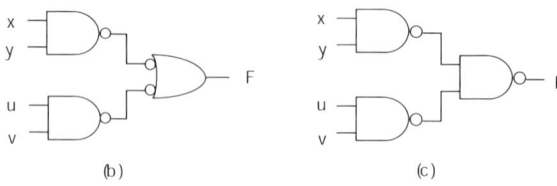

図2.3　$F=xy+uv$ の3つの実現例

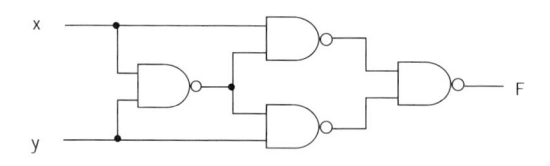

図2.4　NAND ゲートによる XOR ゲートの実現

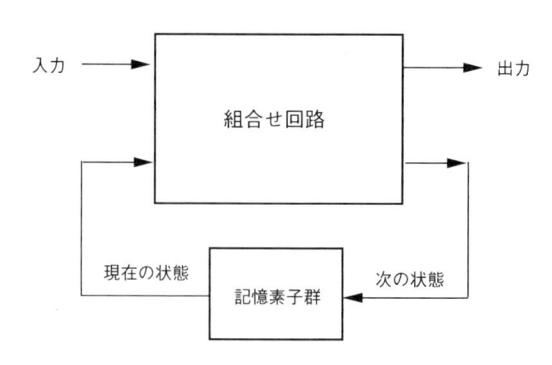

図2.5　順序回路の構成

路では，時刻のタイミングをとるために図2.6に示す**クロック・パルス**（clock pulse）を**クロック発生器**（clock generator）により供給する．したがって，クロックパルスで同期されて動作する同期式順序回路の動作速度はクロックパルスの周波数によって決まる．同期式順序回路の構成を図2.7に示す．記憶素子としてクロックで同期する**フリップ・フロップ**（flip–flop）を用いる．

フリップフロップの中で最も簡単なモデルは**Dフリップフロップ**（D flip–flop）である．Dフリップフロップはデータ入力Dとクロック入力Cおよび状態出力Q（またはQと$\overline{Q}$）の2入力1出力（または2出力）のフリップフロップである．その動作は，$Q(t+1)=D(t)$，すなわち，クロックが入ったときの時刻tのデータ$D(t)$がつぎのクロックが入る時刻t+1の状態$Q(t+1)$となる．

Dフリップフロップを構成するのに基本となる**Dラッチ**（D latch）を図2.8に示す．図2.8(a)はDラッチをNANDゲートで構成した例である．その動作を定義する真理値表を図2.8(b)に示す．制御入力Cの値が0のときは，データ入力Dの値がDラッチには取り込まれずに，Dラッチは現在の状態をそのまま維持する．制御入力C

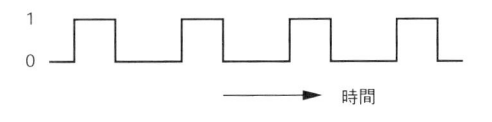

図2.6　クロックパルス

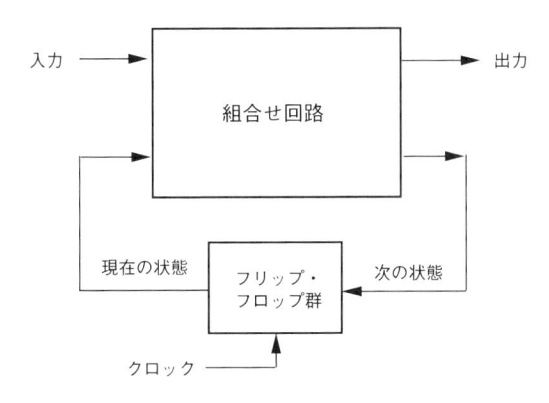

図2.7　同期式順序回路の構成

(a)

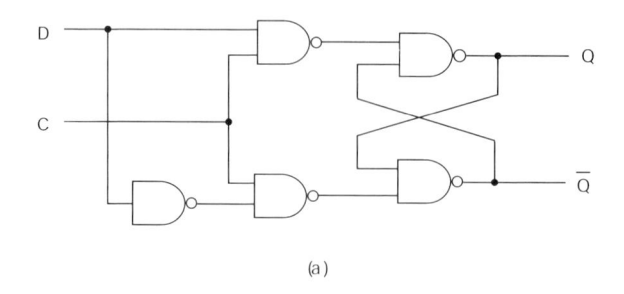

| C | D | Qの次の状態 |
|---|---|---|
| 0 | X | 変化なし |
| 1 | 0 | Q = 0 |
| 1 | 1 | Q = 1 |

(b)

**図2.8** 制御入力を含むDラッチ

の値が1のとき，データ入力Dの値が取り込まれその値が保持される．ここで注意しなければならないのは，制御入力Cの値が1を持続している間は，データ入力Dの変化が次々とDラッチに取り込まれてしまうことである．したがって，図2.7の順序回路において，クロックが1の値をとる時間幅が，組合せ回路を信号変化が伝播する時間より長くなってしまうと，フリップフロップの状態がそのクロックの間に2度以上変化することが起こり，正しい状態変化を保証することができなくなってしまう．これを防ぐために，クロックパルスに対する同期のとり方を工夫した，**マスタ・スレーブ**（master-slave）型と**エッジ・トリガ**（edge-trigger）型の2種類のフ

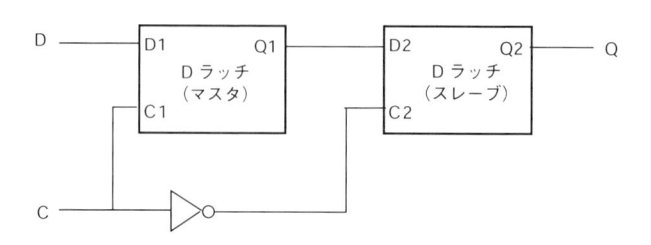

**図2.9** マスタ・スレーブDフリップ・フロップ

## 2.2 ディジタル回路

リップフロップがある。

図 2.9 に示すように，マスタスレーブ D フリップフロップは 2 つの D ラッチと 1 つのインバータからなる．最初の D ラッチはマスタと呼ばれ 2 番目の D ラッチはスレーブと呼ばれる．クロック C が 0 のとき，マスタラッチのクロック入力 $C_1$ に 0 の値が入り，スレーブラッチのクロック入力 $C_2$ には 1 の値が入る．したがって，このとき，マスタラッチの状態 $Q_1$ がスレーブラッチに取り込まれる．クロックが 1 の値になると，マスタラッチにデータ入力 D の値が取り込まれ状態 $Q_1$ となる．このとき，スレーブラッチのクロック入力 $C_2$ は 0 であるのでマスタラッチの状態はスレーブラッチの入り口で遮断される．このように，クロック C が 1 をとる時間が長くても，その間にデータ入力 D から取り込んだ値がフリップフロップの出力 Q に一度に伝播せず，クロック C が 0 になったときにスレーブラッチの出力 $Q_2$ すなわち Q に伝播する．この動作により，先に述べた誤動作を防ぐことができる．

クロックが 1 の値を持続している間に入力を取り込む図 2.8 の D ラッチでは，上で述べたように 2 つの D ラッチを直列に接続し，入力から出力への伝播をくい止める方法を使ったが，D ラッチのようにクロックのレベルで同期せず，クロックの変化，0 から 1 への立ち上がり（**正エッジ**, positive-edge）や 1 から 0 への立ち下がり（**負エッジ**, negative-edge）に同期して，データ入力をフリップフロップに取り込む方法がある．図 2.10 に示す回路は正エッジトリガ型 D フリップフロップである．図において，3 つの SR ラッチがあり，出力側のラッチが内部状態を保持するラッチで

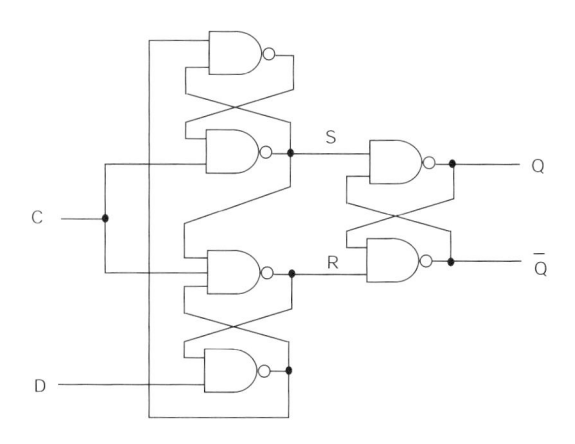

**図 2.10** エッジ・トリガ D フリップ・フロップ

ある。クロック C が 0 のときは S と R の値が 1 であるので，内部状態は現在の値を保持する。データ入力 D が 0 のとき，クロックが 0 から 1 に変化すると R が 0 に変化する。したがって，Q は 0 の状態に**リセット**（reset）される。クロック C が 1 を取り続けている間に，たとえデータ入力 D が 0 から 1 に変化しても，R は 0 を保持してフリップフロップの状態は変化しない。同様に，D が 1 のとき，クロックが 0 から 1 に変化すると S が 0 に変化し，Q は 1 の状態に**セット**（set）される。クロックの値が 1 の間，D が 1 から 0 に変化しても，この状態 Q＝1 は持続する。このように，正エッジトリガ型フリップフロップでは，クロックが 0 から 1 に立ち上がるときに同期してデータ入力を取り込み，つぎの立ち上がりまでデータ入力の変化を取り込まないため，安定した動作を期待できる。しかし，データ入力 D の値を正しくフリップフロップに取り込むためには，データ入力の変化とクロックの立ち上がりのタイミングを注意する必要がある。すなわち，クロックが立ち上がる直前と直後ではデータ入力は適当な時間その値を持続する必要がある。

　フリップフロップには D フリップフロップのほか，**JK フリップフロップ**，**SR フリップフロップ**，などがあり，それらの図示記号と動作を示す**特性表**（characteristic table）を図 2.11 に示す。図において，Q(t)，Q(t+1) は各々時刻 t，t+1 の内部状態を示す。特性表には，クロック C が入力されたとき，そのときの入力と内部状態 Q(t) からつぎの時刻の内部状態 Q(t+1) が定義されている。SR フリップフロップでセット入力 S とリセット入力 R が共に 1 のときは**組み合わせ禁止**で次の状態は定義されない。したがって，その入力の組み合わせが入力されたときは，どのような状態になるか分からないので？マークになっている。

## 2.3 組合せ回路の設計

| 図示記号 | 特性表 |
|---|---|
| Dラッチ | D Q(t+1)<br>0 0<br>1 1 |
| マスタスレーブ Dフリップフロップ | |
| 正エッジトリガ Dフリップフロップ | |
| マスタスレーブ JKフリップフロップ | J K Q(t+1)<br>0 0 Q(t)<br>0 1 0<br>1 0 1<br>1 1 $\overline{Q(t)}$ |
| 負エッジトリガ JKフリップフロップ | |
| マスタスレーブ SRフリップフロップ | S R Q(t+1)<br>0 0 Q(t)<br>0 1 0<br>1 0 1<br>1 1 ? |
| 正エッジトリガ SRフリップフロップ | |

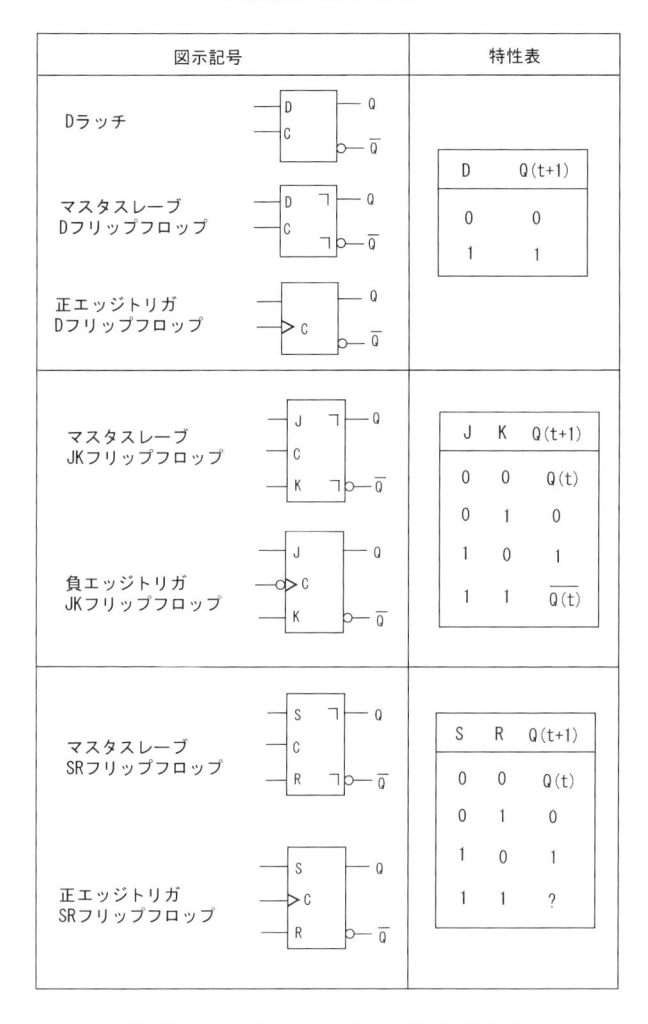

図2.11 フリップ・フロップの図示記号と特性表

## 2.3 組合せ回路の設計

組合せ回路の設計手順はつぎのようになる。
(1) 実現しようとする組合せ回路の機能の**仕様**を記述する。具体的には，入力と出力の対応を記述する。
(2) 仕様を満たす**真理値表**を作成する。

(3) 真理値表の各出力に対応する論理関数の**簡単化**（simplification）を行なう。
(4) **論理図**（logic diagram）を描く。

この設計手順により，算術演算の基本要素となる1ビットの2進加算器の**半加算器**（half adder）と**全加算器**（full adder）を設計してみよう。

## 半加算器

半加算器は $0+0=0$, $0+1=1$, $1+0=1$, $1+1=10$ の1ビットの加算を実行する回路である。$1+1=10$ の加算で桁上げが生じるので，半加算器には加算結果を表示する出力ビットのほかに桁上げを表示する出力ビットも必要となる。したがって，この回路は2入力2出力の回路となる。加算する2入力をX, Yとし，加算結果を表示する出力をS（sum），桁上げを表示する出力をC（carry）とする。半加算器の真理値表は表2.2のようになる。この真理値表から出力を表す論理関数を求めると

$$S = \overline{X}Y + X\overline{Y} = X \oplus Y$$
$$C = XY$$

となる。これを論理ゲートで実現すると図2.12に示す論理図を得る。

表2.2　半加算器の真理値表

| 入力 | | 出力 | |
|---|---|---|---|
| X | Y | C | S |
| 0 | 0 | 0 | 0 |
| 0 | 1 | 0 | 1 |
| 1 | 0 | 0 | 1 |
| 1 | 1 | 1 | 0 |

## 2.3 組合せ回路の設計

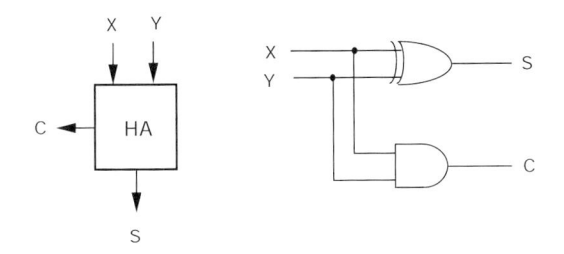

**図2.12** 半加算器の論理図

**表2.3** 全加算器の真理値表

| 入力 | | | 出力 | |
|---|---|---|---|---|
| X | Y | Z | C | S |
| 0 | 0 | 0 | 0 | 0 |
| 0 | 0 | 1 | 0 | 1 |
| 0 | 1 | 0 | 0 | 1 |
| 0 | 1 | 1 | 1 | 0 |
| 1 | 0 | 0 | 0 | 1 |
| 1 | 0 | 1 | 1 | 0 |
| 1 | 1 | 0 | 1 | 0 |
| 1 | 1 | 1 | 1 | 1 |

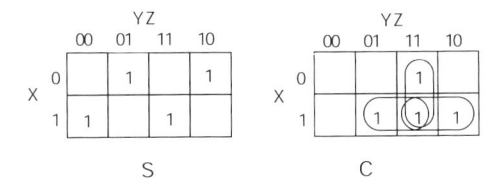

**図2.13** 全加算器のカルノー図

### 全加算器

　全加算器も半加算器と同様1ビットの2進加算を行なう回路である。半加算器では下位のビットからの桁上げを考慮せずに2つの入力だけを加算したのに対して，全加算器では下位からの桁上げも含めて3つの入力の加算を行なう。一般に，$n$ ビッ

トの2進数を加算する回路を設計するには，全加算器のように下位からの桁上げを含めて各桁の加算を実行する回路を設計する必要がある．全加算器の第3の入力をZとすると，その真理値表は表2.3のようになる．

この真理値表から出力CとSの論理関数を作成する．論理関数の簡単化を行なうために図2.13に示す**カルノー図**（Karnaugh map）を作成する．一般に，入力数が増えるとカルノー図では簡単化を行なうのは無理になる．**キューブ**（cube）表現に基づく論理関数の簡単化の方法が種々提案されているが，これについては参考書に譲る．

図2.13より

$$S = \bar{X}\bar{Y}Z + \bar{X}Y\bar{Z} + X\bar{Y}\bar{Z} + XYZ$$
$$C = XY + XZ + YZ$$

が得られる．これらの論理式は排他的論理和 XOR を用いるとつぎのように変形できる．

$$S = X \oplus Y \oplus Z$$
$$C = XY + Z(X \oplus Y)$$

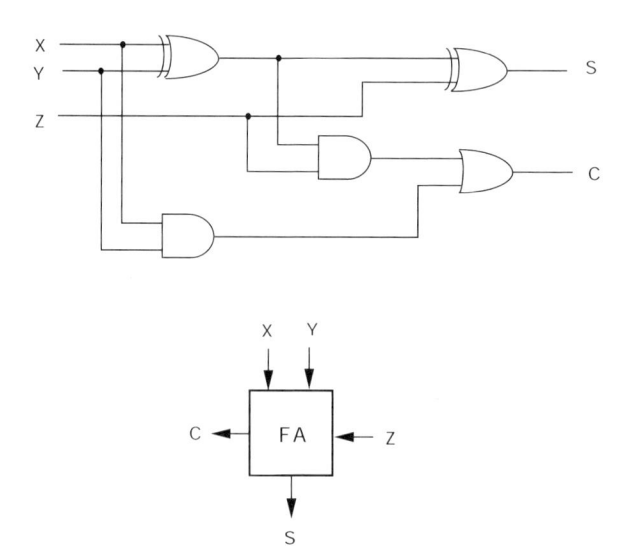

**図2.14** 全加算器の論理図

## 2.3 組合せ回路の設計

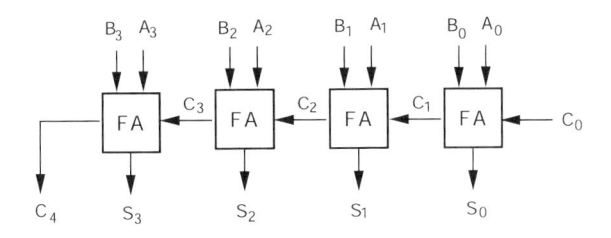

**図2.15** 4ビット並列加算器

これを実現した論理図を図2.14に示す。

全加算器は1ビットの2進加算を実現するので、これを$n$個直列に接続すれば$n$ビットの2進加算器となる。図2.15に4ビット並列加算器の構成例を示す。

以上、簡単な加算器の設計を示したが、算術論理演算回路の詳細な設計については第4章で述べる。コンピュータを設計する際に必要となる他の基本的な構成要素として、組合せ回路としては、デコーダ、エンコーダ、マルチプレクサ、デマルチプレクサなどがある。これらの設計を以下に示す。

### デコーダ

$n$ビットの信号 $A_{n-1}A_{n-2}...A_1A_0$ が入力されると、その$n$ビット2進数に対応する番号の出力線に信号を出す回路を**デコーダ**（decoder）という。$n$個の入力線には$2^n$個の入力の組み合わせが入る。これを符号と考えると、何番目の符号であるかを出力に知らせることになる。出力線は$2^n$個あり、その番号の出力線に信号1を出し、他の出力線は信号0を出す。デコーダは符号を解読する回路ということになる。

表2.4に3入力8出力デコーダの真理値表を示す。この真理値表を実現した論理回路が図2.16である。

ある機能を有する回路に対して、その機能を有効にしたり、無効にしたりできると便利である。有効にするとはその回路を動作状態にすることであり、通常、**イネーブル**（enable）信号と呼ばれる制御信号により制御する。

デコーダにイネーブル入力を付加した2入力4出力デコーダの回路例を図2.17に示す。図において、イネーブル入力Eが0のとき、デコーダの出力はすべて0となり、デコーダの機能を無効にする。イネーブル入力Eが1のときデコーダの出力がすべて有効になる。イネーブル入力付きのデコーダを並列に接続するとより大き

第2章 ゲート論理

**表2.4** 3入力8出力デコーダの真理値表

| 入力 | | | 出力 | | | | | | | |
|---|---|---|---|---|---|---|---|---|---|---|
| $A_2$ | $A_1$ | $A_0$ | $D_7$ | $D_6$ | $D_5$ | $D_4$ | $D_3$ | $D_2$ | $D_1$ | $D_0$ |
| 0 | 0 | 0 | 0 | 0 | 0 | 0 | 0 | 0 | 0 | 1 |
| 0 | 0 | 1 | 0 | 0 | 0 | 0 | 0 | 0 | 1 | 0 |
| 0 | 1 | 0 | 0 | 0 | 0 | 0 | 0 | 1 | 0 | 0 |
| 0 | 1 | 1 | 0 | 0 | 0 | 0 | 1 | 0 | 0 | 0 |
| 1 | 0 | 0 | 0 | 0 | 0 | 1 | 0 | 0 | 0 | 0 |
| 1 | 0 | 1 | 0 | 0 | 1 | 0 | 0 | 0 | 0 | 0 |
| 1 | 1 | 0 | 0 | 1 | 0 | 0 | 0 | 0 | 0 | 0 |
| 1 | 1 | 1 | 1 | 0 | 0 | 0 | 0 | 0 | 0 | 0 |

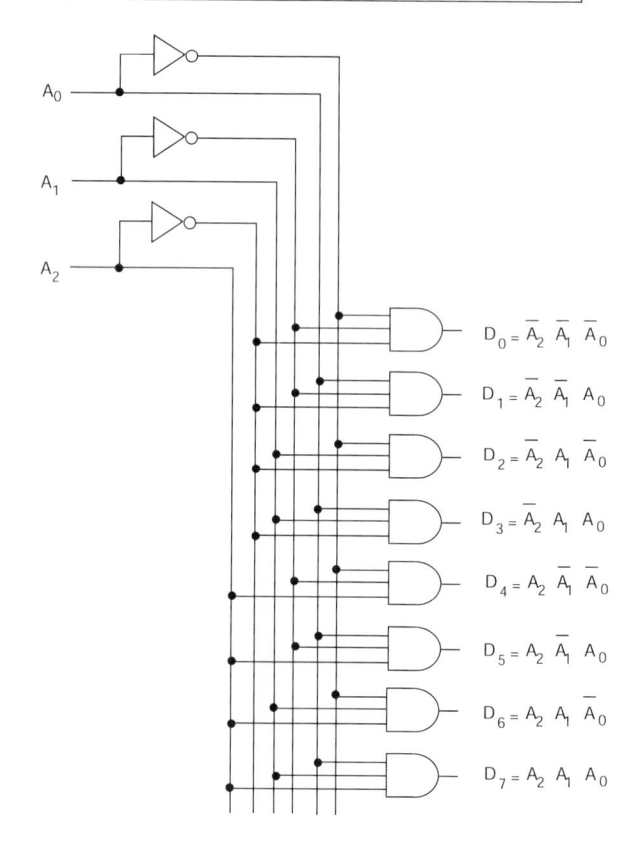

$D_0 = \overline{A_2}\ \overline{A_1}\ \overline{A_0}$

$D_1 = \overline{A_2}\ \overline{A_1}\ A_0$

$D_2 = \overline{A_2}\ A_1\ \overline{A_0}$

$D_3 = \overline{A_2}\ A_1\ A_0$

$D_4 = A_2\ \overline{A_1}\ \overline{A_0}$

$D_5 = A_2\ \overline{A_1}\ A_0$

$D_6 = A_2\ A_1\ \overline{A_0}$

$D_7 = A_2\ A_1\ A_0$

**図2.16** 3入力8出力デコーダの論理図

2.3 組合せ回路の設計

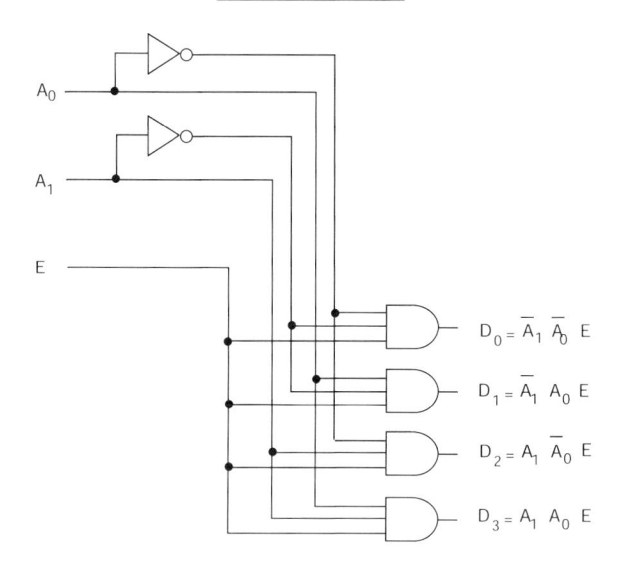

**図2.17** イネーブル入力付き2入力4出力デコーダ

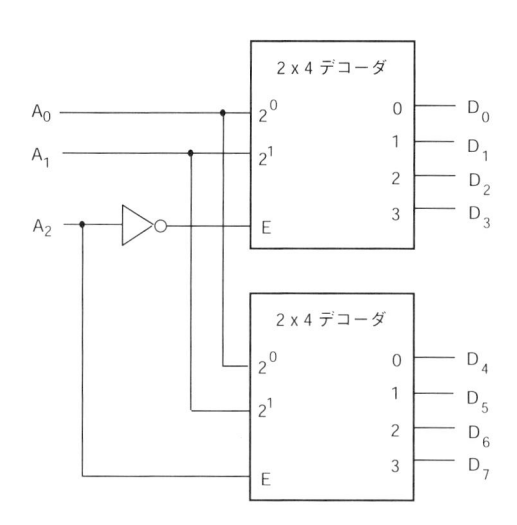

**図2.18** 2入力4出力デコーダから3入力8出力デコーダの合成

な入力のデコーダを合成することができる．例えば，図2.17の2入力4出力デコーダを2個並列接続した図2.18の回路は3入力8出力のデコーダを実現している．

## エンコーダ

　デコーダと逆の機能を有する回路が**エンコーダ**（encoder）である。何番目の入力線に 1 が入ったかを 2 進数の形で出力に表示する回路である。$n$ 入力のエンコーダの場合，その出力数 $m$ は $2^{m-1}<n\leqq 2^m$ を満たす。表 2.5 に 8 入力 3 出力エンコーダの真理値表を示す。各出力はつぎのように OR ゲートだけで実現できる。

$$A_0 = D_1 + D_3 + D_5 + D_7$$
$$A_1 = D_2 + D_3 + D_6 + D_7$$
$$A_2 = D_4 + D_5 + D_6 + D_7$$

表2.5　8 入力 3 出力エンコーダの真理値表

| 入力 | | | | | | | | 出力 | | |
|---|---|---|---|---|---|---|---|---|---|---|
| $D_7$ | $D_6$ | $D_5$ | $D_4$ | $D_3$ | $D_2$ | $D_1$ | $D_0$ | $A_2$ | $A_1$ | $A_0$ |
| 0 | 0 | 0 | 0 | 0 | 0 | 0 | 1 | 0 | 0 | 0 |
| 0 | 0 | 0 | 0 | 0 | 0 | 1 | 0 | 0 | 0 | 1 |
| 0 | 0 | 0 | 0 | 0 | 1 | 0 | 0 | 0 | 1 | 0 |
| 0 | 0 | 0 | 0 | 1 | 0 | 0 | 0 | 0 | 1 | 1 |
| 0 | 0 | 0 | 1 | 0 | 0 | 0 | 0 | 1 | 0 | 0 |
| 0 | 0 | 1 | 0 | 0 | 0 | 0 | 0 | 1 | 0 | 1 |
| 0 | 1 | 0 | 0 | 0 | 0 | 0 | 0 | 1 | 1 | 0 |
| 1 | 0 | 0 | 0 | 0 | 0 | 0 | 0 | 1 | 1 | 1 |

## マルチプレクサ

　多数の入力線の中から 1 つの入力線を選択し，その入力線の信号を出力線に伝える組合せ回路を**マルチプレクサ**（multiplexer）と呼ぶ。$n$ 入力のマルチプレクサは，入力の 1 つを選択するための $\log_2 n$ 個の制御入力からなる単一出力組合せ回路である。図 2.19 に 4 入力マルチプレクサの回路設計例を示す。$D_0$，$D_1$，$D_2$，$D_3$ が入力で，$S_0$，$S_1$ が選択入力である。図中の真理値表に示されているように，選択する入力の番号を 2 進数で表現し，それを選択入力 $S_0$，$S_1$ に設定することにより，所望の入力を出力 Y に伝えることができる。このように，マルチプレクサは複数個の入力から 1 つ

を選択することから，**セレクタ**（selector）とも呼ばれる．

### デマルチプレクサ

マルチプレクサとは逆に，1入力 $2^n$ 出力回路で，$2^n$ 個の出力線のうちの1つの出力線を選択し，入力信号をその出力線に伝える回路を**デマルチプレクサ**（demultiplexer）という．図 2.20 に 4 出力デマルチプレクサの回路例を示す．図から明らかなように，この回路は図 2.17 のイネーブル入力付き 2 入力 4 出力デコーダと同じ回路であることが分かる．図 2.20 における入力 X をイネーブル入力 E として，選択入力 $S_0$，$S_1$ をデコーダの入力 $A_0$，$A_1$ と見なせば，デマルチプレクサはイネーブル入力付きデコーダとして使うことができ，その逆に，イネーブル入力付きデコーダをデマルチプレクサとして使うことができる．

これまで，論理関数を実現する組合せ回路として AND，OR，NOT などのゲートを用いた設計を述べてきたが，つぎに紹介するように，規則的な構造をした特別な半導体集積回路で組合せ回路を実現することができる．

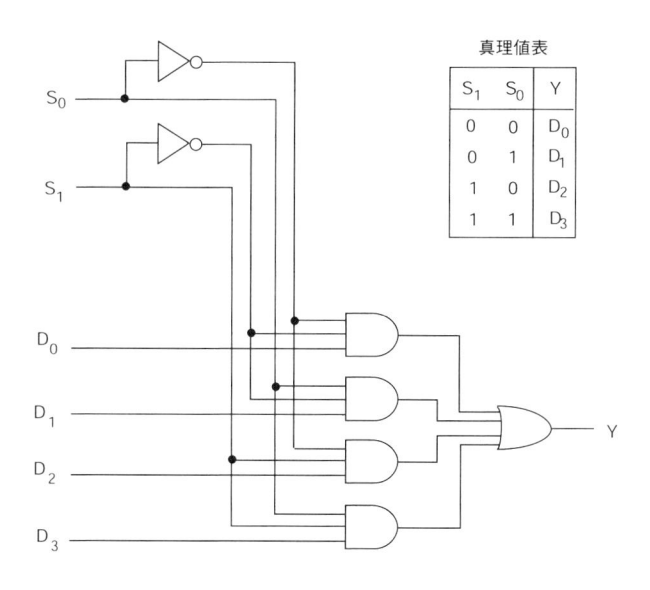

真理値表

| $S_1$ | $S_0$ | Y |
|---|---|---|
| 0 | 0 | $D_0$ |
| 0 | 1 | $D_1$ |
| 1 | 0 | $D_2$ |
| 1 | 1 | $D_3$ |

図 2.19　4 入力マルチプレクサ

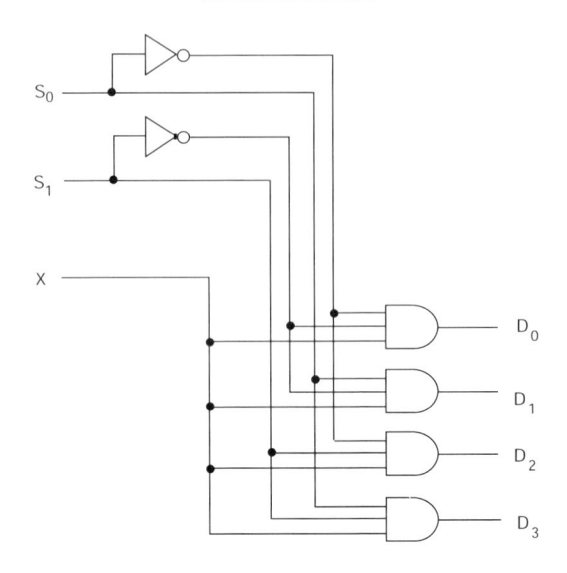

**図2.20** 4出力デマルチプレクサ

## ROM

データを記憶する**メモリ素子**（memory element）としては，データの読み出し書き込みともに可能な **RAM**（random-access memory，あるいは **RWM**, read-write memory ともいう）と，データの読み出しのみ可能な **ROM**（read-only memory）がある。RAM ついては 2.4 節の最後で述べる。

ROM は**アドレス・デコーダ**（address decoder）と**データ・アレイ**（プログラム可能な **OR アレイ**（OR array））から成り立っている。データアレイは ROM の製造の段階でプログラム可能であるので，任意のデータを記憶しておくことができる。$n$ 入力の場合，アドレスデコーダにより $2^n$ 個のすべての**最小項**（minterm）が生成される。データアレイで実現しようとする論理関数の最小項の論理和をとる。このように，任意の論理関数は，デコーダと OR アレイからなる ROM によって構成することができる。

図 2.21 に半加算器を実現した ROM の構成を示す。データアレイの各交点には素子があるか否かで黒丸印が示してある。黒丸印があるとその交点において，データ線（水平線）の論理値が出力線（垂直線）に論理和（OR）される。アドレスデコーダはデータ線を選択するための回路で，入力値によって 4 本のデータ線の 1 つが選

## 2.3 組合せ回路の設計

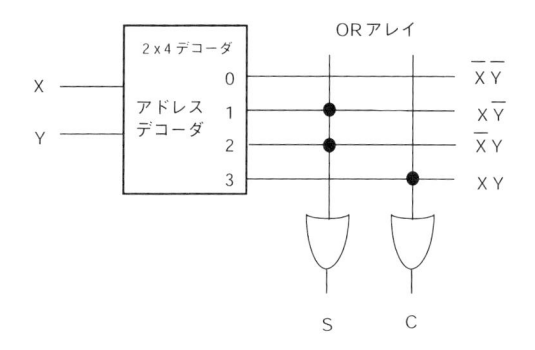

**図2.21** 半加算器を実現する2入力2出力ROM

択されその値が1となる．例えば，X=1，Y=0の場合，X$\overline{Y}$のデータ線だけが1になり，このデータ線と接続している出力線Sの値が1となる．

### PLA

ROMと似た規則的構造をした半導体集積回路に **PLA**（programmable logic array）がある．ROMのアドレスデコーダには$2^n$個の出力があるが，データアレイでこれらすべての出力が必要でない場合も起こりえる．そのようなときは明らかに無駄がある．PLAはROMのデコーダ部分をプログラム可能な **ANDアレイ**（AND array）に変えたもので，必要なデータ線のみをそのANDアレイで発生する．ROMでは最小項だけしか発生できなかったが，PLAではプログラム可能なANDアレイのおかげで任意の**積項**（product term）を発生することができる．これにより，PLAの面積はROMの面積より小さくすることができ，経済的である．

図2.22に半加算器を実現するPLAの構成例を示す．ANDアレイの各交点にはORアレイと同様，素子があるか否かで黒丸印が示してある．黒丸印があるとその交点において，入力からのビット線（垂直線）の論理値の論理積（AND）がとられ，積項線（水平線）にそれらの積項を実現する．例えば，ANDアレイにおいて，2番目の水平線（積項線）では$\overline{X}$とYのビット線との交点で接続されているので，$\overline{X}$Yの積項線が生成される．ORアレイはROMと同じである．

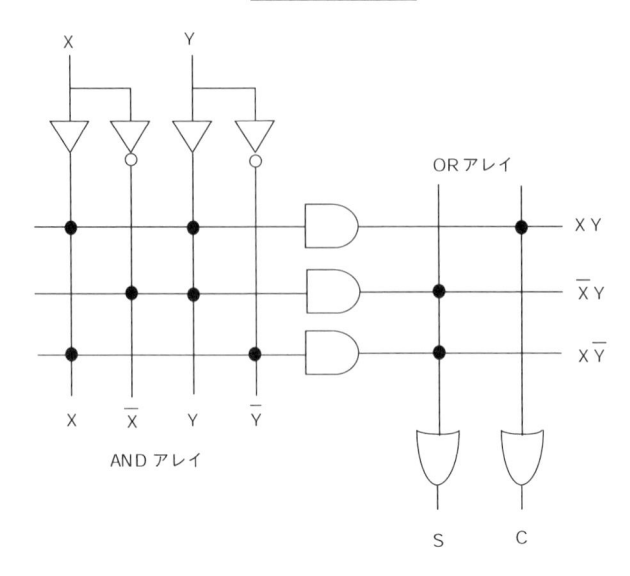

図2.22　半加算器を実現する2入力2出力 PLA

## 2.4　順序回路の設計

順序回路の設計手順はつぎのようになる。
(1) 実現しようとする順序回路の機能の仕様を記述する。具体的には，**状態図**（state diagram）で記述する。
(2) 状態図から**状態遷移表**（state transition table）を作成し，フリップフロップを用いて**状態割当**（state assignment）を行なう。
(3) 順序回路の出力関数およびフリップフロップの入力関数を求め，簡単化を行なう。
(4) 論理図を描く。

この手順により，基本的な順序回路であるカウンタを設計してみよう。

2.4 順序回路の設計

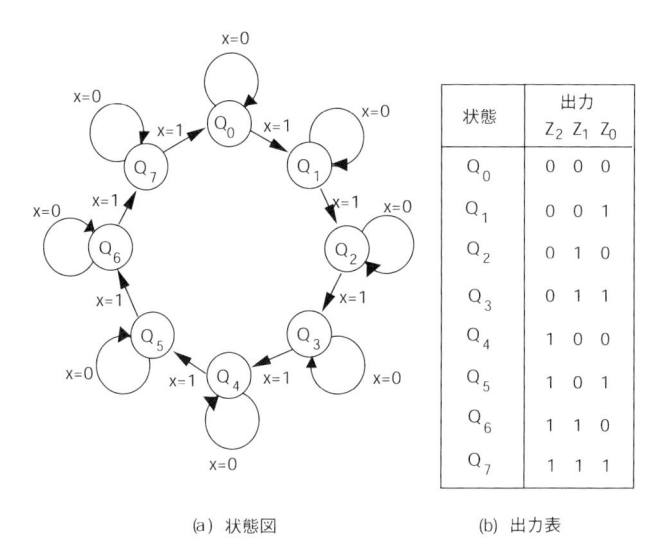

| 状態 | 出力 $Z_2$ $Z_1$ $Z_0$ |
|---|---|
| $Q_0$ | 0 0 0 |
| $Q_1$ | 0 0 1 |
| $Q_2$ | 0 1 0 |
| $Q_3$ | 0 1 1 |
| $Q_4$ | 1 0 0 |
| $Q_5$ | 1 0 1 |
| $Q_6$ | 1 1 0 |
| $Q_7$ | 1 1 1 |

(a) 状態図　　(b) 出力表

図2.23　3ビットカウンタ

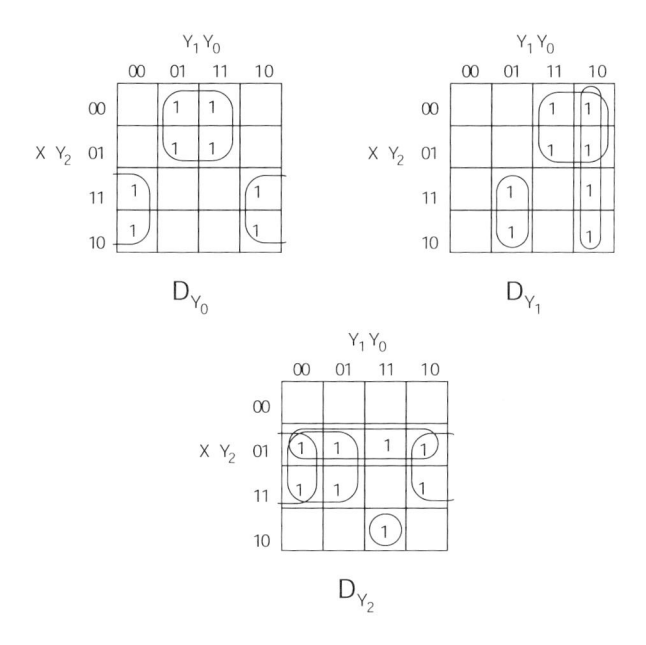

図2.24　Dフリップ・フロップの入力関数のカルノー図

## カウンタ

カウンタは入力される1の個数を数え上げる順序回路であるが，0から7までを数え上げる3ビットカウンタの状態図は図2.23のようになる。入力をX，状態$Q_i$は$i$個の1が入力された状態を示す。数え上げた数を表示するために，3ビットの出力$Z_2 Z_1 Z_0$を出力表に示すように割り当てる。状態数は8であるので3個のフリップフロップを割り当てる。ここでは，Dフリップフロップを用いて，表2.6に示すように状態割当を行なっている。この状態割当のもとで，状態図から状態遷移表を作成すると表2.7を得る。この状態遷移表から出力関数およびDフリップフロップの入力関数を求める。出力関数は$Z_0=Y_0$，$Z_1=Y_1$，$Z_2=Y_2$となる。Dフリップフロップの入力関数を求めるために図2.24に示すカルノー図を作成し，簡単化を行なうと次式を得る。

$$D_{Y0} = Y_0 \overline{X} + \overline{Y_0} X = Y_0 \oplus X$$
$$D_{Y1} = Y_1(\overline{Y_0} + \overline{X}) + \overline{Y_1} Y_0 X = Y_1 \oplus Y_0 X$$
$$D_{Y2} = Y_2(\overline{Y_1} + \overline{Y_0} + \overline{X}) + \overline{Y_2} Y_1 Y_0 X = Y_2 \oplus Y_1 Y_0 X$$

これらの論理式から図2.25に示す論理図が求まる。

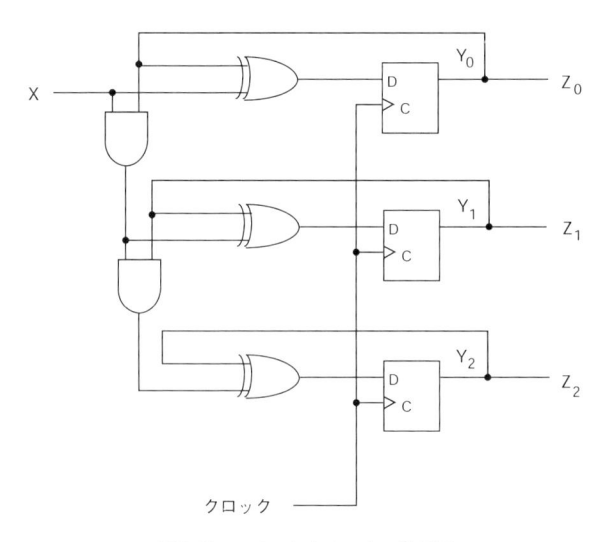

**図2.25　3ビットカウンタの論理図**

## 2.4 順序回路の設計

**表2.6** 状態割当

| 状態 | Dフリップフロップ $Y_2\ Y_1\ Y_0$ |
|---|---|
| $Q_0$ | 0 0 0 |
| $Q_1$ | 0 0 1 |
| $Q_2$ | 0 1 0 |
| $Q_3$ | 0 1 1 |
| $Q_4$ | 1 0 0 |
| $Q_5$ | 1 0 1 |
| $Q_6$ | 1 1 0 |
| $Q_7$ | 1 1 1 |

**表2.7** 3ビットカウンタの状態遷移表

| 現在の状態 $Y_2\ Y_1\ Y_0$ | 入力 X=0 次の状態 $Y_2\ Y_1\ Y_0$ | 入力 X=1 次の状態 $Y_2\ Y_1\ Y_0$ | 出力 $Z_2\ Z_1\ Z_0$ |
|---|---|---|---|
| 0 0 0 | 0 0 0 | 0 0 1 | 0 0 0 |
| 0 0 1 | 0 0 1 | 0 1 0 | 0 0 1 |
| 0 1 0 | 0 1 0 | 0 1 1 | 0 1 0 |
| 0 1 1 | 0 1 1 | 1 0 0 | 0 1 1 |
| 1 0 0 | 1 0 0 | 1 0 1 | 1 0 0 |
| 1 0 1 | 1 0 1 | 1 1 0 | 1 0 1 |
| 1 1 0 | 1 1 0 | 1 1 1 | 1 1 0 |
| 1 1 1 | 1 1 1 | 0 0 0 | 1 1 1 |

図2.26に示すように，2ビットカウンタと4出力デコーダを接続すれば，4つの位相のずれたタイミング信号を発生する回路を構成できる．これらのタイミング信号は，第3章で述べるレジスタ転送論理において必要となる信号である．

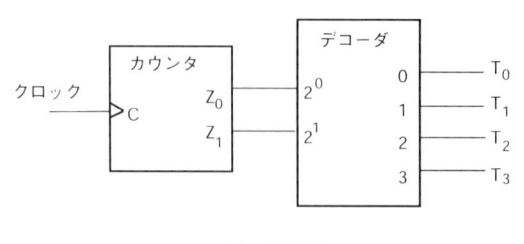

(a) 生成回路

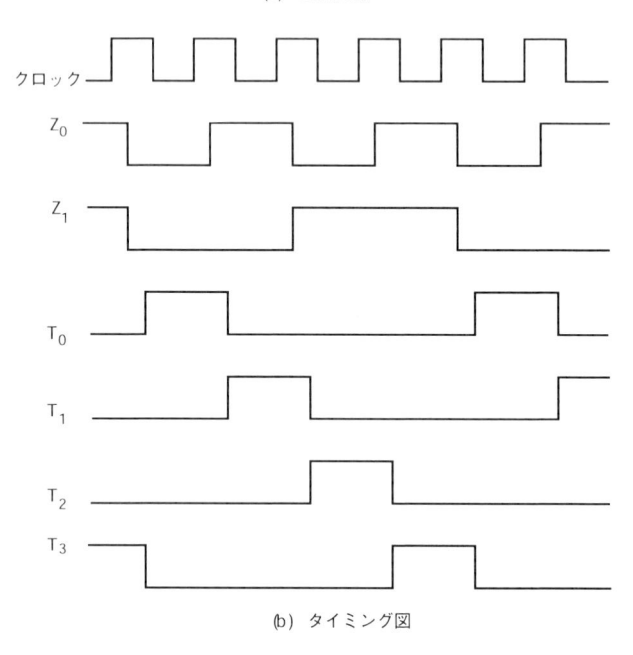

(b) タイミング図

図2.26　タイミング信号の生成

### レジスタ

　レジスタはデータを一時的に蓄える順序回路であり，$n$ ビットレジスタは $n$ 個のフリップフロップから構成される．図 2.27 に 4 ビットレジスタの回路例を示す．このように，レジスタは $n$ ビットの入力データを同時に（並列に）入力するが，これに対して，$n$ ビットのデータを 1 ビットづつシフトする形で直列に入力するレジスタが**シフトレジスタ**（shift register）である．図 2.28 に 4 ビットシフトレジスタの回路例を示す．

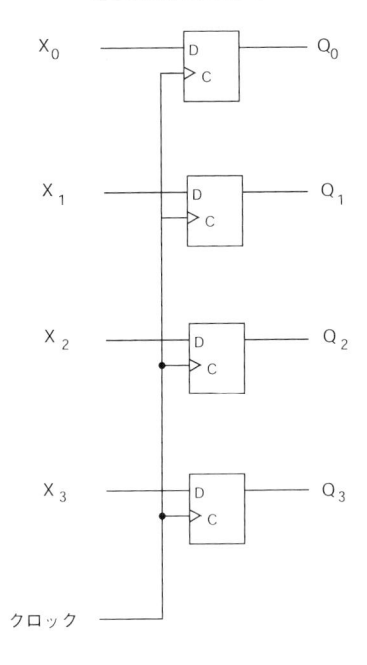

**図2.27** レジスタ

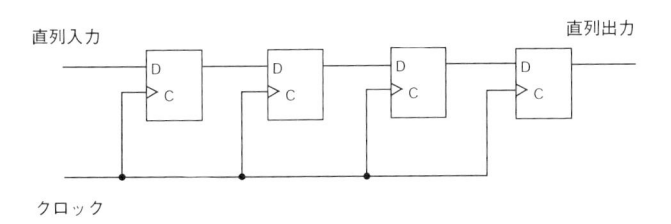

**図2.28** シフトレジスタ

## RAM

RAM (random-access memory) のブロック図を図 2.29 に示す。図に示すように RAM は $2^k$ 個のデータを蓄える順序回路である。1 語=$n$ ビットとすると，RAM は $n$ ビットのデータ入力と $n$ ビットのデータ出力を持つ。$2^k$ 個のデータを蓄える場所にはアドレスがついており，アドレスで指定した記憶場所から $n$ ビットのデータ（語）を読み出すための制御入力と，アドレスで指定した記憶場所に $n$ ビットのデータ

(語)を書き込むための制御入力がある．RAM は 1 ビットの情報を蓄える記憶セルを 2 次元状にならべたアレイとアドレスデコーダから構成される．

4 ビット× 4 語の RAM の回路構成を図 2.30 に示す．$k$ 入力のアドレスデコーダの場合，$2^k$ 個の出力があるので，$2^k$ 個のデータ（語）を選択することができる．1 語 $=n$ ビットとすれば，$2^k$ 行 $n$ 列の記憶セルアレイとなる．記憶セルの中は，図 2.31 のように構成できる．1 ビットの情報を蓄えるための **SR ラッチ**（set-reset latch）はセット入力（S=1）で 1 を，リセット入力（R=1）で 0 を蓄える．選択入力が 1 のときだけ，SR ラッチの入力と出力のゲートが開かれ，1 ビットのデータの読み書きが可能になる．

図 2.30 の RAM において，アドレスデコーダにより 1 つの行が選択され，その行にある $n$ 個の記憶セルのデータ（1 語）の読み出しまたは書き込みが並列に（同時に）行なわれる．読み出しおよび書き込みの時間的なタイミングは図 2.32 に示すようになる．図 2.32 (a) に示すように書き込みサイクルの場合，まず書き込み先のアドレスを指定した後に書き込むべきデータを入力に加える．それらの信号が指定アドレスの記憶セルに十分伝播した後，書き込みの制御入力をいれる．読み出しサイクルの場合，早い時期から読み出しの制御入力を 1 にしておいてよい．図 2.32 (b) に示すように，アドレスを指定した後，RAM の出力に取り出されるデータが有効になるまでは若干の時間がかかる．

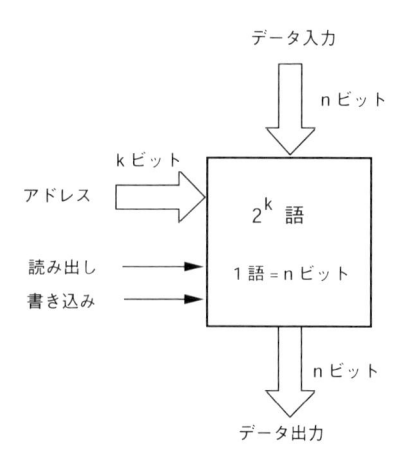

**図 2.29** RAM のブロック図

## 2.4 順序回路の設計

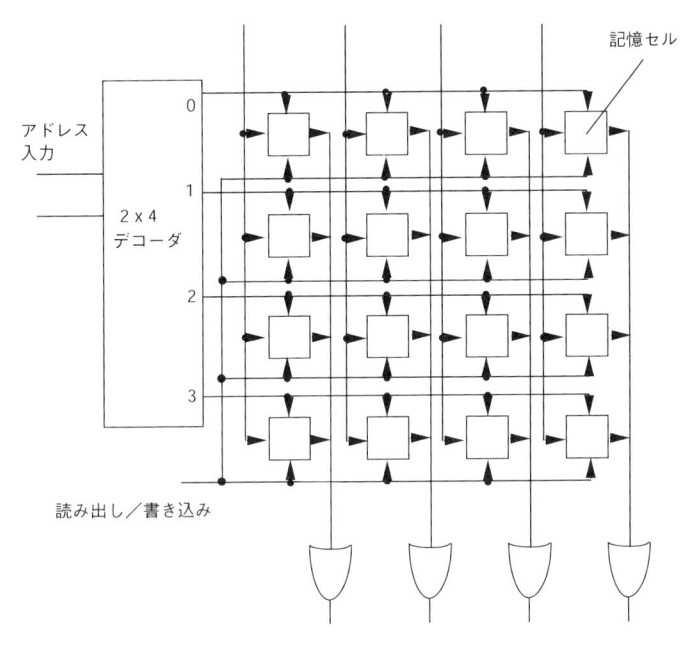

図2.30 4ビット×4語 RAM

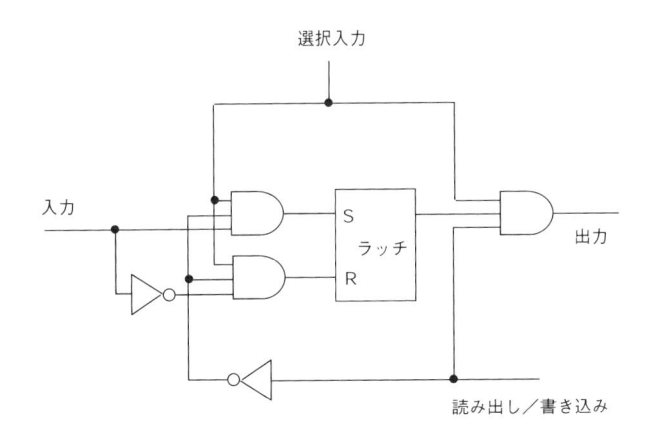

図2.31 記憶セル

34　　第 2 章　ゲート論理

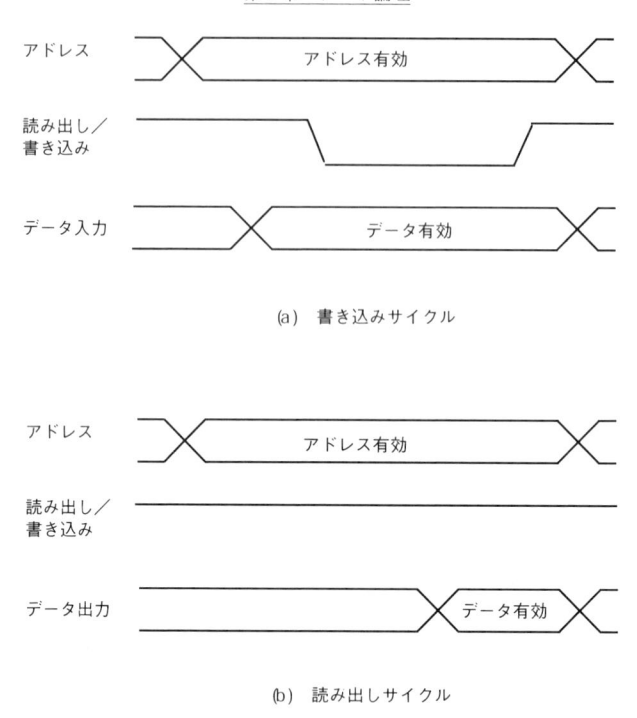

(a)　書き込みサイクル

(b)　読み出しサイクル

図2.32　読み出し／書き込みのタイミング

---

## 演習問題

**2-1** ブール代数の公理より，つぎの等式を示せ。

(a) $x+\bar{x}\cdot y=x+y$

(b) $x\cdot y+\bar{x}\cdot z+y\cdot z=x\cdot y+\bar{x}\cdot z$

(c) $\overline{\bar{x}\cdot z+y\cdot \bar{z}}=x\cdot z+\bar{y}\cdot \bar{z}$

(d) $\overline{(x+y+z)\cdot w+\bar{x}\cdot z+y\cdot \bar{z}\cdot w}=(\bar{x}\cdot \bar{y}\cdot \bar{z}+\bar{w})\cdot (x+\bar{z})\cdot (\bar{y}+z+\bar{w})$

**2-2** 交換律，分配律，相補律，単位元の4つの公理から，つぎの公理を導け。

(a) ベキ等律　　$a+a=a, \quad a\cdot a=a$

(b) 結合律　　$(a+b)+c=a+(b+c), \ (a\cdot b)\cdot c=a\cdot (b\cdot c)$

(c) 吸収律　　$a+(a\cdot b)=a, \ a\cdot (a+b)=a$

(d) 対合律 　　　$\bar{\bar{a}}=a$

(e) 零元 　　　　$1+a=1,\ 0\cdot a=0$

2-3 つぎの論理関数を実現する組合せ回路を設計せよ。

(a) $f=\overline{\bar{x}\cdot z+y\cdot \bar{z}}$

(b) $f=xyz+\bar{x}\,\bar{y}z+\bar{x}y\bar{z}+x\bar{y}\,\bar{z}$

(c) $f_1=x\oplus y\oplus z,\ f_2=xy+yz+zx$

(d) $f=x\bar{y}z+\bar{x}yz+xy+x\bar{z}$

2-4 問題 2.3 の各論理関数を NAND ゲートのみを用いて 3 段の組合せ回路で設計せよ。また，簡単化した回路も示せ。

2-5 4 ビットの 2 進数を入力して，その 2 の補数を出力する組合せ回路を設計せよ。

2-6 2つの 2 ビット 2 進数の掛け算を実行する組合せ回路を，AND ゲートと半加算器を用いて設計せよ。

2-7 NOR ゲートだけを用いて D ラッチを設計せよ。

2-8 D ラッチを用いてマスタスレーブ JK フリップフロップを設計せよ。

2-9 表 2.8 の状態遷移表の順序回路を設計せよ。

表2.8

| 現在の状態 | | | 入力 | | | | | | 出力 |
| --- | --- | --- | --- | --- | --- | --- | --- | --- | --- |
| | | | X = 0 | | | X = 1 | | | |
| | | | 次の状態 | | | | | | |
| A | B | C | A | B | C | A | B | C | Z |
| 0 | 0 | 1 | 0 | 0 | 1 | 0 | 1 | 0 | 0 |
| 0 | 1 | 0 | 0 | 1 | 1 | 1 | 0 | 0 | 1 |
| 0 | 1 | 1 | 0 | 0 | 1 | 1 | 0 | 0 | 0 |
| 1 | 0 | 0 | 1 | 0 | 1 | 1 | 0 | 0 | 0 |
| 1 | 0 | 1 | 0 | 0 | 1 | 1 | 0 | 0 | 1 |

**2-10** 図 2.33 の状態図の順序回路を設計せよ。

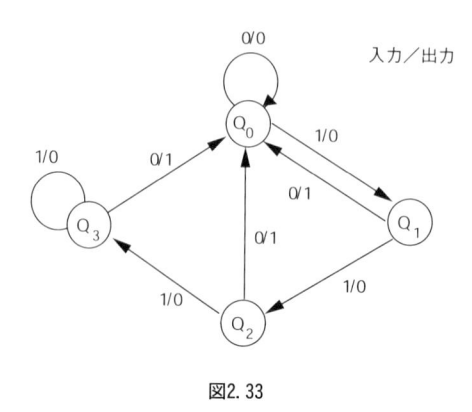

図2.33

# 第3章　レジスタ転送論理

## 3.1 マイクロ操作とレジスタ転送言語

　ディジタルシステムは1つの大規模な順序回路と考えることができるが，小規模な順序回路を設計するように，ディジタルシステム全体を1つの状態図あるいは状態遷移表によって記述しようとしても，その状態数が膨大なために不可能に近い。ディジタルシステムを設計する場合，全体を1つの**機能ブロック**（functional block）とみないで，いくつかの機能ブロックが有機的に接続されて構成されるシステムと考える。各機能ブロックはモジュール（module）とも呼ばれ，第2章で述べたレジスタ，カウンタ，デコーダ，マルチプレクサ，および第4章で述べる算術論理演算回路（ALU），第5章で述べるコントローラなどから構成される。

　第1章で概説したように，ディジタルシステムの設計の流れは，システム設計，機能設計，論理設計，レイアウト設計と上位から下位へ流れ，抽象的な設計から詳細な設計へと設計される。機能設計ではレジスタの間のデータのやりとりを記述するために，ゲート論理より高水準の**レジスタ転送論理**（register transfer logic）で設計する。レジスタ転送論理では，ディジタル・システムの基本素子はレジスタであり，レジスタに格納される情報の流れとその処理を記述することにより，システムを記述する。レジスタに格納されている情報に施す操作を**マイクロ操作**（micro-operation）という。レジスタ間のデータのやりとりは，このマイクロ操作によって記述することができる。マイクロ操作を基本にして，コンピュータの動作を記述する言語を**レジスタ転送言語**（register transfer language）というが，レジスタ転送論理は機能レベルでのディジタルシステムのハードウェアの構成をも記述することができるので，**ハードウェア記述言語**（hardware description language）とも呼ばれている。現在最も広く使われている標準言語として VHDL（VHSIC Hardware Description Language）がある。VHDL については参考書 [D87, D93, D94, D95, D99] に譲る。

　マイクロ操作はそれを起動する**制御条件**を示した論理式とともにつぎのように記

述する。

　　　　制御条件： 　マイクロ操作， 　マイクロ操作， 　…..

　制御条件を表現する論理式が成立すると，そのあとに書かれたマイクロ操作が実行される。2個以上のマイクロ操作がコンマで区切られて書かれている場合は，それらのマイクロ操作は同時に実行される。これは，**if-then** 文で書くとつぎのようになる。

　　　　If（制御条件＝1）then（マイクロ操作，マイクロ操作， ….)

　コンピュータを動かす種々の命令はこのマイクロ操作を組み合わせることにより実現される。マイクロ操作は1つのクロック周期の間に並列に行なうことのできる基本動作であり，その実行順序を制御するのに，クロック信号から取り出したタイミング信号（図 2.26 参照）が用いられる。

　例えば，タイミング変数 $T_1=1$ のときにフリップフロップ X の値が 1 であれば，レジスタ B の値をレジスタ A に転送する，というマイクロ操作はつぎのように書ける。

　　　　$XT_1$： 　A 　← 　B

　また，タイミング変数 $T_2$ が 1 のときに，フリップフロップ X の値が 0 ならばレジスタ B とレジスタ C を加算した値をレジスタ A に転送し，フリップフロップ X の値が 1 ならばレジスタ B からレジスタ C を引き算した値をレジスタ A に転送するマイクロ操作はつぎのように書ける。

　　　　$\overline{X}T_2$： 　A 　← 　B＋C
　　　　$XT_2$： 　A 　← 　B－C

　このようにマイクロ操作には，レジスタからレジスタあるいはレジスタとメモリの間のデータの転送を行なう転送用マイクロ操作や，レジスタに格納されているデータに対して算術演算や論理演算やシフト演算を行なう演算用マイクロ操作などがある。これらについては次節以降で詳しく述べる。

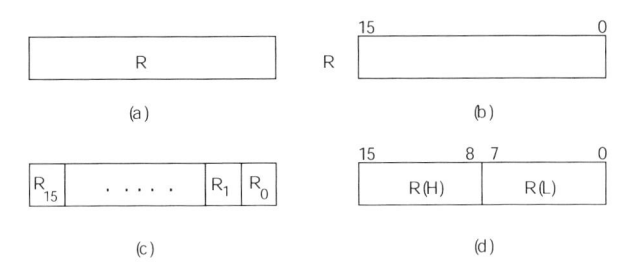

図3.1 レジスタのブロック図

## 3.2 転送用マイクロ操作

レジスタは図3.1(a)のように長方形で図示するが，データ長を表すためには図(b)のように上端の左右にビット数を記入したり，各ビットを表示するために図(c)のように個々のセルに添え字で位置を示したり，図(d)のように上位と下位のビットに分割して上位ビットをHで下位ビットをLで表示したりする。

レジスタは通常大文字のアルファベットで表現する。レジスタの一部分やメモリのアドレス（番地）を表示するために（ ）を用いる。例えば，AR（0：7）はレジスタARの0ビットから7ビットまでを示し，PC(L)はレジスタPCの下位のビットを示す。メモリMに対して，M(AR)はレジスタARが示すアドレスのメモリの内容を意味する。

レジスタやメモリに格納されたデータの転送を示すのに←を用いる。例えば

$\quad$ A ← B

は，レジスタBの内容をレジスタAに移すことを表す。Aの値はBの値で置き変わるが，Bの値は変化しない。

つぎのマイクロ操作を実現する回路を考えよう。

$\quad \overline{X}T_1$： R0 ← R1

これは，タイミング変数 $T_1=1$ で $X=0$ のとき，クロックが入ればレジスタR1の値がレジスタR0に転送されることを示すマイクロ操作である。図3.2にその実現例をブロック図で示す。レジスタR0にはクロック入力の他に，レジスタの入力をイネーブルにする**ロード**（load）制御入力が付いている。マイクロ操作文の制御条件の

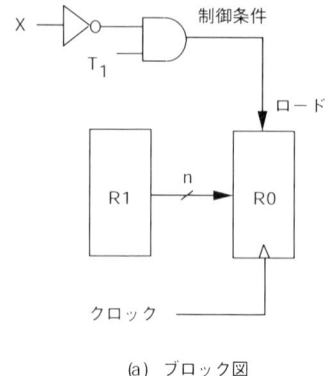

(a) ブロック図

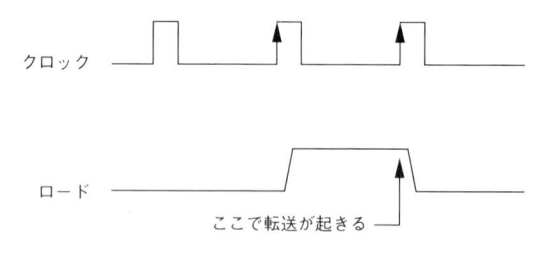

(b) タイミング図

図3.2 レジスタ転送を実現する回路

論理をインバータと AND ゲートで実現し，それをロード制御入力としている．図中に示した $n$ は転送されるデータ幅である．

つぎの2つのマイクロ操作を考えよう．

$$T_1: \quad R0 \leftarrow R1$$
$$\overline{T_1}T_2: \quad R0 \leftarrow R2$$

タイミング信号 $T_1=1$ のとき，レジスタ R1 の内容をレジスタ R0 へ転送する．タイミング信号 $T_1=0$ で $T_2=1$ のとき，レジスタ R2 の内容をレジスタ R0 へ転送する．転送先のレジスタが同じであるが，2つの制御条件式は同時に1になることはないので転送がぶつかることはない．この2つの転送経路を2入力のマルチプレク

## 3.2 転送用マイクロ操作

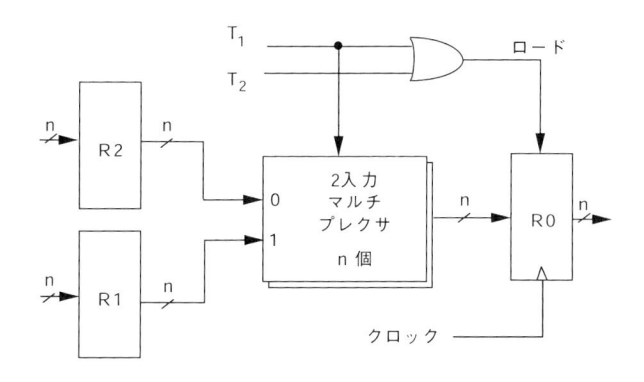

**図3.3** 2つのレジスタ転送を実現する回路

サで図3.3に示すよう切り替えることにより，上記の2つのマイクロ操作を実現することができる。

$k$個の$n$ビットレジスタがあり，それらの任意のレジスタ間のデータ転送を行なう回路を設計する場合，先に示したマルチプレクサを用いる方法では，$kn$個の$(k-1)$入力マルチプレクサと$k(k-1)n$本の信号線が必要となる。$k$や$n$の値が大きくなると，これは膨大なハードウェア量となり実用的でない。データ転送を一度に1つだけに制限すれば，転送経路をバスで共有することができハードウェア量を大幅に減らすことができる。レジスタのデータ幅が$n$であるので転送用に$n$本の信号線からなるバスで十分である。

共通のバスを用いる方法で，任意のレジスタ間の転送を行なう回路をマルチプレクサを用いて構成できる。図3.4に4つの$n$ビットレジスタに対して，マルチプレクサを用いてバスを構成した例をブロック図で示す。R1 ← R2 のマイクロ操作を実現するには，マルチプレクサで入力2を選び，同時にデコーダで$E_1=1$となるように選択入力を加えればよい。

信号線の選択をマルチプレクサの代わりに**3状態ゲート**（three-state gate, tri-state gate）を用いて行なうと，より簡単な構成でバス・システムを実現することができる。3状態ゲートの回路図と図示記号を図3.5(a), (b)に示す。$n$ビット幅の3状態ゲートを図3.5(c)に示す。回路図から明らかなように，C=1の場合には入力Xがそのまま出力Yに現われる。ところが，C=0の場合には2つのトランジスタとも非導通状態となり，出力線Yは電源線とも接地線とも高抵抗で接続された状態にな

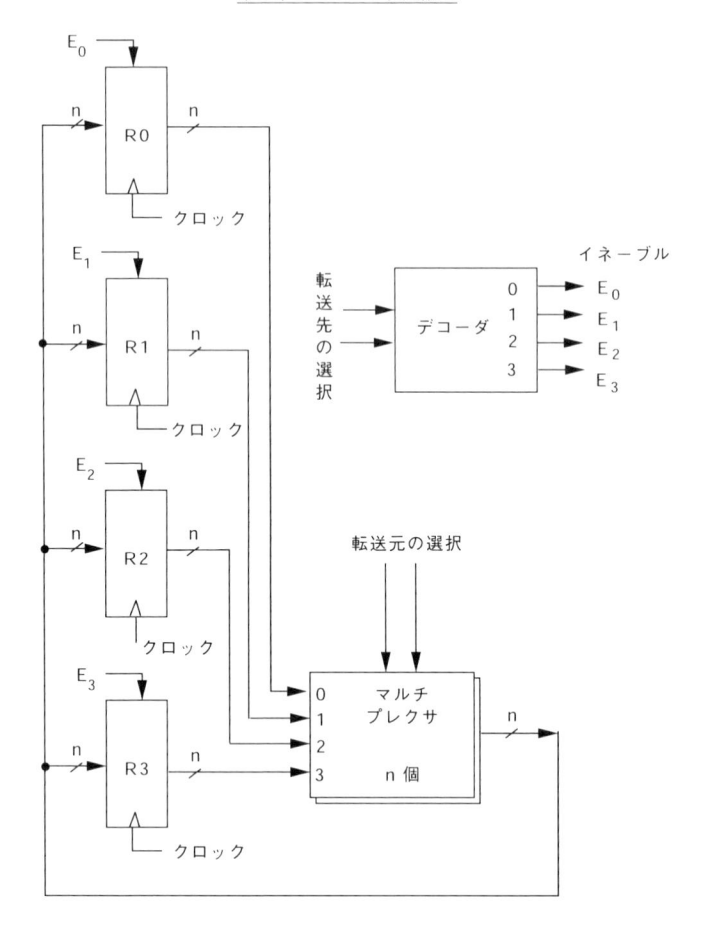

**図3.4** マルチプレクサによるバス・システム

り，回路から切り離された状態になる。これは1でも0でもない第3の状態であり，入力線Xと出力線Yが切り離されたのと等価な状態になる。

 3状態ゲートを使うと，図3.6のように先程の図3.4と等価なバス・システムを構成できる。レジスタの出力側に置かれた3状態ゲートによりバスへ接続するか切り離すかが制御される。バス上のデータをレジスタに取り込むにはレジスタのロード・イネーブルを1にすればよい。したがって，＋のマイクロ操作を実現するには，転送元レジスタを選択するデコーダにより $C_2=1$，転送先レジスタを選択するデコーダにより $E_1=1$ とすればよい。

## 3.2 転送用マイクロ操作

(a) 回路図

(b) 図示記号

(c) n ビット幅の 3 状態ゲート

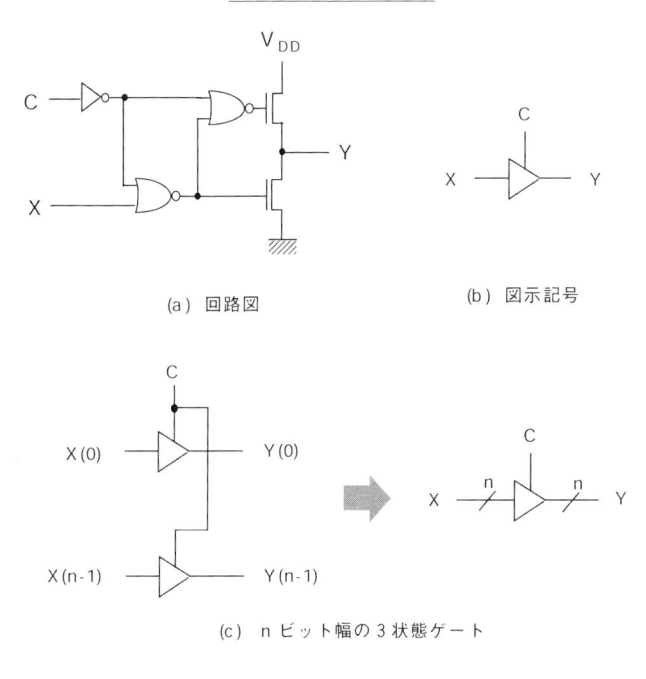

図 3.5  3 状態ゲート

データを記憶するメモリとしては，読み出し書き込みともに可能な RAM と，読み出しのみ可能な ROM があり，これについては 2.4 節で述べた。レジスタ転送論理では，指定アドレスのメモリの内容をレジスタに転送したり，逆にレジスタの内容をメモリの指定アドレスへ転送したりする。前者を読み出しマイクロ操作，後者を書き込みマイクロ操作と呼ぶ。

これらのマイクロ操作において，メモリのアドレスを指定するためにそのアドレスの値を格納するアドレスレジスタを AR で表す。転送されるデータを格納するデータレジスタを DR で表す。また，メモリを M で表す。

読み出しマイクロ操作は

    Read： DR ← M(AR)

と記述できるが，これは，読み出しを指令する制御信号 Read が 1 の値をとるときレジスタ AD で指定されるアドレスの内容をレジスタ DR へ転送することを表している。逆に，DR の内容を AR で指定されるアドレスへ書き込むマイクロ操作は

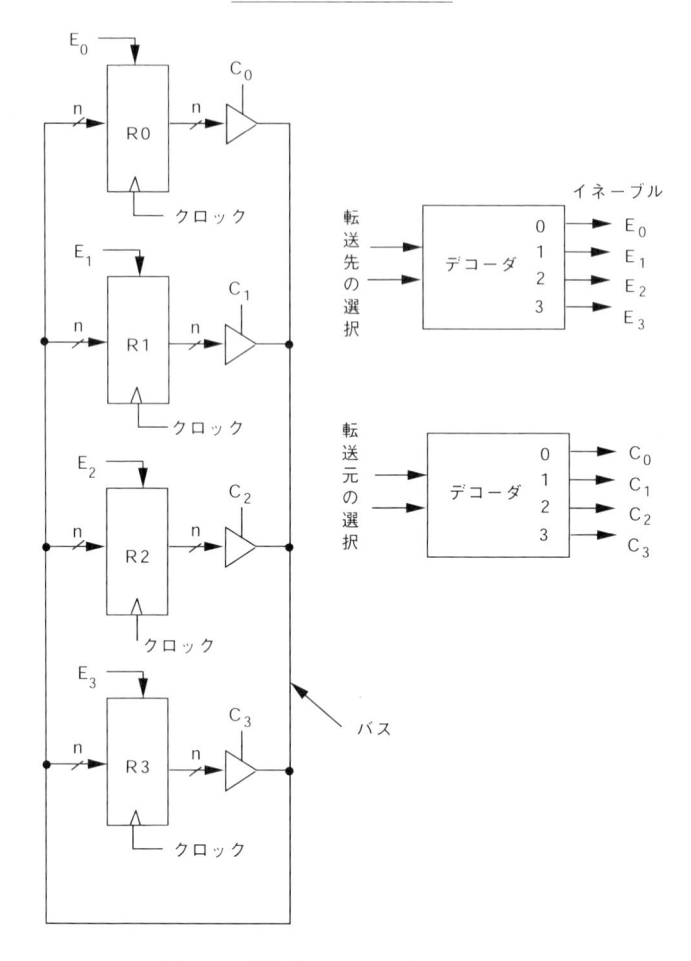

**図3.6** 3状態ゲートによるバス・システム

   Write： M(AR) ← DR

と記述される。

 メモリがバスを通じて多くのレジスタと接続されている場合，それらのレジスタに直接データを転送することができる。このようなとき，デコーダやマルチプレクサを用いて転送先のデータレジスタの選択を行なう。マルチプレクサの代わりに3状態ゲートを用いて構成した回路のブロック図を図3.7に示す。

 複数ビットのデータを並列伝送するためのバスは，導線を並べて走らせたものに

3.2 転送用マイクロ操作　　　45

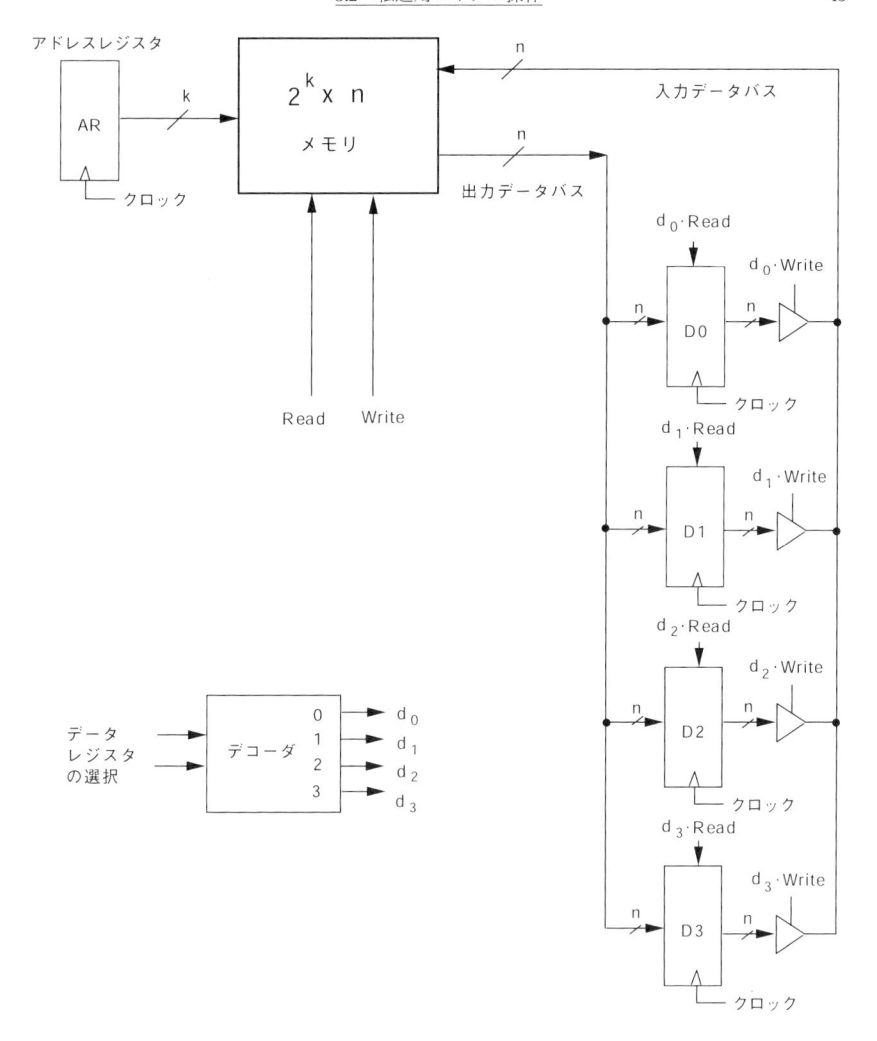

**図3.7** メモリ転送

すぎず，もともと双方向に信号を伝送することができる。送信用と受信用にバスを別々に用意するかわりに，1組のバスを切り替えて送信と受信に兼用することができる。これを**双方向バス**（bidirectional bus）と呼ぶ。これにより，バス本数が半減し，貴重な回路の面積を節約することができる。

## 3.3 演算用マイクロ操作

演算用マイクロ操作には，**算術マイクロ操作**，**論理マイクロ操作**，**シフト・マイクロ操作**，などがある。

算術マイクロ操作には，加算，減算，補数を求める操作，1加算，1減算，などの基本操作がある。たとえば，タイミング信号 $T_1$ のときにレジスタ R1 と R2 の加算を行ないその結果をレジスタ R0 に転送するマイクロ操作はつぎのようになる。

$T_1$ :　R0　←　R1 + R2

その他の算術マイクロ操作の記号表現およびその意味を表 3.1 に示す。表に示すように，減算は補数と加算によって実現することもできる（1.2 節参照）。

論理マイクロ操作は，レジスタのビット列に論理演算を施す操作である。論理演算は 1 ビット単位の演算であるので，$n$ ビットのレジスタであれば各ビットを別々に考え，$n$ 個の同じ論理演算が同時並列に実行される。たとえば，レジスタ R1 の内容が 1100 で，レジスタ R2 の内容が 0101 とすると

R0　←　R1∨R2

のマイクロ操作により，レジスタ R1 とレジスタ R2 の各ビット毎の論理和が計算され結果がレジスタ R0 に転送される。したがって，レジスタ R0 の内容は 1101 となる。その他の論理マイクロ操作の記号表現およびその意味を表 3.2 に示す。

**表 3.1** 算術マイクロ操作

| 記号表現 | 意味 |
|---|---|
| R0 ← R1 + R2 | R1 + R2 の内容を R0 に転送 |
| R0 ← R1 − R2 | R1 − R2 の内容を R0 に転送 |
| R2 ← $\overline{R2}$ | R2 の 1 の補数をとる |
| R2 ← $\overline{R2}$ + 1 | R2 の 2 の補数をとる |
| R0 ← R1 + $\overline{R2}$ + 1 | R1 +（R2 の 2 の補数）を R0 に転送 |
| R1 ← R1 + 1 | R1 の内容を 1 増加 |
| R1 ← R1 − 1 | R1 の内容を 1 減少 |

## 3.3 演算用マイクロ操作

**表3.2** 論理マイクロ操作

| 記号表現 | 意味 |
|---|---|
| R ← $\overline{R}$ | レジスタ全ビットの補元 |
| R0 ← R1 ∧ R2 | レジスタ全ビットの 論理積AND |
| R0 ← R1 ∨ R2 | レジスタ全ビットの 論理和OR |
| R0 ← R1 ⊕ R2 | レジスタ全ビットの 排他的論理和 |

算術論理演算部(ALU)がバスを通じて多くのレジスタと接続されている場合,ALUの入力となるレジスタの選択はデコーダやマルチプレクサを用いて行なう。マルチプレクサの代わりに3状態ゲートを用いて構成したALUとバス周辺の回路例を図3.8に示す。

$n$ビットの2項演算を実行するALUの場合,$n$ビット幅の2つの入力が2つのバス(AバスとBバス)に接続されている。各々2ビットのバス選択制御信号(Aバス選択とBバス選択)をデコーダに入力して,2つのバスに接続するレジスタ(AレジスタとBレジスタ)を選択する制御信号($a_0$ $a_1$ $a_2$ $a_3$)と($b_0$ $b_1$ $b_2$ $b_3$)を生成する。これらの制御信号により3状態ゲートの開閉が制御され,各バスにレジスタが接続される。デコーダの機能から$a_0$,$a_1$,$a_2$,$a_3$の内1つだけが1の値をとるので,Aバスにはレジスタが1つだけ接続される。Bバスについても同様である。

加算,減算,論理和,論理積,などのマイクロ操作の演算の種類を選択するために,制御信号をALUに送らなければならない。図3.8のALUへの制御入力の演算選択がそれである。ALUの演算結果の転送先のレジスタは,デコーダから発生した制御信号($d_0$ $d_1$ $d_2$ $d_3$)で1つのレジスタが選ばれる。ALUの詳細な設計については,第4章で述べる。

シフトマイクロ操作には,基本的には**論理シフト**(logical shift),**回転シフト**(rotate shift),および**算術シフト**(arithmetic shift)がある。各シフトマイクロ操作の記号表現を表3.3に示す。

論理シフトはレジスタの各ビットを1ビットづつシフトする操作であるが,空になる端のビットには0が埋められる。例えば,論理右シフトでは左端のビットに0が入り,各ビットは1ビットづつ右にシフトされる。

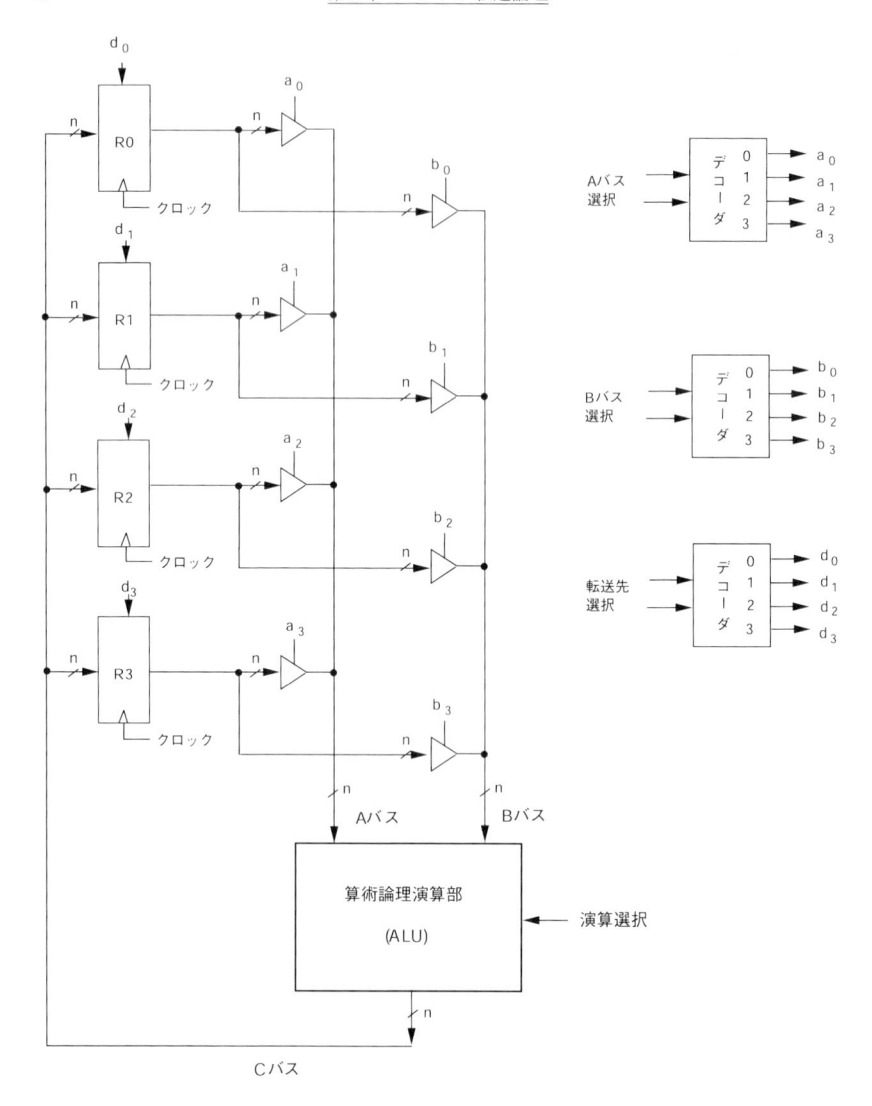

図3.8　算術論理演算部

## 3.3 演算用マイクロ操作

```
  R   = 1 1 0 1 0 0 0 1
lsl R = 1 0 1 0 0 0 1 0
lsr R = 0 1 1 0 1 0 0 0
```

回転シフトでは両端が接続され回転するようにシフトを行ない，端にあふれるビットをその反対側の端のビットに転送する．例えば，回転左シフトでは各ビットは1ビットづつ左にシフトされるが，左端にあふれる1ビットは右端に転送される．

```
  R   = 1 1 0 1 0 0 0 1
rol R = 1 0 1 0 0 0 1 1
ror R = 1 1 1 0 1 0 0 0
```

算術左シフトは符号付き2進数に2を掛け算することと等価で，算術右シフトは符号付き2進数を2で割り算することと等価になる．したがって，算術シフトではシフトの前後で符号ビットは不変であり，符号ビット以外のビットだけが1ビットづつシフトされる．

```
  R   = 1 : 1 0 1 0 0 0 1
asl R = 1 : 0 1 0 0 0 1 0
asr R = 1 : 1 1 0 1 0 0 0
```

**表3.3** シフトマイクロ操作

| 記号表現 | 意味 |
|---|---|
| R ← lsl R | 論理左シフト |
| R ← lsr R | 論理右シフト |
| R ← rol R | 回転左シフト |
| R ← ror R | 回転右シフト |
| R ← asl R | 算術左シフト |
| R ← asr R | 算術右シフト |

## 演習問題

3-1 つぎのマイクロ操作を実現する回路をブロック図で示せ。

$x \cdot T_1$: R0 ← R1

$\bar{x} \cdot T_1$: R0 ← R2

3-2 マルチプレクサとインバータを用いて,つぎのマイクロ操作を実現するブロック図を描け。

$T_1$: R2 ← R1

$T_2$: R1 ← $\overline{R2}$

3-3 $T_1$をタイミング信号,A,Bを1ビットレジスタとするとき,つぎの2つのマイクロ操作文を1つの文で表現せよ。

$A \cdot T_1$: B ← 1

$\bar{A} \cdot T_1$: B ← 0

3-4 つぎのマイクロ操作を実現するのに必要なハードウェアを示せ。

$T_1$: R1 ← M(R0)

$T_2$: R3 ← R1+R2

$T_3$: M(R0) ← R3

3-5 つぎのマイクロ操作を実現するブロック図を描け。

$T_1$: R0 ← R1

$T_2$: R0 ← R2

$T_3$: R0 ← R3

$T_4$: R0 ← R4

3-6 図3.3のブロック図が実現するマイクロ操作をマルチプレクサの代わりに3状態ゲートを用いて実現せよ。

3-7 図3.7のメモリ転送の回路を3状態ゲートの代わりにマルチプレクサを用いて構成せよ。

3-8 図3.8のブロック図を3状態ゲートの代わりにマルチプレクサを用いて構成せよ。

3-9 レジスタRの内容がつぎの値のとき,表3.3の各シフトマイクロ操作を施した後のレジスタRの値を求めよ。

(a) 1 1 0 0 1 1 1 0

(b) 0 1 1 0 0 1 0 1

(c) 0 0 1 1 0 0 1 1

(d) 1 0 1 1 0 0 1 0

**3-10** つぎの 2 つのマイクロ操作は等価であることを示せ。レジスタ R は $n$ ビットとする。

(a) R ← R+R

(b) R ← lsl R

# 第4章　データパスの設計

## 4.1　データパスの構成

　ディジタルシステムをレジスタ転送レベルで記述した回路はデータパス(演算部)とコントローラ（制御部）から成り立っている。データパスは加算，減算の算術演算やAND, OR, NOTなどの論理演算を実行する算術論理演算回路（ALU），シフト演算を行なうシフタ，演算のデータや結果を一時格納するレジスタから構成される。

　ALUの2個の入力および1個の出力に各々1つづつバスを結合した3バス構成の場合，データパスの構成は図4.1に示すようになる。入力データを転送するAバスとBバス，および出力データを転送するCバスの3本のバスで構成されている。データを一時格納する場所として，一群のレジスタ（レジスタファイル）があり，レジスタ選択の制御信号によりA, B, Cの各バスにどのレジスタを接続するかが決定される。ALUやシフタで実行する演算は，機能選択用の制御信号により決定される。ALUが取り扱うデータのビット数すなわち語長はコンピュータの語長に対応し，その規模に応じて4ビット，8ビット，16ビット，32ビット等，種々のものがある。ここでは，一般的に$n$ビットとして話を進める。ALUの演算結果に特別な状態が発生したことを検出しそれを表示するレジスタとして**状態レジスタ**（status register）がある。これらについては後で詳しく述べる。

　データパスで実行されるマイクロ操作を制御するのはコントローラであるが，その制御の流れはつぎのようになる。例えば，マイクロ操作

　　　R0　←　R1+R2

を行なう場合，つぎの制御信号を発生する。

1．Aバスのレジスタ選択：レジスタR1の内容をAバスに移す
2．Bバスのレジスタ選択：レジスタR2の内容をBバスに移す
3．ALUの機能選択：加算

## 4.1 データパスの構成

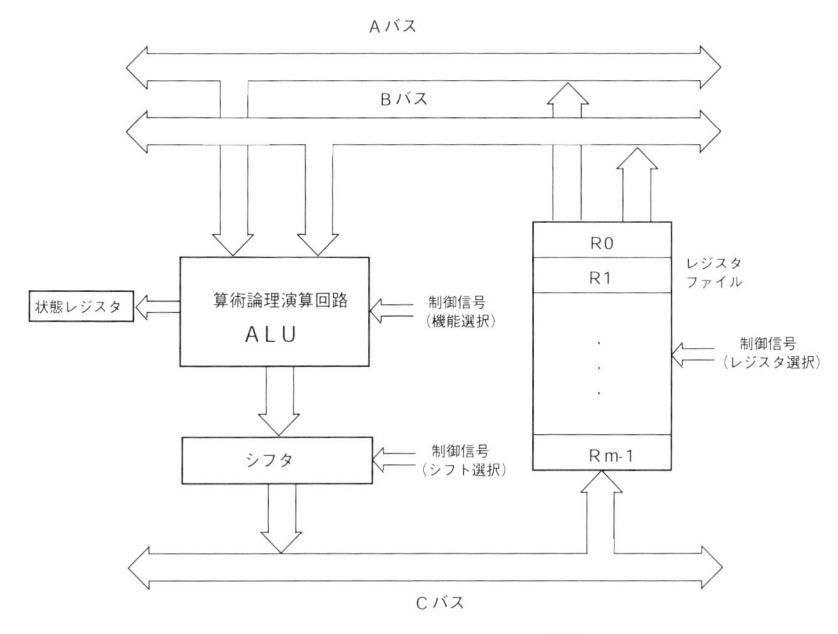

**図4.1** 3バスによるデータパスの構成

4. シフト選択：ALUの出力をCバスへ直接転送（シフトなし）
5. Cバスのレジスタ選択：Cバスの内容をR0へ移す

2つのレジスタR1, R2の内容がAバス，Bバスを通ってALUに入力され，ALUでの加算結果がシフタ，Cバスを通ってレジスタR0の入力に伝わる。これらの操作はすべて1クロックパルス間隔の間に実行される。したがって，これらの制御信号は1共通クロックパルス間隔の間有効にしておく。レジスタR0の入力にまで伝わった加算結果はつぎのクロックが到着するとともにR0の中へ取り込まれる。

図4.1の3バス構成では，任意の2個のレジスタの内容に演算を行なって，その結果を任意のレジスタに収めることができる。バスの本数が増えると演算の機能や速度が向上するが，ハードウェア量が増加したり，演算を指令する命令が複雑になり，マイナスの面も現われる。そのため，バスの本数を減らすために特別なレジスタを用いる方法もある。このレジスタを**アキュムレータ**（accumulator）という。省略して**ACC**と書く。

図4.2にアキュムレータを用いた1バス構成のデータパスのブロック図を示す。ALUの入力データ2個のうち1つはACCに収められているデータを用い，他の1

つは外部から持ってくる。ALUやシフタでの演算結果は再びACCに収められる。例えば、レジスタR1との加算は

$$ACC \leftarrow ACC+R1$$

となる。このように、1バス構成でのマイクロ操作では制御信号として1つのレジスタだけを指定すればよく、制御が簡単になる。しかし、3バス構成でのマイクロ操作

$$R0 \leftarrow R1+R2$$

と等価なマイクロ操作は、1バス構成では

$$ACC \leftarrow R1$$
$$ACC \leftarrow ACC+R2$$
$$R0 \leftarrow ACC$$

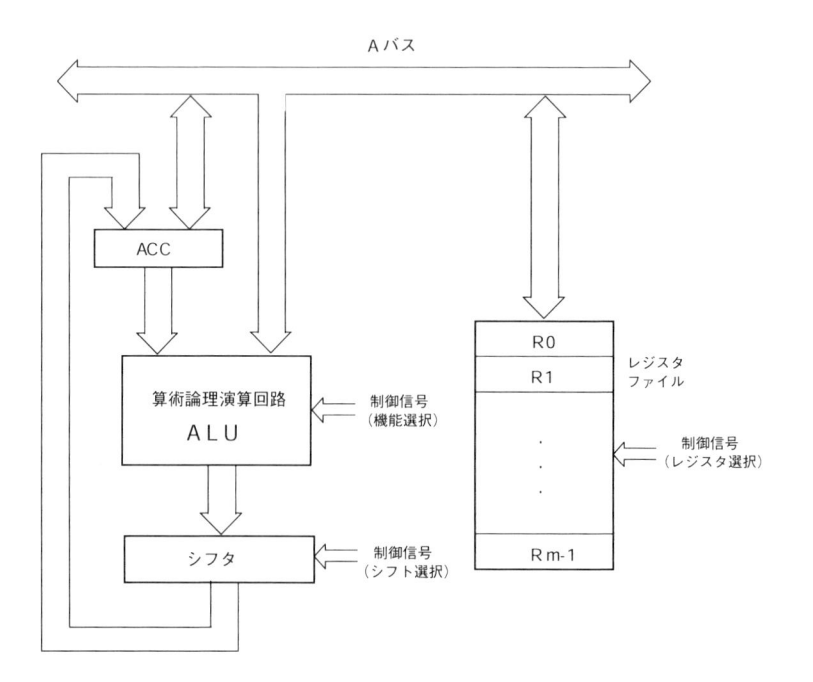

図4.2 アキュムレータを用いた1バス構成

となり，その手順も増え動作速度が遅くなる。

## 4.2　算術演算回路の設計

ここでは，算術マイクロ操作を実現する算術演算回路の設計を考える。算術演算の基本は加算であるが，2.3節で全加算器を直列に$n$個並べることによって$n$ビットの並列加算器を構成できることを示した。図2.15に示した4ビット並列加算器がその例であるが，ここでは$n$ビット並列加算器を用いて，加算，減算，桁上げつき加算，1加算，1減算などを実現する算術演算回路を設計する。

基本回路として並列加算器を用いるので，図4.3に示すような構成を考える。AおよびBは算術演算される2個の$n$ビット2進数とする。ここでは符号付き2の補数表現を考える。Bの2進数は，組合せ回路を通る際2個の制御信号$S_0$, $S_1$によりいろいろと加工され，並列加算器のYに入力される。したがって，並列加算器の出力は，組合せ回路の出力Yを用いて

$$F = A + Y + C_{in}$$

と表現できる。このYおよび$C_{in}$の値を変えることにより種々の演算を実現することができる。

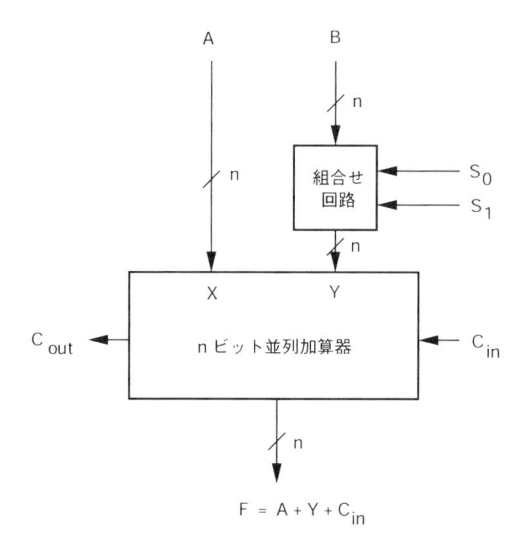

図4.3　算術演算回路の構成

**表4.1** 算術演算回路の機能表

| $S_1$ | $S_0$ | Y | $F = A + Y + C_{in}$ | |
|---|---|---|---|---|
| | | | $C_{in} = 0$ | $C_{in} = 1$ |
| 0 | 0 | 全て0 | $F = A$ | $F = A + 1$ |
| 0 | 1 | B | $F = A + B$ | $F = A + B + 1$ |
| 1 | 0 | $\overline{B}$ | $F = A + \overline{B}$ | $F = A + \overline{B} + 1$ |
| 1 | 1 | 全て1 | $F = A - 1$ | $F = A$ |

表4.1に示すように，$S_0$，$S_1$によりYには4つの場合が実現できる。さらに$C_{in}$の値により，合計8個の機能が実現できる。表3.1に示した算術マイクロ操作は，これらの機能ですべて実現することができる。表4.1の各々の場合を見ていこう。

$S_1=0$，$S_0=0$のとき，Yの$n$ビットには全て0が入り$F=A+C_{in}$となる。$C_{in}$の値により，$F=A$と$F=A+1$が実現できる。$F=A$は片方の入力データAを単に出力Fに転送するだけである。$F=A+1$により入力データAの値を1だけ増やすことができる。

$S_1=1$，$S_0=1$のとき，Yの$n$ビットには全て1が入り$F=A-1+C_{in}$となる。$C_{in}$の値により，$F=A-1$と$F=A$が実現できる。$F=A-1$により入力データAの値を1だけ減らすことができる。

$S_1=0$，$S_0=1$のとき，$Y=B$となり$F=A+B+C_{in}$となる。$C_{in}$の値により，$F=A+B$と$F=A+B+1$が実現できる。$F=A+B$はAとBの加算を実行する。$F=A+B+1$は桁上げ付き加算を実現する。

$S_1=1$，$S_0=0$のとき，$F=\overline{B}$となり$F=A+\overline{B}+C_{in}$となる。$C_{in}$の値により，$F=A+\overline{B}$と$F=A+\overline{B}+1$が実現できる。$F=A+\overline{B}$はBの1の補数をAに加算する演算になっている。+はBの2の補数をAに加算する演算になっているので，AからBを引き算する減算を実現している。

図4.3の組合せ回路の部分を表4.1の真理値表のように実現すると，4ビットの場合，図4.4に示す論理図が得られる。このように算術演算回路は規則的構造をしているため任意のデータ長の算術演算回路を容易に設計できる。

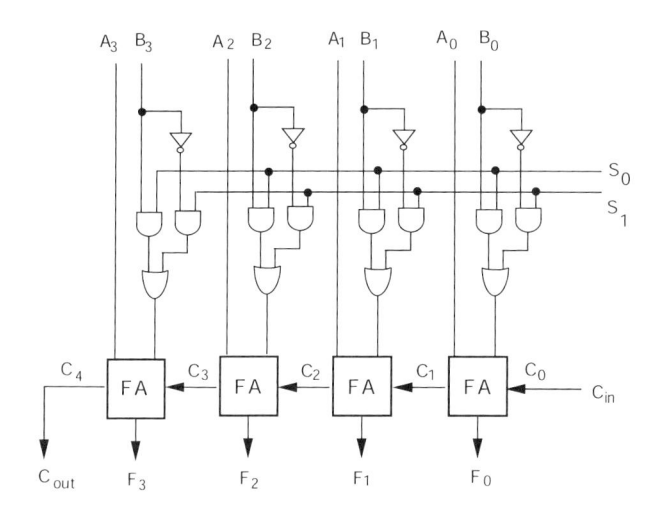

図 4.4　4 ビット算術演算回路

## 4.3　論理演算回路の設計

　ここでは，表 3.2 に示した論理マイクロ操作を実現する論理演算回路の設計を考える．2.1 節で述べたように，任意の論理演算は論理積 AND，論理和 OR，論理否定 NOT を組み合わせることにより実現できが，ここでは表 3.2 に示す排他的論理和 XOR を含めて 4 つの論理演算を実現する回路を考える．論理マイクロ操作は各ビット毎に並列に論理演算が行なわれる．したがって，1 ビットの論理演算回路を設計すれば，それを必要なビット数だけ用意すれば任意のビット数の論理演算回路を実現することができる．

　図 4.5 に 1 ビット論理演算回路の実現例を示す．この回路では，先の 4 つの論理演算を実現するために AND，OR，XOR，NOT の各ゲートを用意し，それらをマルチプレクサにより選択して回路の出力としている．どのゲートの出力を選ぶかを制御信号 $S_0$，$S_1$ により指定する．$S_1 S_0 = 00(0)$，$01(1)$，$10(2)$，$11(3)$ に対応して，AND，OR，XOR，NOT の各ゲートがマルチプレクサにより選ばれ回路の出力となる．

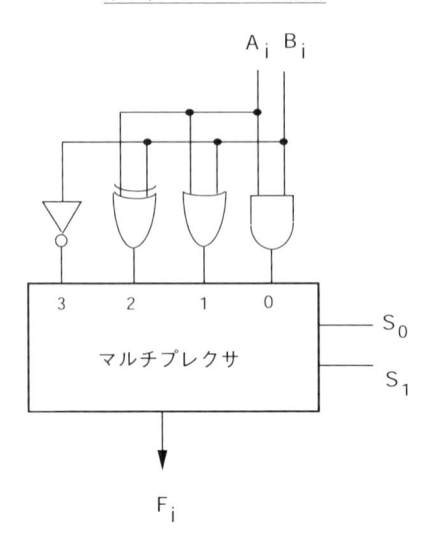

図4.5 1ビット論理演算回路

## 4.4 ALUの設計

4.2節と4.3節において算術演算回路および論理演算回路の設計について述べた。算術論理演算回路（ALU）はこの2つの回路を単に並列に結合し，マルチプレクサでいずれの回路を使うかを選択することにより実現することができる。1ビットの算術演算回路と論理演算回路をマルチプレクサで結合したブロック図を図4.6に示す。

入力は$i$ビット目のデータ入力$A_i$，$B_i$と算術演算回路への下位のビットからの桁上げ入力$C_i$および制御信号$S_0$, $S_1$, $S_2$である。出力は，算術演算回路の上位のビットへの桁上げ出力$C_{i+1}$および2つの演算回路の出力を選ぶマルチプレクサの出力$F_i$である。マルチプレクサによる算術演算回路と論理演算回路の切り替えは第3の制御信号$S_2$で行なう。$S_2=0$のとき，論理演算回路を選択し回路の出力とする。また，$S_2=1$のとき算術演算回路を選択し回路の出力としている。図4.6の1ビットALUを必要なビット数だけ用意し，算術回路において隣接するセルの桁上げ出力と入力を結合すれば，任意のビット数のALUを構成することができる。制御信号を$S_0$, $S_1$, $S_2$と$C_{in}$の値により実現される機能を表4.2にまとめる。

ALUには図4.7に示すように状態レジスタが付随している。状態レジスタはいく

4.4 ALU の設計

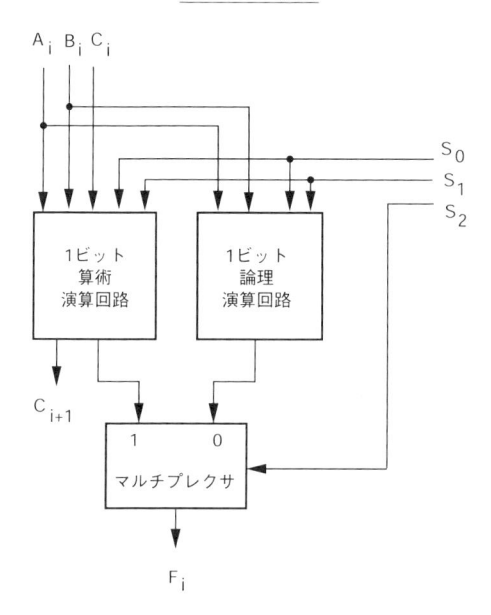

**図4.6** 1ビット ALU

**表4.2** ALU の機能表

| $S_2$ | $S_1$ | $S_0$ | $C_{in}$ | 機能 |
|---|---|---|---|---|
| 0 | 0 | 0 | – | $F = A \wedge B$ |
| 0 | 0 | 1 | – | $F = A \vee B$ |
| 0 | 1 | 0 | – | $F = A \oplus B$ |
| 0 | 1 | 1 | – | $F = \overline{A}$ |
| 1 | 0 | 0 | 0 | $F = A$ |
| 1 | 0 | 0 | 1 | $F = A + 1$ |
| 1 | 0 | 1 | 0 | $F = A + B$ |
| 1 | 0 | 1 | 1 | $F = A + B + 1$ |
| 1 | 1 | 0 | 0 | $F = A + \overline{B}$ |
| 1 | 1 | 0 | 1 | $F = A + \overline{B} + 1$ |
| 1 | 1 | 1 | 0 | $F = A - 1$ |
| 1 | 1 | 1 | 1 | $F = A$ |

つかの**フラグ・フリップフロップ**（flag flip-flop）と呼ばれるフリップフロップから構成されている。このフラグは，ALUでの演算結果にある状態が発生したことを検出して表示するものである。

図4.7には，符号フラグS，ゼロ・フラグZ，パリティ・フラグP，桁上げフラグC，あふれフラグVの5個のフラグフリップフロップからなる状態レジスタを示す。

符号フラグはALUの出力結果の最上位桁（符号ビット）がセットされる。演算結果の正負を判定するのに利用できる。

ゼロフラグはALUの演算結果が0のとき1にセットされ，そうでないとき0にセットされる。これにより演算結果が0であるか否かを判定することができる。

パリティフラグは，演算結果のパリティ（1の個数）が偶数のときに0にセットされ，奇数のとき1にセットされる。

桁上げフラグは，ALUでの最上位桁からの桁上げ（最終桁上げ）が発生したとき1にセットされ，そうでないとき0にセットされる。

あふれフラグは，最上位桁からの桁上げ$C_n$と1つ手前の桁からの桁上げ$C_{n-1}$が異なる値をとるとき1にセットされ，そうでないとき0にセットされる。1.2節で述べ

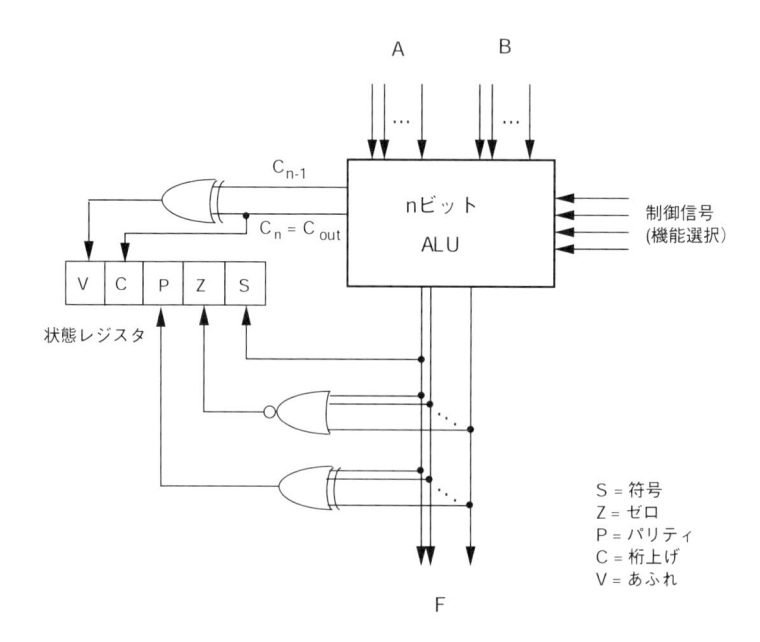

**図4.7** 状態レジスタ

たように，$n$ 桁の 2 つの数を加算した結果 $n+1$ 桁の数になるときあふれが生じる。両方が正数または負数のときあふれが生じる可能性がある。2 の補数表現の場合，最終桁上げは必ずしもあふれを表さない。あふれが生じるのは，最上位桁からの桁上げ $C_n$ と 1 つ手前の桁からの桁上げ $C_{n-1}$ が異なる値をとるときおよびそのときに限る。したがって，図 4.7 に示すように $C_n$ と $C_{n-1}$ の排他的論理和であふれを検出することができる。

## 4.5 シフタの設計

表 3.3 に示す 3 つの型のシフトマイクロ操作の基本は論理シフトである。ここでは，論理シフトを実現する回路の設計例を示す。図 4.1 に示す構成では，シフタは ALU による演算結果を受けてその値をそのまま C バスに転送するか，左右に 1 ビットシフトした結果を C バスに転送する。ALU の演算結果を X，シフタの出力を Y とすると，シフタの機能は

$$Y \leftarrow X$$
$$Y \leftarrow \text{lsl } X$$
$$Y \leftarrow \text{lsr } X$$

となる。この 3 つの機能を区別するためには，2 つの制御信号が必要となる。それを $W_1 W_0$ とし第 4 の機能に

$$Y \leftarrow 0$$

を追加して

$$C : Y \leftarrow X$$
$$E : Y \leftarrow \text{lsl } X$$
$$F : Y \leftarrow \text{lsr } X$$
$$G : Y \leftarrow 0$$

を実現する回路を設計する。

シフタの機能はデータの流れの方向を変えるものであるので，マルチプレクサに

より実現できる。図 4.8 に 4 ビットシフタの実現例を示す。このようにマルチプレクサを桁数の分だけ並べ，データの流れを左右に 1 ビット変えるために，各桁のマルチプレクサにはその桁と左右両隣の桁からデータを入力できるように結線する。

図 4.8 のブロック図において，制御信号 $W_1 W_0$ の値によってどのように動作するかを調べると以下のようになる。

$W_1 W_0 = 00$ の場合，マルチプレクサは入力 0 が選択されるので

$$Y_i = X_i \quad (i = 0, ..., n-1)$$

となる。したがって，$Y \leftarrow X$ を実現している。

$W_1 W_0 = 01$ の場合，マルチプレクサは入力 1 が選択されるので

$$Y_0 = R_{in}$$
$$Y_i = X_{i-1} \quad (i = 1, ..., n-1)$$
$$L_{out} = X_{i-1}$$

となる。したがって，$Y \leftarrow \text{lsl } X$ を実現している。

$W_1 W_0 = 10$ の場合，マルチプレクサは入力 2 が選択されるので

$$Y_i = X_{i+1} \quad (i = 0, ..., n-2)$$
$$Y_{n-1} = L_{in}$$
$$R_{out} = X_0$$

となる。したがって，$Y \leftarrow \text{lsr } X$ を実現している。

$W_1 W_0 = 11$ の場合，マルチプレクサは入力 3 が選択されるので

$$Y_i = 0 \quad (i = 0, ..., n-1)$$

となる。したがって，$Y \leftarrow 0$ を実現している。

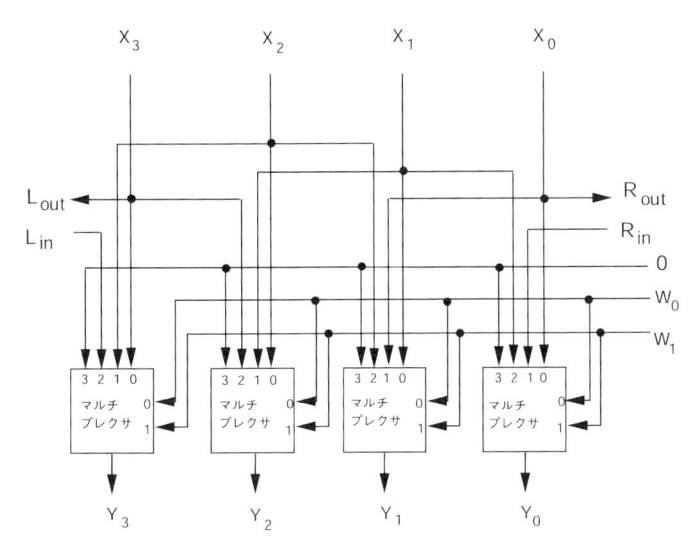

図4.8 4ビットシフタ

---

## 演習問題

**4-1** 3バスによるデータパスの構成を図 4.1 に,アキュムレータを用いた 1 バス構成を図 4.2 に示した。これらの例を参考にして,アキュムレータを用いた 2 バス構成によるデータパスのブロック図を描け。

**4-2** アキュムレータを用いない 3 バス構成の ALU では R0 ← R1+R2 は 1 ステップで実行できるが,アキュムレータを用いた 2 バス構成での ALU では何ステップのマイクロ操作が必要か,そのマイクロ操作を示せ。

**4-3** 制御信号 S と 4 ビットデータ入力 A, B をもつ算術演算回路で,その出力 F が S=0 のとき F=A+1,S=1 のとき F=A+B となる回路を設計せよ。

**4-4** 制御信号 $S_0$ と $S_1$ を使って表 4.3 の算術演算を実現する回路を設計せよ。

表4.3

| $S_1$ | $S_0$ | $C_{in} = 0$ | $C_{in} = 1$ |
|---|---|---|---|
| 0 | 0 | $F = A + \overline{B}$ | $F = A + \overline{B} + 1$ |
| 0 | 1 | $F = \overline{B}$ | $F = \overline{B} + 1$ |
| 1 | 0 | $F = A$ | $F = A + 1$ |
| 1 | 1 | $F = A + B$ | $F = A + B + 1$ |

4-5 制御信号 $S_0$ と $S_1$ を使って表 4.4 の算術演算を実現する回路を設計せよ.

表4.4

| $S_1$ | $S_0$ | $C_{in} = 0$ | $C_{in} = 1$ |
|---|---|---|---|
| 0 | 0 | $F = A - B - 1$ | $F = A - B$ |
| 0 | 1 | $F = A$ | $F = A + 1$ |
| 1 | 0 | $F = A + B$ | $F = A + B + 1$ |
| 1 | 1 | $F = B - A - 1$ | $F = B - A$ |

4-6 図 4.9 のアキュムレータのブロック図で，制御信号 $S_0$ と $S_1$ を使って

    A ← A+B
    A ← 0
    A ← $\overline{A}$
    A ← A+1

の4つのマイクロ操作を実現する回路を設計せよ.

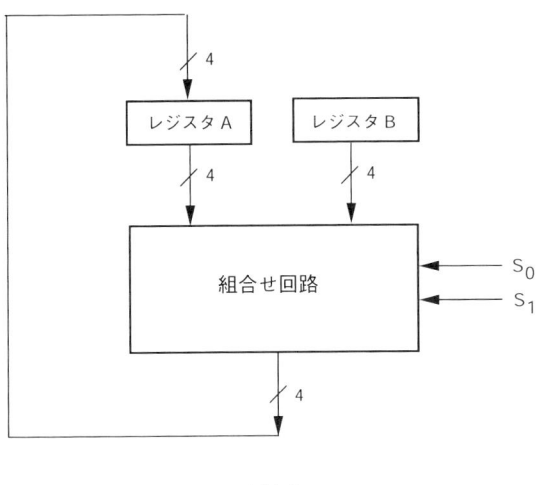

図4.9

4-7 NOR, NAND, OR, AND の論理マイクロ操作を実現する論理演算回路を設計せよ．

4-8 D フリップフロップを用いて，つぎに示すような 2 の補数をとるマイクロ操作を 4 ビットレジスタで設計せよ．

$$S:\quad A \leftarrow \overline{A}+1$$

4-9 制御信号 S と 4 ビットデータ入力 X をもつシフタで，その出力 Y が S=0 のとき $Y \leftarrow \text{rol} \, X$，S=1 のとき $Y \leftarrow \text{rol} \, X$ となる回転シフトを実現する回路を設計せよ．

4-10 制御信号 S と 4 ビットデータ入力 X をもつシフタで，その出力 Y が S=0 のとき $Y \leftarrow \text{asl} \, X$，S=1 のとき $Y \leftarrow \text{asr} \, X$ となる算術シフトを実現する回路を設計せよ．

# 第5章　コントローラの設計

## 5.1　コントローラの構成

　データパス(演算部)でのマイクロ操作を実行するには，マイクロ操作の入力データをデータパスに供給するとともに，それを実行するために必要な制御信号をデータパスに与えなければならない。たとえば，図 4.1 において，ALU に対する機能選択，シフタに対するシフト選択，レジスタファイルに対するレジスタ選択，などの制御信号である。図 5.1 に示すように，これらの制御信号はコントローラで生成されデータパスに供給される。データパスの他，記憶部や入出力部の動作を制御するためにもコントローラから制御信号を供給する必要があるが，データパスを制御するのと同様に取り扱うことができるので，本章では主としてデータパスを制御するための制御論理の設計について述べる。

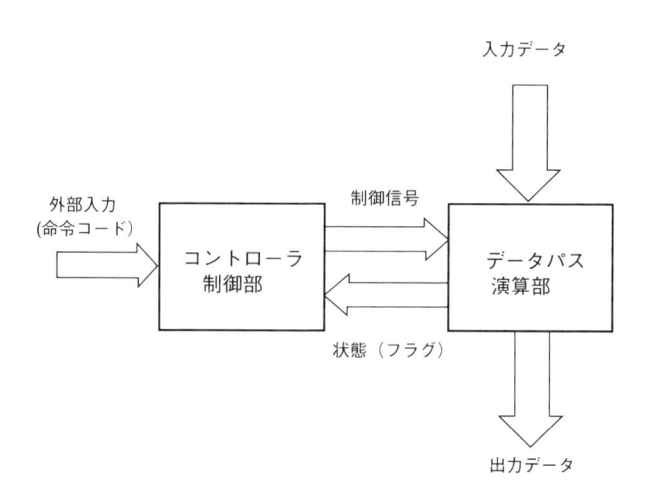

**図5.1**　コントローラとデータパス

## 5.1 コントローラの構成

コントローラからの制御信号によりデータパスでのマイクロ操作が実行され,演算結果が出力データとして外部に出力される。また,演算結果の状態を示す状態(フラグ)レジスタの値がコントローラに返される。コントローラからは,次々と制御信号がデータパスに供給され,あらかじめ定めておいた一組のマイクロ操作が順々に実行されていく。このように,一般に制御信号は時間系列として生成され,制御を実現するコントローラは順序回路となる。順序回路の初期状態を決めるのがコントローラに外部から与えられる命令コードである。命令コードを解読することによりどのような制御信号の系列を生成するかが決定される。ある時刻の制御信号により1つのマイクロ操作が実行され,その実行結果の状態(フラグ)と外部からの入力(命令コード)に依存してコントローラは次の状態に遷移し,別のマイクロ操作を実行するための制御信号を出力する。これを繰り返すことにより,一連のマイクロ操作を実行することができる。コントローラの入力は,したがって,外部からの入力(命令コード)とデータパスの状態(フラグ)が入力になり,データパスへの制御信号がコントローラの出力になる。

このように,コントローラは一連のマイクロ操作を実行するための制御信号の系列を生成する順序回路である。図5.2にコントローラの実現例を示す。この図の構成では,命令レジスタに入っている命令コードを命令デコーダで解読し,制御信号生

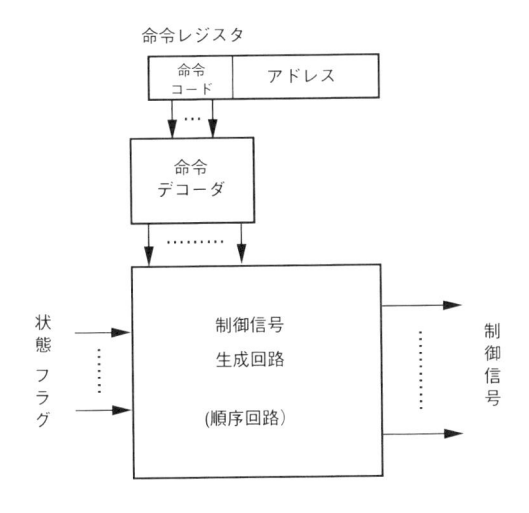

**図5.2** 結線論理による制御

第5章 コントローラの設計

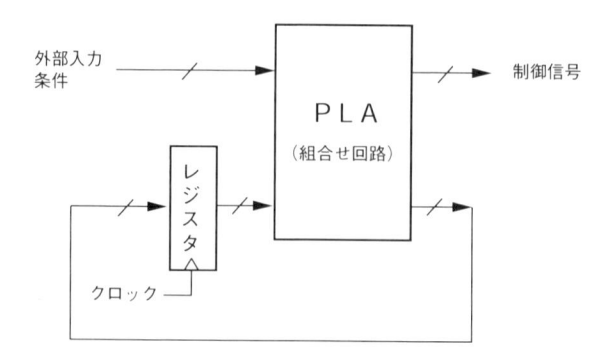

**図5.3** PLAを用いた制御部の実現

成回路で制御信号を発生することになっている．制御信号生成回路はしたがって，順序回路であり，AND，OR，NOT等のゲートおよび記憶素子としてのフリップフロップから構成できる．このような，ゲートやフリップフロップでコントローラを構成する方法を**結線制御**（hardwired control）と呼ぶ．順序回路はPLAで実現することもできる．図5.3にPLAで実現したコントローラの構成図を示す．

結線制御では，論理式の簡単化等によりゲート数の少ない回路を実現すれば，それだけコンパクトな回路を実現することができ，また高速の回路を実現することもできる．しかし，一度設計するとその変更は難しい．設計検証による回路の修正や機能の変更や追加の場合，新しく回路を結線し直さなければならないため効率が悪い．これに対して制御論理の変更や修正が容易な方法として，マイクロプログラム制御がある．これについては，5.3節で詳しく述べる．

## 5.2 結線制御の設計

結線制御は有限状態機械（FSM）で記述されることが多いので**FSMコントローラ**（FSM controller）と呼ぶこともある．この節では，コントローラを設計する方法を説明するために，最大公約数（GCD, greatest common divisor）を計算するシステムを例にそれを設計することを考える．

設計するGCDシステムの外部とのインタフェースを図5.4に示す．clkはクロック入力信号，dinは最大公約数を計算する入力データが入力されているときdin＝1，それ以外はdin＝0となる．din＝1で計算を開始する．xinとyinはデータ入力，zoutはデータ出力である．計算が終了すると，doutが0から1に変わり，そのときのzout

5.2 結線制御の設計

図5.4 GCDシステム

に答えが現れる。

　図5.4のインタフェースをハードウェア記述言語 VHDL で記述するとつぎのようになる。

```
entity   gcd   is
    port(   clk  :   in bit;
            din  :   in bit;
            xin  :   in integer;
            yin  :   in integer;
            dout:    out bit;
            zout:    out integer);
end gcd;
```

　つぎに最大公約数を計算するアルゴリズムを考える。その流れ図を図5.5に示す。これはGCDシステムの動作を表している。このGCDシステムの動作記述をVHDLで記述するとつぎのようになる。

```
architecture   behavior   of   gcd   is
begin
    process
        variable   x,   y:  integer;
    begin
        calculation:   loop
            wait until((din='1')and(clk='1' and clk'event));
            dout<='0';
```

```
            x:=xin;
            y:=yin;
            while(x/=y)loop
                if(x<y)
                        then y:=y-x;
                        else x:=x-y;
                end if;
            end loop;
            wait until((din='0')and(clk='1' and clk'event));
            dout<='1';
            zout<=x;
        end loop;
    end process;
end behavior;
```

　図 5.5 に示したデータ処理を行うためには変数 x, y を貯えるレジスタ,および引

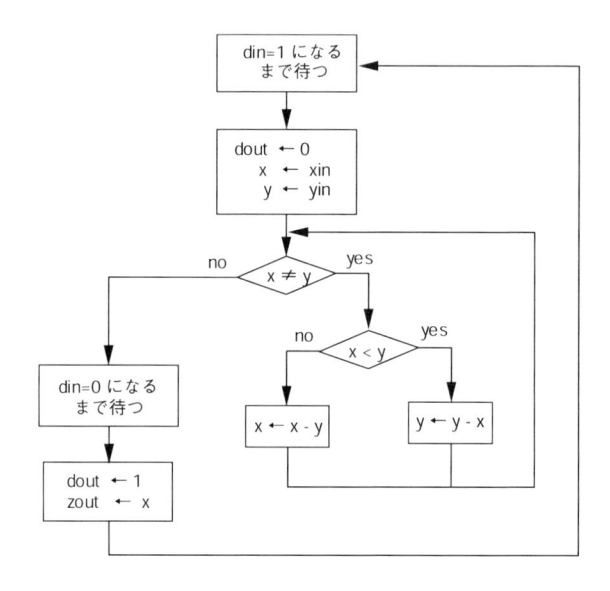

**図5.5** 最大公約数を求める流れ図

5.2 結線制御の設計 71

き算を行う減算器が必要である．さらに，2つの変数の値の一致および大小の比較を行っているので，減算を行った結果のゼロフラグZと符号フラグSが必要である．したがって，図5.6に示すような，データパスとコントローラの構成を設定する．図5.6において，コントローラの入力としては，GCDシステムの入力でもあるdin，データパスからの状態フラグZ, Sがある．コントローラの出力としては，GCDシステムの出力でもあるdout，データパスへの制御信号$m_1$, $m_2$, $r_x$, $r_y$がある．ここで，図から分かるように，$m_1$, $m_2$はマルチプレクサへの制御信号，$r_x$, $r_y$はレジスタx, yへのロード制御信号である．図にはクロック信号は省略している．

つぎに図5.5の流れ図の計算を図5.6のデータパスで実現するために，コント

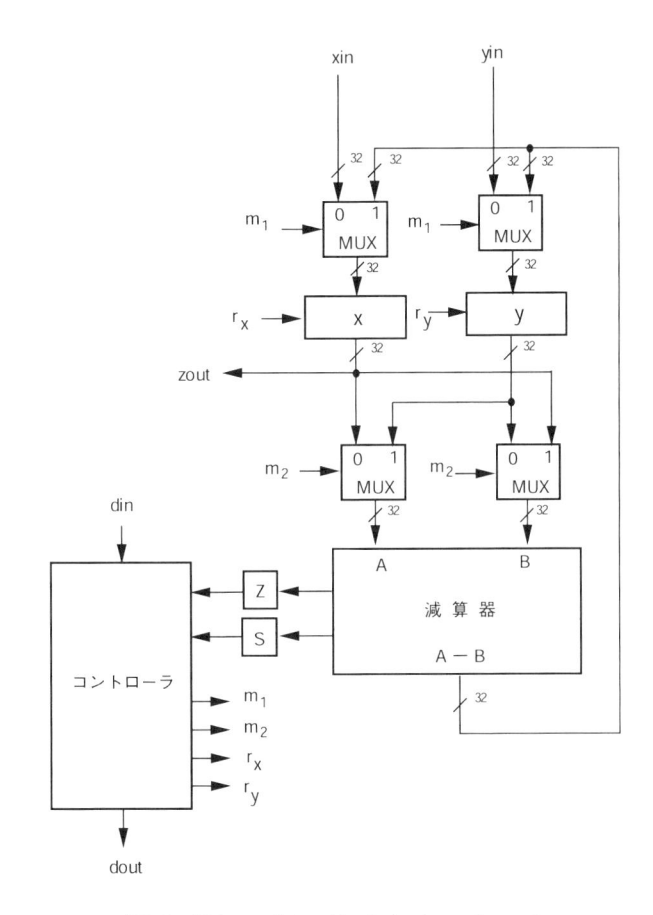

図5.6 GCDシステムのデータパスとコントローラ

ローラの状態図を設計する。図 5.5 における操作ブロックや判定ブロックを状態に対応させると図 5.7 に示す状態図を求めることができる。図 5.7(a)の各状態が図 5.5 のどのブロックに対応しているかは同図(b)の出力表の右半分を見れば分かる。図 5.5 の各ブロック内の操作を実行するためにはデータパスへ必要な制御信号 $m_1$, $m_2$, $r_x$, $r_y$ を送る必要がある。これに対応して，図 5.7(b)の右半分に示した操作を実行するためには図 5.7(b)の左半分に示す制御信号を送ればよい。

このようにしてコントローラの状態図が求められる。図 5.7 ではムーア形の状態

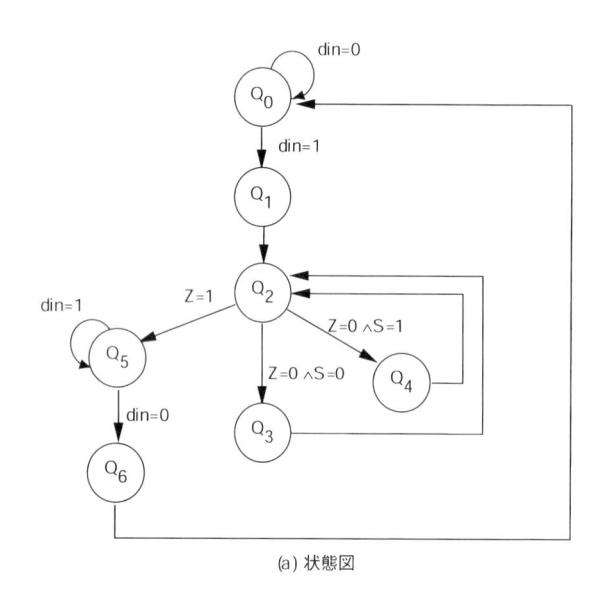

(a) 状態図

| | $m_1$ | $m_2$ | $r_x$ | $r_y$ | dout | |
|---|---|---|---|---|---|---|
| $Q_0$ | - | - | - | - | - | din=1になるまで待つ |
| $Q_1$ | 0 | - | 1 | 1 | 0 | dout ← 0, x ← xin, y ← yin |
| $Q_2$ | - | 0 | 0 | 0 | 0 | (x - y)を計算してxとyの大小比較 |
| $Q_3$ | 1 | 0 | 1 | 0 | 0 | x ← x - y |
| $Q_4$ | 1 | 1 | 0 | 1 | 0 | y ← y - x |
| $Q_5$ | - | - | - | - | - | din=0 になるまで待つ |
| $Q_6$ | - | - | - | - | 1 | dout ← 1, zout ← x |

(b)出力表

**図5.7** GCD コントローラのムーア形 FSM

5.3 マイクロプログラム制御

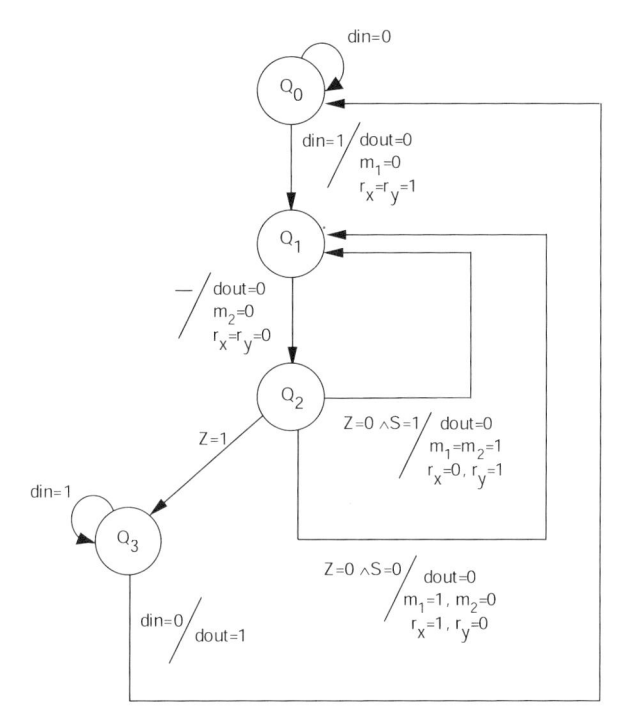

図5.8 GCDコントローラのミーリ形FSM

図を求めた。これをミーリ形に変換すると図5.8の状態図を得る。ムーア形からミーリ形に変換することで状態数が減少している。図5.6のコントローラは，図5.7または図5.8の状態図から順序回路を設計することで実現できる。

## 5.3 マイクロプログラム制御

いくつかの制御信号を1語にまとめたのを**制御語**（control word）と呼ぶ。一連の制御語をROMやRAM（PLAも可能）などのメモリに格納しておき，それを順次取り出すことにより制御信号列を生成する制御方法を**マイクロプログラム制御**（microprogrammed control）と呼ぶ。メモリ内の各制御語を**マイクロ命令**（microinstruction）と呼び，マイクロ命令の列を**マイクロプログラム**（microprogram）と呼ぶ。マイクロプログラムを格納したメモリを**制御メモリ**（control memory）と呼ぶ。マイクロプログラム制御方式は1951年，英国のウィルクス（M.V. Wilkes）により考案された方式である。

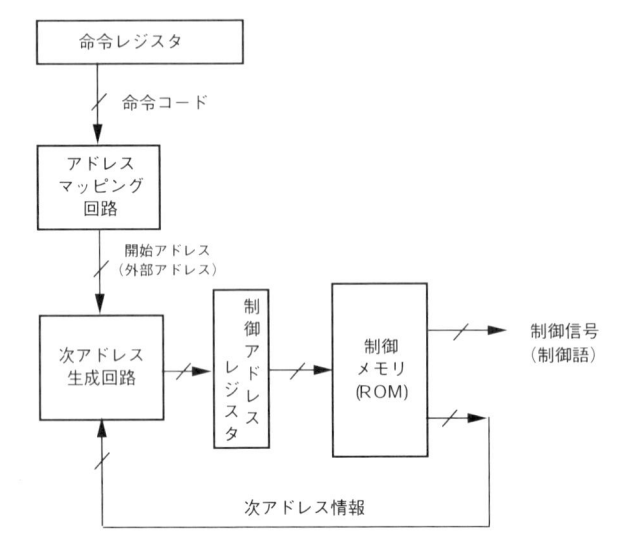

**図5.9** マイクロプログラム制御

図5.9にマイクロプログラム制御方式によるコントローラの構成図を示す。マイクロプログラムコントローラは，マイクロプログラムを格納する制御メモリと制御アドレスレジスタおよび次のアドレスを生成する回路とから構成される。マイクロプログラム制御方式では，一連のマイクロ操作列を実行するのにそれに対応するマイクロ命令の列（マイクロプログラム）を制御メモリに書き込んでおき，その制御メモリからマイクロ命令を読み出し制御信号としてマイクロ操作を起動する。マイクロプログラムの実行開始アドレスは，命令レジスタに格納された機械語の命令コードを**アドレスマッピング回路**で制御メモリのアドレスに変換する形で供給される。マイクロ命令は，基本的には制御信号となる制御語と次に実行するマイクロ命令のアドレスとから成り立っている。制御メモリから読み出されたマイクロ命令の制御語はデータパスを制御する信号となり，次アドレス情報は制御メモリから次に読み出すマイクロ命令のアドレスを決めるのに使われる。次アドレス生成回路は，単にアドレスを1増加したものを次のアドレスとする場合や，マイクロ命令に格納されたアドレスを次のアドレスに選ぶ場合の他に，マイクロプログラム開始アドレスのように外部から供給されるアドレスを次のアドレスとして選択する場合がある。このように次アドレス生成回路はマイクロ命令の実行順序を制御する回路であるので，**マイクロプログラム順序器**（microprogram sequencer）と呼ぶこともある。

## 5.3 マイクロプログラム制御

マイクロプログラム制御では，制御論理を設計することはマイクロプログラムを作成することになる。したがって，制御論理を変更したい場合は，マイクロプログラムを書き換えればよく，制御メモリがROMの場合は新しいマイクロプログラムを搭載したROMを古いROMと取り換えるだけでコントローラの設計変更が可能である。このようにマイクロプログラム制御方式では制御論理の設計が簡単であるだけでなく設計変更が容易であることからコンピュータの設計に広く使われている。機械語やアセンブリ言語や高水準のプログラム言語などで書かれたプログラムはソフトウェアである。マイクロプログラムも一種のプログラムであることから結線制御のようなハードウェア法に対してソフトウェア法と見なすことができそうであるが，これらの通常のソフトウェアと区別する意味からマイクロプログラムを**ファームウェア**（firmware）と呼んでいる。

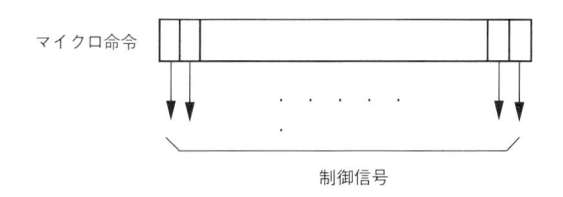

図5.10 水平型マイクロ命令

図5.11 垂直型マイクロ命令

## 5.4 マイクロ命令

マイクロ命令の形式としては，**水平型**（horizontal type）マイクロ命令，**垂直型**（vertical type）マイクロ命令，および両者を混合した**対角型**（diagonal type）マイクロ命令に分けられる。水平型マイクロ命令は，図 5.10 に示すように，1 つの制御信号に対してマイクロ命令の 1 ビットを割り付けた形式をとる。したがって，各制御信号に対応するマイクロ操作と実際に制御されるハードウェアとの対応が分かりやすく設計変更が容易である。この方式ではマイクロ命令は長くなるが，機械語の命令を実行するのに必要なマイクロプログラムのステップ数は少なくて済むので処理が高速である利点がある。制御メモリが横に長く縦に短くなるので水平型と呼ばれている所以である。制御信号が増えるとマイクロ命令の語長が長くなり，大容量の制御メモリが必要になるが，高速性を要求する大型のコンピュータではこの方式が一般的である。

機械語の命令形式と似た形式で，1 つのマイクロ命令でハードウェアのあるまとまった 1 つの動作を制御する方式が，垂直型マイクロ命令である。図 5.11 に例を示す。(a)はレジスタ間のデータ転送を制御するマイクロ命令で，転送元と転送先のレジスタを指定する。(b)はレジスタの内容とデータを演算するマイクロ命令である。(c)はレジスタの内容をテストして条件を満たすときに分岐するプログラム制御命令である。(d)は無条件に分岐する命令でこれもプログラム制御命令である。垂直型マイクロ命令では，水平型マイクロ命令に比べて語長は短くなるが，同じ機械語の命令を実行するのに必要なマイクロプログラムのステップ数は多くなり演算速度が遅くなる。ビット幅が小さくステップ数が大きいので，制御メモリは横に短く縦に長くなることから垂直型と呼ばれている。垂直型の場合，一般にマイクロ命令のビット使用効率が高いので制御メモリを節約できる。また，水平型より記述レベルが高いのでプログラムの動作フローが分かりやすく，マイクロプログラムの設計も容易になる。垂直型マイクロ命令は高速処理を要求しない小型のコンピュータに適しているといえる。

マイクロ命令の具体例を説明するために，以下では図 5.12 に示す ALU，状態レジスタ，シフタ，レジスタファイル（R1, R2, ..., R7）からなるデータパスを制御するためのマイクロ命令を水平型マイクロ命令で設計してみよう。ALU およびシフタは 4.4 節，4.5 節で設計したものを考える。したがって，制御信号としては，図 5.12 に

## 5.4 マイクロ命令

示すように，Aバス，Bバス，Cバスのレジスタ選択信号 $A_2 A_1 A_0$, $B_2 B_1 B_0$, $C_2 C_1 C_0$, ALUの機能選択信号 $S_2 S_1 S_0 C_{in}$, シフタの機能選択信号 $W_1 W_0$ がある。

$A_2 A_1 A_0$, $B_2 B_1 B_0$, $C_2 C_1 C_0$ は000とき無選択となり，001, 010, ..., 111のとき各々レジスタR1, R2, ..., R7を選択する。レジスタ無選択の場合，そのバスはどのレジスタからも開放された状態になるので，Aバス，Bバスでは外部からの入力データをバス上に取り込むことができ，Cバスでは ALU やシフタの出力データが外部出力に取り出されるだけとなる。

ALUの機能選択は表6.2に示した機能表を参照。シフタの機能選択は，$W_1 W_0 = 00$, 01, 10, 11の時，各々シフトなし，左シフト，右シフト，0出力となる。

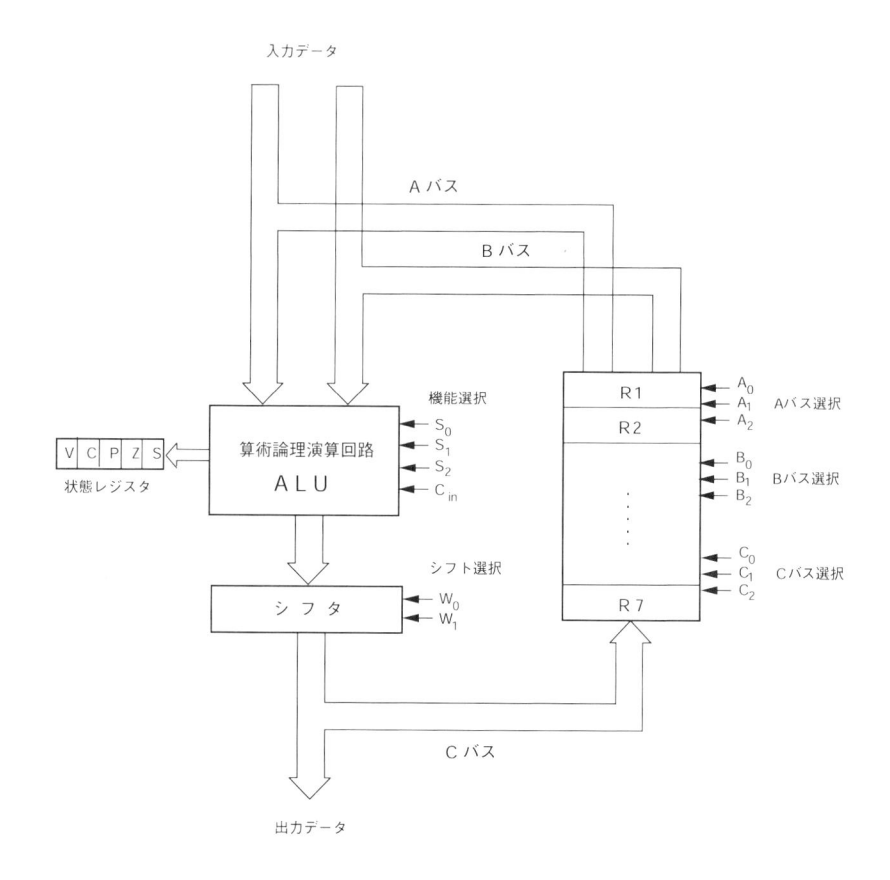

**図5.12** データパスの制御信号

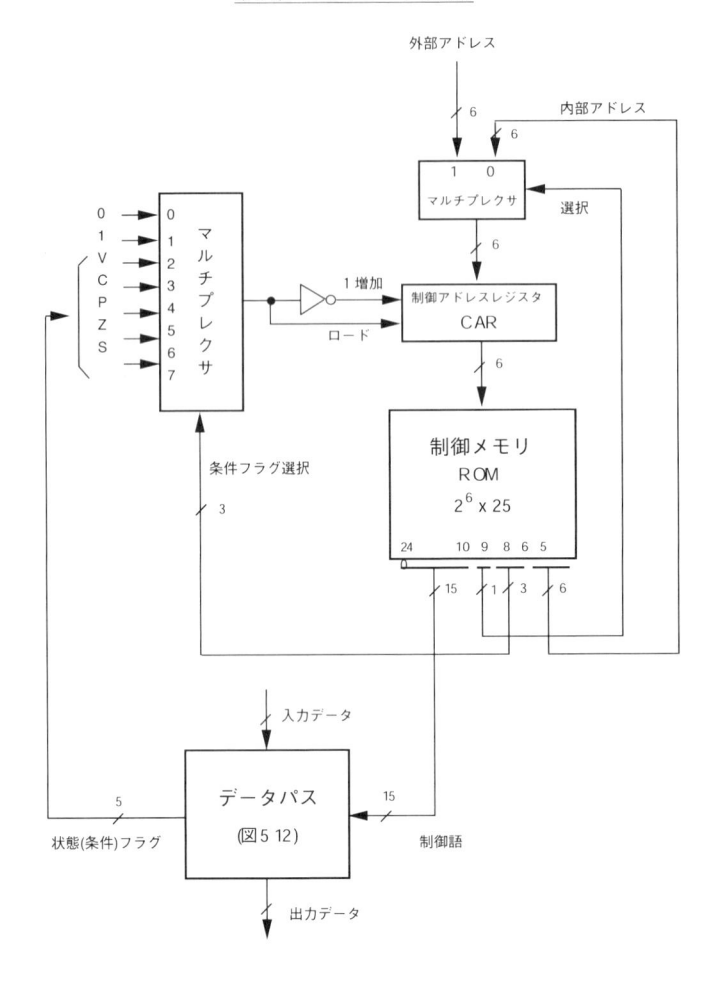

図5.13 データパスに対するマイクロプログラム制御

　図5.12に示すデータパスを制御するマイクロプログラム制御の構成例を図5.13に示す。マイクロプログラムコントローラは制御メモリ，制御アドレスレジスタの他，マルチプレクサから成る次アドレス生成回路から構成されている。制御メモリは1語=25ビットのマイクロ命令を$2^6$=64語まで格納することができる。したがって，アドレス幅は6ビットである。制御メモリに格納されるマイクロ命令は25ビット幅で，その形式を図5.14に示す。図において，A, B, Cの3つのフィールドは各々Aバス，Bバス，Cバスのレジスタ選択を指定するためのビットである。000

## 5.5 マイクロプログラムの設計

| 24 | 22 21 | 19 18 | 16 15 | 13 | 12 | 11 10 | 9 | 8 | 6 | 5 | 0 |
|---|---|---|---|---|---|---|---|---|---|---|---|
| A | B | C | S | $C_{in}$ | | W | | M1 | M2 | ADR | |

A, B, C: レジスタの選択
 000 無選択
 001 R1
 010 R2
 011 R3
 100 R4
 101 R5
 110 R6
 111 R7
S, $C_{in}$ : ALUの機能選択（表4.2参照）

W: 00 シフトなし
  01 左シフト
  10 右シフト
  11 ゼロ出力

M1: 0 内部アドレス選択
  1 外部アドレス選択

M2: 状態（フラグ）選択

ADR: （内部）アドレス

図5.14　データパス制御用のマイクロ命令

のとき無選択を示し，001, 010, ..., 111 のときレジスタ R1, R2, ..., R7 の選択を示す。S および $C_{in}$ は ALU 機能選択を指定するためのフィールドであり，表6.2と同じである。W はシフト機能を指定するフィールドで，00, 01, 10, 11 のとき，各々シフトなし，左シフト，右シフト，0出力となる。図5.13の制御アドレスレジスタにはマイクロ命令中（フィールド ADR）に書き込まれた内部アドレスか，外部入力から指定される外部アドレスのいずれかがマルチプレクサを通して供給される。この内部アドレスと外部アドレスを選択する制御信号が M1 である。M1 が 0 のとき内部アドレスを選択し，1 のとき外部アドレスを選択する。フィールド M2 は制御アドレスレジスタのロード操作と1増加操作を制御するためのフィールドである。3ビットの制御信号により定数 0, 1, およびデータパスの状態フラグ V（あふれ），C（桁上げ），P（パリティ），Z（ゼロ），S（符号）の中から1つの信号を選びそれを制御アドレスレジスタのロード操作と1増加操作を制御するための信号としている。最後の ADR は次に実行するマイクロ命令のアドレスを書き込むアドレスフィールドである。

## 5.5　マイクロプログラムの設計

図5.14で定義したマイクロ命令を用いてマイクロプログラムを作成するために必要な典型的なマイクロ命令の例をいくつか紹介する。

## [例] 開始アドレスの設定

アドレスが12番地から始まるマイクロプログラムを開始するには，制御アドレスレジスタに開始アドレス12を設定すればよい。開始アドレスは命令レジスタに入っている命令コードから変換回路によって生成され，図5.13における外部アドレスとして供給される。したがって，マイクロ命令は，外部アドレスを選択するためにM1＝1とし，それを制御アドレスレジスタにロードするためにM2＝001と1を選択すればよい。マイクロ命令はつぎのようになる。

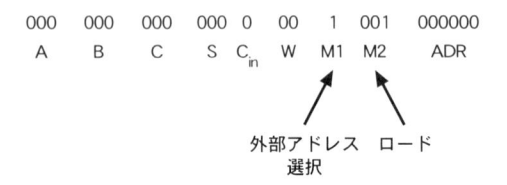

```
000    000    000    000  0    00    1    001    000000
 A      B      C      S   Cin   W    M1   M2     ADR
                                     ↑    ↑
                                  外部アドレス ロード
                                    選択
```

## [例] 加算命令

レジスタR1の内容とレジスタR2の内容を加算して結果をレジスタR1に格納し，つぎのアドレスのマイクロ命令に移るマイクロ操作を考える。これをレジスタ転送命令で書くとつぎのようになる。

$$R1 \leftarrow R1+R2, \quad CAR \leftarrow CAR+1$$

これを実行するには，まずバスA，B，Cの各レジスタをR1，R2，R1に選択する。ALUの機能選択を表6.2から加算演算の$(S_2, S_1, S_0, C_{in}) = (1, 0, 1, 0)$とする。制御メモリのつぎのアドレスは現在の制御アドレスレジスタCARの値を1増加すればよいので，図5.13から状態選択として0を選びM2＝000とする。したがって，マイクロ命令はつぎのようになる。

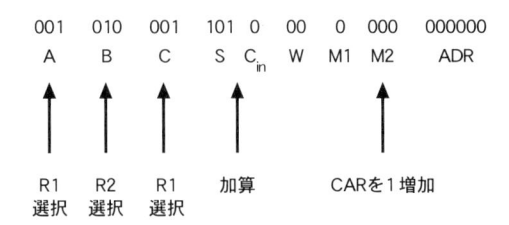

```
001    010    001    101  0    00    0    000    000000
 A      B      C      S   Cin   W    M1   M2     ADR
 ↑      ↑      ↑      ↑              ↑
 R1     R2     R1    加算          CARを1増加
 選択   選択   選択
```

## 5.5 マイクロプログラムの設計

[例] 論理和演算と無条件分岐

　レジスタ R1 の内容とレジスタ R2 の内容の論理和をとり，それを 1 ビット右シフトし，結果をレジスタ R1 に格納する。つぎのアドレスとしては 40 番地に移る。このマイクロ操作をレジスタ転送命令で書くとつぎのようになる。

$$R1 \leftarrow \text{lsr}(R1 \vee R2), \quad CAR \leftarrow 40$$

　これを実行するには，まずバス A, B, C の各レジスタを R1, R2, R1 に選択する。ALU の機能選択を表 6.2 から論理和演算の $(S_2, S_1, S_0, C_{in}) = (0, 0, 1, -)$ とする。シフタの機能選択を図 5.14 から右シフトの W=10 とする。制御メモリのつぎのアドレスとして制御アドレスレジスタ CAR に 40 の値をロードするために，M1=0 で内部アドレスを選択し，M2=001 でロード命令を選択し，内部アドレス 40=101000 を ADR に設定する。したがって，マイクロ命令はつぎのようになる。

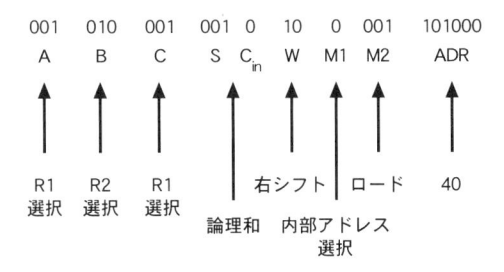

```
001   010   001   001 0   10   0   001   101000
 A     B     C     S  C_in  W   M1  M2    ADR
 ↑     ↑     ↑     ↑        ↑   ↑         ↑
 R1    R2    R1   論理和   右シフト ロード   40
 選択  選択  選択          内部アドレス
                           選択
```

[例] 条件分岐

　演算結果の状態フラグ V（あふれ），C（桁上げ），P（パリティ），Z（ゼロ），S（符号）の値によってつぎのアドレスを変更するマイクロ命令を考える。例えば，レジスタ R1 の内容とレジスタ R2 の内容を加算して結果をレジスタ R1 に入れ，演算結果がゼロの場合，26 番地に移りそれ以外はつぎのアドレスに移るマイクロ命令は，レジスタ転送命令で書くとつぎのようになる。

$$R1 \leftarrow R1 + R2, \; \textit{if} \; (Z=1) \; \textit{then} \; (CAR \leftarrow 26) \; \textit{else} \; (CAR \leftarrow CAR + 1)$$

　これを実行するには，まずバス A, B, C の各レジスタを R1, R2, R1 に選択する。ALU の機能選択を表 6.2 から加算演算の $(S_2, S_1, S_0, C_{in}) = (1, 0, 1, 0)$ とする。ADR=011010(26) で内部アドレス 26 を設定しておき，M1=0 で内部アドレスを選択し，

M2＝101(5) でフラグ Z の値をロード命令に選ぶ（図 5.13 参照）。Z＝1 の場合，ロード命令が働き内部アドレス 26 が CAR にロードされる。Z＝0 の場合，1 増加命令が働き CAR の値が 1 増加する。したがって，マイクロ命令はつぎのようになる。

```
001    010    001    101  0    00   0   101    011010
 A      B      C      S  C_in   W   M1   M2     ADR
 ↑      ↑      ↑      ↑         ↑    ↑    ↑
 R1     R2     R1    加算      内部アドレス Z    26
選択   選択   選択              選択        選択
```

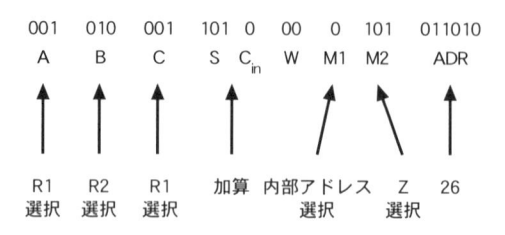

[例] 外部アドレスへ分岐

レジスタ R1 の内容とレジスタ R2 の内容を加算して結果をレジスタ R1 に格納し，外部アドレスで指定されるアドレスに無条件分岐するマイクロ操作を考える。これをレジスタ転送命令で書くとつぎのようになる。

$$R1 \leftarrow R1+R2, \quad CAR \leftarrow 外部アドレス$$

これを実行するには，まずバス A，B，C の各レジスタを R1，R2，R1 に選択する。ALU の機能選択を加算演算の $(S_2, S_1, S_0, C_{in})=(1,0,1,0)$ とする。外部アドレスを選択するために M1＝1 とし，それを制御アドレスレジスタにロードするために M2＝001 と 1 を選択すればよい。マイクロ命令はつぎのようになる。

```
001    010    001    101  0    00   1   001    000000
 A      B      C      S  C_in   W   M1   M2     ADR
 ↑      ↑      ↑      ↑         ↑    ↑
 R1     R2     R1    加算      外部アドレス ロード
選択   選択   選択              選択
```

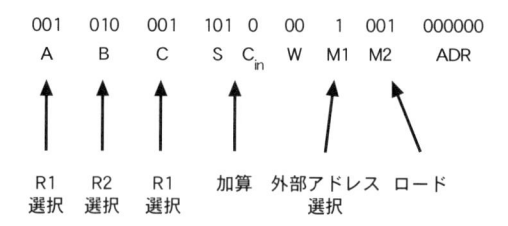

以上のマイクロ命令を組み合わせてマイクロプログラムを設計しよう。例として，パリティを生成するマイクロプログラムおよび正数の乗算を繰り返し加算法によって実現するマイクロプログラムを設計する。マイクロプログラムの開始アドレスは命令レジスタの命令コードから外部アドレス（図 5.13 参照）として供給される。マ

イクロプログラムの終了命令においては，つぎに実行されるマイクロプログラムへ移動するためのマイクロ命令を含める。つぎに実行されるマイクロプログラムの開始アドレスは外部アドレスとして供給されるので，終了マイクロ命令には

  CAR ← 外部アドレス

のマイクロ操作を含める。

## パリティ生成マイクロプログラム

 レジスタ R1 に 32 ビットのデータが格納されているものとし，そのビットデータのパリティをレジスタ R2 に格納するマイクロプログラムを設計する。データ内の 1 の個数が偶数のとき R2 の値を 0，奇数のとき値 1 にする。

### （マイクロプログラム 1）

 いま対象としているデータパスは状態フラグとしてパリティフラグ P を持っているので，それを利用した例をまず示す（図 5.12, 図 5.13 参照）。これをレジスタ転送命令で書くとつぎのようになる。

  R1 ← R1∨R1
  if（P=1）then（R2 ← 1）else（R2 ← 0）

 最初の論理和演算はダミー演算で，単に ALU を起動して R1 のパリティをフラグ P に設定するためのもので，他の演算子でもよい。2 番目の命令で R1 のパリティが R2 に設定される。しかし，この *if* 文には 3 つのマイクロ命令が合成されており，図 5.14 のマイクロ命令では 1 つの文で記述することはできないので，複数のマイクロ命令に展開しなければならない。また R2 ← 0, R2 ← 1 を実現するためには定数 0，1 が必要であるが，図 5.14 のマイクロ命令ではこれらの定数が用意されていないので，ここではシフタのゼロ出力命令と ALU での F=A+1 命令（表 6.2）を使って R2 ← 0, R2 ← 1 を実現する。したがって，上記のプログラムはさらに細かくつぎのように書き換えられる。ただし，開始アドレスを 24 としている。

  R1 ← R1∨R1, *if*（P=1）*then*（CAR ← 26）*else*（CAR ← CAR+1）

R2 ← 0,　　　　CAR ← 外部アドレス
R2 ← 0,　　　　CAR ← CAR+1　　（この命令のアドレスは26）
R2 ← R2+1,　　CAR ← 外部アドレス

1番目のマイクロ命令を実行するには，まずバスA, B, Cの各レジスタを全てR1に選択する。ALUの機能選択を論理和演算の $(S_2, S_1, S_0, C_{in}) = (0, 0, 1, -)$ とする。ADR＝011010(26)で内部アドレス26を設定しておき，M1＝0で内部アドレスを選択し，M2＝100(4)でフラグPの値をロード命令に選ぶ（図5.13参照）。P＝1の場合，ロード命令が働き内部アドレス26がCARにロードされる。P＝0の場合，1増加命令が働きCARの値が1増加する。2番目のマイクロ命令は，CバスのレジスタをR2に選択し，W＝11でシフタの出力をゼロとしR2 ← 0を実現する。このマイクロ命令が終了命令であるので外部アドレスをロードするために，M1＝1で外部アドレスを選択し，M2＝001でロード命令を選ぶ。3番目のマイクロ命令はアドレス26に格納されるものとする。3番目と4番目のマイクロ命令により，R2 ← 1が実現される。以上のマイクロプログラムはつぎのようになる。

| 制御メモリアドレス | A | B | C | S | $C_{in}$ | W | M1 | M2 | ADR |
|---|---|---|---|---|---|---|---|---|---|
| 24 | 001 | 001 | 001 | 001 | 0 | 00 | 0 | 100 | 011010 |
| 25 | 000 | 000 | 010 | 000 | 0 | 11 | 1 | 001 | 000000 |
| 26 | 000 | 000 | 010 | 000 | 0 | 11 | 0 | 000 | 000000 |
| 27 | 010 | 000 | 010 | 100 | 1 | 00 | 1 | 001 | 000000 |

（マイクロプログラム2）

パリティフラグPを使わないでパリティを生成するマイクロプログラムを作成しよう。レジスタ転送命令で書くとつぎのようになる。ただし，開始アドレスを24としている。

R2 ← R1,　　　　CAR ← CAR+1　　（この命令のアドレスは24）
R1 ← lsl R1,　　if (Z=1) then (CAR ← 27) else (CAR ← CAR+1)
R2 ← R2⊕R1,　CAR ← 25

## 5.5 マイクロプログラムの設計

| | |
|---|---|
| R2 ← R2, | if (S=1) then (CAR ← 29) else (CAR ← CAR+1) |
| R2 ← 0, | CAR ← 外部アドレス |
| R2 ← 0, | CAR ← CAR+1 |
| R2 ← R2+1, | CAR ← 外部アドレス |

1番目のマイクロ命令は，レジスタ R2 の初期設定でまずデータレジスタ R1 の値を R2 に設定する。2番目と3番目のマイクロ命令で，レジスタ R1 の値のパリティを計算するために，R1 を1ビットづつ左シフトし，R2 と排他的論理和をとり R2 の最上位ビット（符号ビット）にその結果のパリティを残す。4番目のマイクロ命令で，R2 の符号ビットを参照し，その値（0または1）を全体の値として R2 に格納する。以上のマイクロプログラムはつぎのようになる。

| 制御メモリ アドレス | A | B | C | S | $C_{in}$ | W | M1 | M2 | ADR |
|---|---|---|---|---|---|---|---|---|---|
| 24 | 001 | 000 | 010 | 100 | 0 | 00 | 0 | 000 | 000000 |
| 25 | 001 | 000 | 001 | 100 | 0 | 01 | 0 | 101 | 011011 |
| 26 | 001 | 010 | 010 | 010 | 0 | 00 | 0 | 001 | 011001 |
| 27 | 010 | 000 | 010 | 100 | 0 | 00 | 0 | 110 | 011101 |
| 28 | 000 | 000 | 010 | 000 | 0 | 11 | 1 | 001 | 000000 |
| 29 | 000 | 000 | 010 | 000 | 0 | 11 | 0 | 000 | 000000 |
| 30 | 010 | 000 | 010 | 100 | 1 | 00 | 1 | 001 | 000000 |

## 乗算マイクロプログラム

いま対象としているデータパスには乗算の機能がないので，加算を繰り返し実行することにより乗算を実現するマイクロプログラムを設計しよう。

乗数はレジスタ R1 に被乗数はレジスタ R2 に格納されており，乗数，被乗数ともに正数とする。乗算の結果はレジスタ R3 に格納するものとする。

### （マイクロプログラム3）

乗数の値だけ被乗数を繰り返し加算する方法で乗算を実現する。レジスタ R1 に格納されている乗数を壊さないために別のレジスタ R4 に代入して R4 を加算の回

数を数えるのに使うことにする。マイクロ命令はつぎのようになる。ただし，開始アドレスを 32 としている。

  R3 ← 0,    CAR ← CAR+1
  R4 ← R1+1,   CAR ← CAR+1
  R4 ← R4−1,   if (Z=1) then (CAR ←外部アドレス) else (CAR ← CAR+1)
  R3 ← R3+R2,  CAR ← 34

最初のマイクロ命令は積を格納するレジスタ R3 の初期化である。2 番目のマイクロ命令で加算の回数を数えるレジスタ R4 に乗数＋1 の初期値を設定する。3 番目と 4 番目のマイクロ命令で乗数回だけ R2 の値（被乗数）が R3 に加算される。32 番地がこのマイクロプログラムの開始アドレスである。

 1 番目のマイクロ命令を実行するには，C バスのレジスタを R3 に選択し，W＝11 でシフタの出力をゼロとし R3 ← 0 を実現する。つぎのアドレスに移るために，M2＝000 で 1 増加命令を選ぶ。2 番目のマイクロ命令は，バス A, C のレジスタを R1, R4 に選択し，ALU の機能選択を 1 加算の $(S_2, S_1, S_0, C_{in})=(1, 0, 0, 1)$ とする。3 番目のマイクロ命令は，バス A, C のレジスタをともに R4 に選択し，ALU の機能選択を 1 減算の $(S_2, S_1, S_0, C_{in})=(1, 1, 1, 0)$ とする。M1＝1 で外部アドレスを選択し，M2＝101(5) でフラグ Z の値をロード命令に選ぶ（図 5.13 参照）。R4 の値がゼロの場合，Z＝1 となり外部アドレスが CAR に転送され，つぎに実行するマイクロプログラムへ移る。R4 の値がゼロでない場合，Z＝0 となり 1 増加命令が働き CAR の値が 1 増加する。4 番目のマイクロ命令は，バス A, B, C のレジスタを R3, R2, R3 に選択し，ALU の機能選択を加算の $(S_2, S_1, S_0, C_{in})=(1, 0, 1, 0)$ とする。

 つぎのアドレスを 34 にするために，ADR＝100010(34) で内部アドレス 34 を設定しておき，M1＝0 で内部アドレスを選択し，M2＝001 でロード命令を選ぶ。以上のマイクロプログラムはつぎのようになる。

| 制御メモリアドレス | A | B | C | S | $C_{in}$ | W | M1 | M2 | ADR |
|---|---|---|---|---|---|---|---|---|---|
| 32 | 000 | 000 | 011 | 000 | 0 | 11 | 0 | 000 | 000000 |
| 33 | 001 | 000 | 100 | 100 | 1 | 00 | 0 | 000 | 000000 |
| 34 | 100 | 000 | 100 | 111 | 0 | 00 | 1 | 101 | 000000 |
| 35 | 011 | 010 | 011 | 101 | 0 | 00 | 0 | 001 | 100010 |

## 最大公約数を求めるマイクロプログラム

5.2節では最大公約数を計算するシステムを結線制御方式で設計した．同じ最大公約数の計算をマイクロプログラム制御方式で実現するために，図5.14で定義したマイクロ命令を用いて，最大公約数を計算するマイクロプログラムを設計しよう．

図5.5では，外部入力xin, yinから入力される整数データは変数x, yに格納され計算が始まり，結果は外部出力zoutに出力される．しかし，ここでは図5.12のデータパスと図5.13のコントローラからなるシステムを考え，2つの整数データは予めレジスタR1とR2に格納されており，計算結果の最大公約数はレジスタR3に格納するものとする．

### （マイクロプログラム4）

図5.5からマイクロ命令はつぎのようになる．ただし，開始アドレスを32としている．

R3 ← R1−R2,　　if (Z=1) then (CAR ← 36) else (CAR ← CAR+1)
R3 ← R1−R2,　　if (S=1) then (CAR ← 35) else (CAR ← CAR+1)
R1 ← R1−R2,　　CAR ← 32
R2 ← R2−R1,　　CAR ← 32
R3 ← R1,　　　　CAR ← 外部アドレス

1番目のマイクロ命令での引き算は，x=yか否かを判定するためのもので，引き算をした結果のゼロフラグがZ=1ならx=yとなり，36番地のマイクロ命令へ飛ぶ．R1に格納された答えをR3に転送して終了する．2番目のマイクロ命令での引き算も同様で，x<yか否かを判定するためのもので，引き算をした結果の符号フラ

グが S=1 なら x＜y となり 35 番地のマイクロ命令へ飛ぶ。以上のマイクロプログラムはつぎのようになる。

| 制御メモリアドレス | A | B | C | S | $C_{in}$ | W | M1 | M2 | ADR |
|---|---|---|---|---|---|---|---|---|---|
| 32 | 001 | 010 | 011 | 110 | 1 | 00 | 0 | 101 | 100100 |
| 33 | 001 | 010 | 011 | 110 | 1 | 00 | 0 | 110 | 100011 |
| 34 | 001 | 010 | 001 | 110 | 1 | 00 | 0 | 001 | 100000 |
| 35 | 010 | 001 | 010 | 110 | 1 | 00 | 0 | 001 | 100000 |
| 36 | 001 | 000 | 011 | 100 | 0 | 00 | 1 | 001 | 000000 |

---

## 演習問題

**5-1** つぎのレジスタ転送命令を図 5.14 のマイクロ命令で記述せよ。

(a) R3 ← R1＋R2,　　　　CAR ← 20

(b) R2 ← lsr（R1－R2）,　　CAR ← CAR＋1

(c) if（P＝1）then（CAR ← 外部アドレス）else（CAR ← CAR＋1）

(d) R2 ← lsl（R1＋R2）,　if（V＝1）then（CAR ← 13）else（CAR ← CAR＋1）

**5-2** つぎのマイクロ命令をレジスタ転送言語で記述せよ。ただし，マイクロ命令は図 5.14 の形式とする。

| | A | B | C | S | $C_{in}$ | W | M1 | M2 | ADR |
|---|---|---|---|---|---|---|---|---|---|
| (a) | 001 | 010 | 011 | 000 | 0 | 00 | 0 | 000 | 000000 |
| (b) | 000 | 000 | 100 | 000 | 0 | 11 | 0 | 001 | 011001 |
| (c) | 100 | 101 | 110 | 110 | 1 | 01 | 0 | 011 | 111000 |
| (d) | 001 | 000 | 001 | 111 | 1 | 00 | 1 | 001 | 000000 |

**5-3** レジスタ R1 に格納されているビットデータの 1 の個数を数え上げ，レジスタ R2 に格納するマイクロプログラムを図 5.14 のマイクロ命令を用いて作成せよ。

演習問題

5-4 図 5.12 のデータパスには回転シフト演算機能が用意されていない。図 5.14 のマイクロ命令を用いて，1 ビット回転左シフトを実現するマイクロプログラムを作成せよ。

5-5 レジスタ R1 と R2 に格納されている値の大小を比較し

　　R1＜R2 の場合，R3 ← 1
　　R1＞R2 の場合，R3 ← 2
　　R1＝R2 の場合，R3 ← 3

とするマイクロプログラムを図 5.14 のマイクロ命令を用いて作成せよ。

5-6 つぎのマイクロプログラムをレジスタ転送言語で記述せよ。また，何をするプログラムか解読せよ。ただし，図 5.14 のマイクロ命令に従うものとする。

| 制御メモリアドレス | A | B | C | S | $C_{in}$ | W | M1 | M2 | ADR |
|---|---|---|---|---|---|---|---|---|---|
| 30 | 001 | 010 | 011 | 110 | 1 | 00 | 0 | 011 | 100000 |
| 31 | 100 | 001 | 100 | 101 | 0 | 00 | 1 | 001 | 000000 |
| 32 | 000 | 000 | 000 | 000 | 0 | 00 | 0 | 101 | 100010 |
| 33 | 100 | 010 | 100 | 101 | 0 | 00 | 1 | 001 | 000000 |
| 34 | 100 | 000 | 100 | 100 | 1 | 00 | 1 | 001 | 000000 |

5-7 5.5 節に示したパリティ生成マイクロプログラムを結線制御で実現するための順序回路を設計せよ。

5-8 5.5 節に示した乗算のマイクロプログラムを結線制御で実現するための順序回路を設計せよ。

5-9 5-7 の順序回路を PLA とレジスタで設計せよ。

5-10 5-8 の順序回路を PLA とレジスタで設計せよ。

# 第6章　高位合成

## 6.1　高位合成の流れ

　高位合成では，動作記述をレジスタ転送レベル回路記述に変換する。図 6.1 にその流れを示す。最初に，与えられた動作記述を**コントロール／データフローグラフ**（**CDFG**，Control/Data-Flow Graph）と呼ばれるグラフで表現する。

　つぎに，CDFG に現れる各演算操作をどの時刻に実行するかのスケジュールを決める。各時刻（**クロックサイクル**，**コントロールステップ**等という）に演算操作を割り当てることを**スケジューリング**という。スケジューリングにおいては，制約と最適化の目標を決め，与えられた制約のもとで最適なスケジュールを求める。制約や最適化の目標としては時間（コントロールステップ数）や面積（演算器の個数）

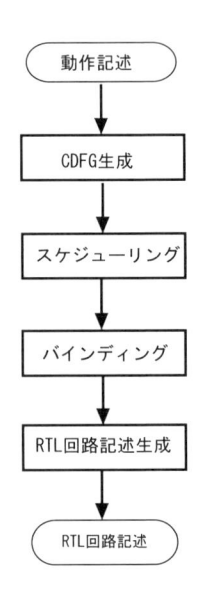

```
┌──────────┐
│  動作記述  │
└─────┬────┘
      ↓
┌──────────┐
│  CDFG生成 │
└─────┬────┘
      ↓
┌──────────────┐
│ スケジューリング │
└─────┬────────┘
      ↓
┌──────────────┐
│  バインディング  │
└─────┬────────┘
      ↓
┌──────────────┐
│ RTL回路記述生成 │
└─────┬────────┘
      ↓
┌──────────────┐
│  RTL回路記述   │
└──────────────┘
```

図6.1　高位合成の流れ

がある．面積の上限を設定し，その制約の範囲内で時間が最小となるスケジュールを求める問題や，またその反対に，時間制約のもとで面積を最小にするスケジューリング問題などが考えられる．

**バインディング**（binding）は，スケジューリングされた CDFG に現れる各演算操作や変数に，具体的な演算器やレジスタ，メモリを割り当てる処理をいう．

最後に，マルチプレクサ方式かバス方式により，割り当てられた演算器やレジスタ間の結線を実現する．これによりデータパスが生成される．生成されたデータパスで，CDFG の動作を実現するために，制御信号を生成するコントローラを生成する．コントローラとデータパスが生成されると，レジスタ転送レベル回路記述が生成されたことになる．

## 6.2　コントロール／データフローグラフ

VHDL で記述した動作記述の例として図 6.2 の example_1 を考えよう．そこでは，つぎの計算が行われている．

x＝a＊b+c＊d+e＊f
y＝(a+b)＊c

この加算＋と乗算＊の演算操作の流れをグラフで表現すると，図 6.3 に示す**デー**

```
entity example_1 is
    port (a,  b,  c,  d,  e,  f  : in integer ;
                          x,  y  : out integer) ;
end example_1;

architecture behavior of example_1 is
begin
    process ( a,  b,  c,  d,  e,  f )
    begin
        x  <=  a*b+c*d+e*f;
        y  <=  (a+b)*c;
    end process ;
end behavior ;
```

図6.2　VHDL での動作記述　example_1

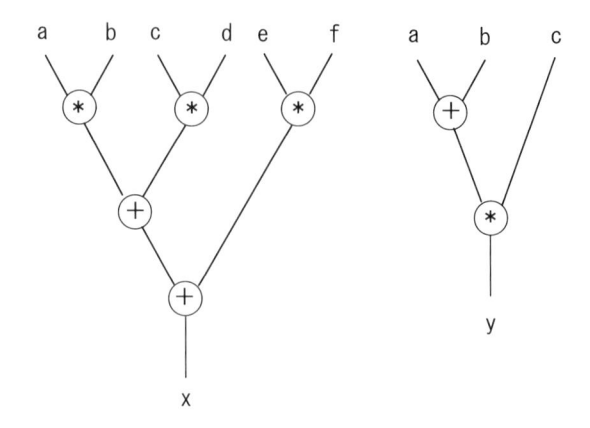

図6.3　example_1のデータフローグラフ

```
process
    variable x, y : integer;
begin
    x:= xin;
    y:= yin;
    while (x/=y) loop
        if (x<y)
            then y:= y−x;
            else x:= x−y;
        end if;
    end loop;
    zout <= x;
end process;
```

図6.4　例 GCD

タフローグラフ（data-flow graph）が得られる。このデータフローグラフには，データ a, b, c, d, e, f, x, y と演算操作（加算＋，乗算＊）の間の依存関係が示されている。

　動作記述に if 文や while loop 文などの制御（コントロール）文が含まれている場合は，その動作は**コントロール／データフローグラフ**（**CDFG**）で表現される。例として，5.2節で設計した最大公約数（GCD, great common divisor）を計算するシステムを考える。その主な動作を VHDL で記述すると図6.4 のようになる。この動作記述

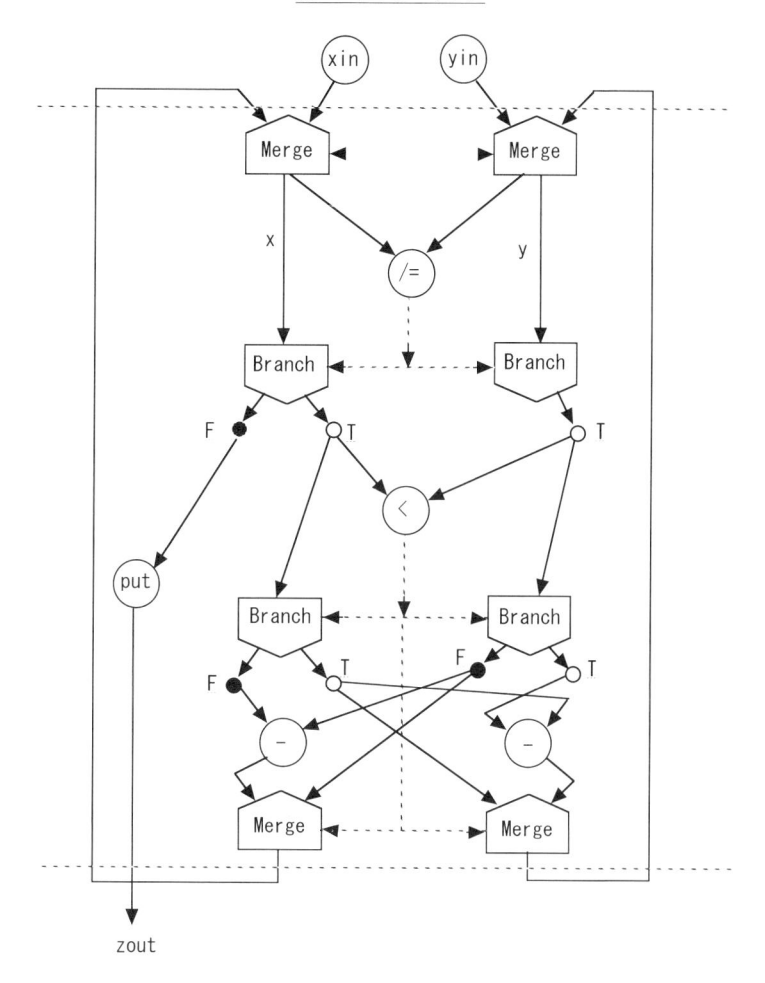

**図6.5** GCD のコントロール／データフローグラフ CDFG

をコントロール／データフローグラフで表現すると，図 6.5 のようになる．コントロール／データフローグラフの表現の仕方は他にもあり，図 6.5 はその一例である．

## 6.3 スケジューリング

スケジューリングを行うにあたって，CDFG に現れる演算を実現するために，どのような種類の演算器をどれだけ使うかを決める．加算については加算器か加減算器か ALU か，乗算については並列乗算器かパイプライン乗算器か，またそれらのビッ

ト幅，処理速度（遅延時間），面積，等々を含み演算器の種類とその個数を選ぶ。このように演算器（リソース）の種類と個数を決めることを**リソースアロケーション**（resource allocation）という。

図 6.3 の CDFG を例に考えよう。必要な演算は加算と乗算である。いま，リソースライブラリから，遅延時間が 6 ns で処理できる加算器と，16 ns の乗算器を選んだとする。演算器の遅延時間以外の遅延時間（バス，マルチプレクサやレジスタの遅延時間など）を考慮して，1 クロックサイクルで加算や乗算を完了するために，1 クロックサイクルを 20 ns に設定したとする。

まず，加算器や乗算器の個数などの制約なしでスケジューリングすることを考える。この場合，考慮しないといけないのは，CDFG に示された演算の順序の依存関係だけとなる。このようなスケジューリングとしては，できるものから先に処理する **ASAP**（As Soon As Possible）スケジューリングと，できるだけ後に処理する **ALAP**（As Late As Possible）スケジューリング，などがある。図 6.3 の example_1 に対して，ASAP スケジューリングと ALAP スケジューリングを行うと，図 6.6，図 6.7 のようなスケジュールとなる。

図 6.6 の ASAP スケジューリングでは，乗算器が 3 個必要となり，図 6.7 の ALAP スケジューリングでは，乗算器が 2 個に減るが加算器は 2 個必要となる。面積の制約を考えない場合は，これで最小のクロックサイクル数 3 で実現できる。1 クロックサイクルが 20 ns なので，全体で 60 ns である。ただ，演算器を多く使うため面積

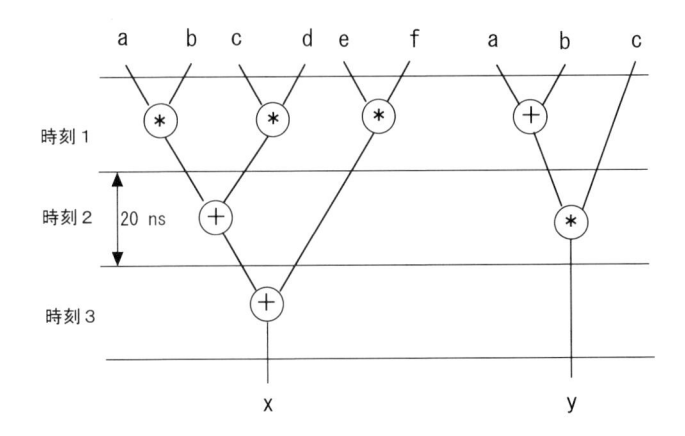

図 6.6　ASAP スケジューリング

6.3 スケジューリング

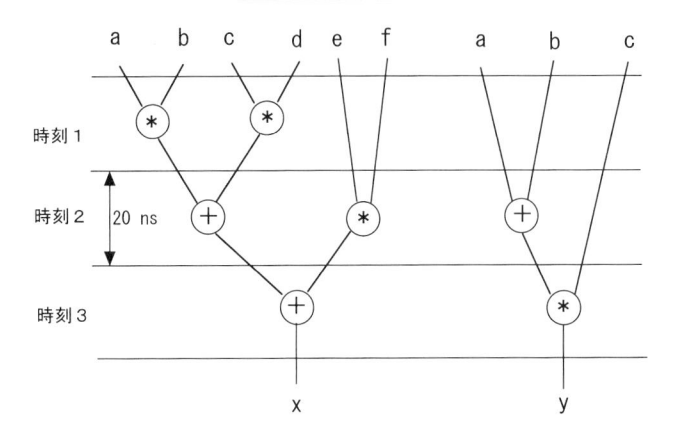

**図6.7** ALAP スケジューリング

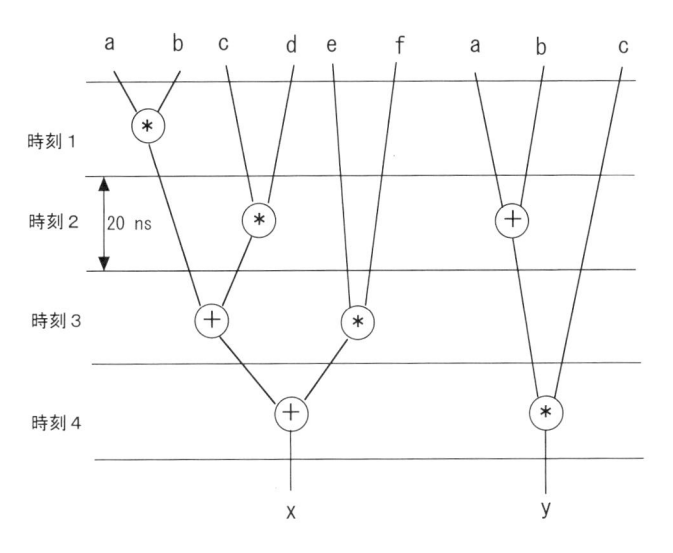

**図6.8** 制約（1乗算器，1加算器）でのスケジューリング

が大きくなる。

つぎに面積に制約をもうけて，乗算器や加算器の個数に制約をもうけるリソースアロケーションを行ったとしよう。例えば，乗算器を1個，加算器を1個という制約を考え，最小のクロックサイクル数のスケジューリングを求めれば，例えば図6.8のスケジュールが得られる。4クロックサイクルとなり先ほどより1クロックサイ

```
       a   b   c   d e   f       a   b       c
       |\ /|  |\ /| |\ /|       |\ /|       |
       | * |  | * | | * |       | + |       |
時刻1    \_/    \_/   \_/         \_/        |
```

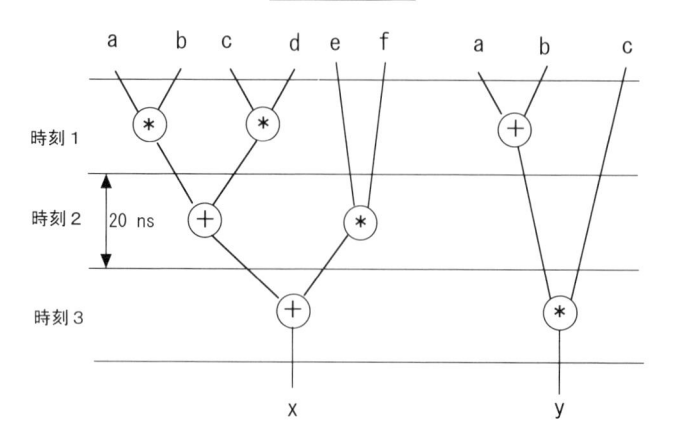

**図6.9** 制約（2乗算器，1加算器）でのスケジューリング

（時刻2に20 ns，+と*，時刻3に+（出力x）と*（出力y））

クル増える。面積を最小にしているが，全体の時間は 80 ns と長くなる。制約を変えて，乗算器を 2 個，加算器を 1 個の制約のもとで時間最小のスケジュールを求めると，図 6.9 のスケジュールが得られる。クロックサイクル数が 3 と減り，加算器が一つ減る。

　以上では，乗算も 1 クロックサイクルで終了するようにクロックサイクル時間を 20 ns としたが，クロックサイクルを短くし，乗算を 2 クロックサイクルで実行するようにスケジュールを考えることも出来る。複数のクロックサイクルにまたがって実行する演算を**多サイクル**（multi-cycle）演算という。1 クロックサイクルを 10 ns と考えよう。乗算器 1 個，加算器 1 個という制約のもとで，時間最小のスケジュールを求めると図 6.10 のようになる。図 6.10 において，乗算は 2 クロックサイクルかけて実行している。演算器数が最小であるが，時間は 8 クロックサイクルかかっており 80 ns となる。

　つぎに，1 クロックサイクル 10 ns，乗算器 2 個，加算器 1 個の制約のもとで時間最小のスケジュールを求めると，例えば図 6.11 のスケジュールが得られる。5 クロックサイクルかかっており，全体の時間は 50 ns となる。このスケジュールは，これまで考えた図 6.6〜図 6.11 の中で時間最小の最もパフォーマンスが良いスケジュールとなっている。例えば，乗算器 2 個，加算器 1 個という同じ制約のもとでも，図 6.9 のスケジュールでは 60 ns であったが，図 6.11 では 50 ns と短縮されている。

6.3 スケジューリング

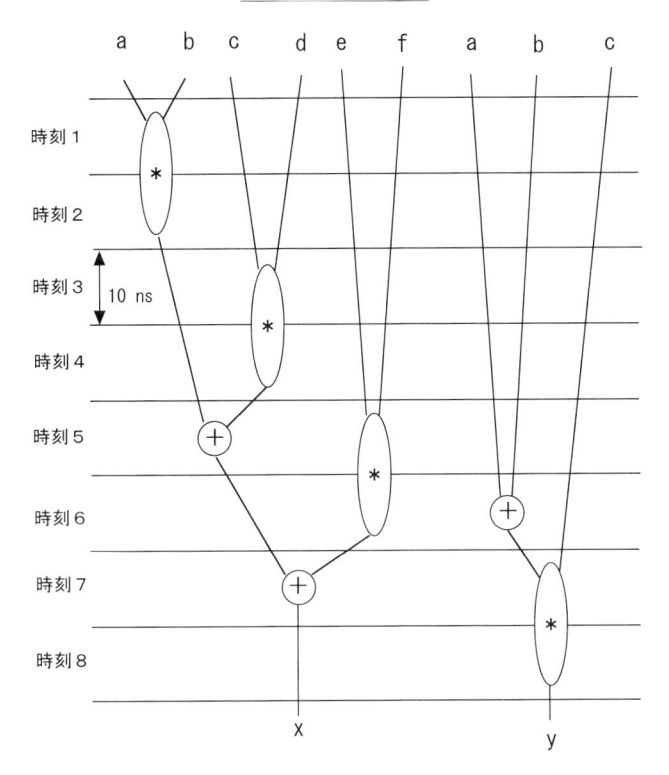

図6.10 多サイクル演算，制約（1乗算器，1加算器）

このように，多サイクル演算を考えることで，同じ面積制約でもより短い時間のスケジュールを求めることができる．多サイクル演算ではクロックサイクル時間を短縮し，一つの演算を複数のクロックに渡って実行するのに対して，反対に，クロックサイクル時間を延ばし，1クロックサイクル内に複数の演算を連続して実行する**チェイニング**（chaining）という方法がある．図6.12に例を示す．演算器をチェイニングすることにより，単独の演算器の遅延時間の合計より遅延時間が小さくなることがある．また，スケジューリングのやり方によってはチェイニングにより全体のクロックサイクル数を減らすことができる．

以上のように，スケジューリングにおいて多サイクル演算やチェイニングを採用することにより高速化を達成できる．さらに，採用する演算器が**パイプライン**演算器の場合，そのパイプラインをスケジューリングに活かすことにより高速化できる．図6.13に2ステージパイプライン乗算器を用いた場合の例を示す．

98　　　第6章　高位合成

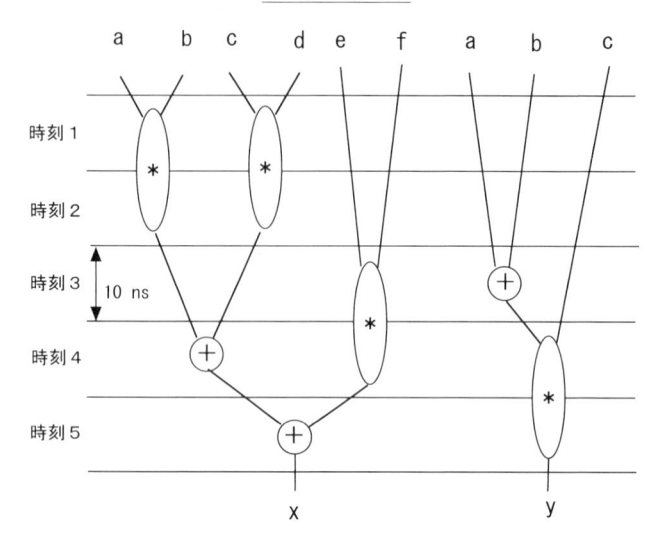

図6.11　多サイクル演算，制約（2乗算器，1加算器）

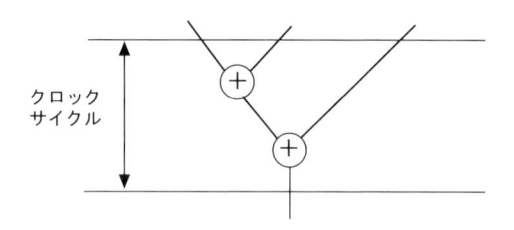

図6.12　演算のチェイニング

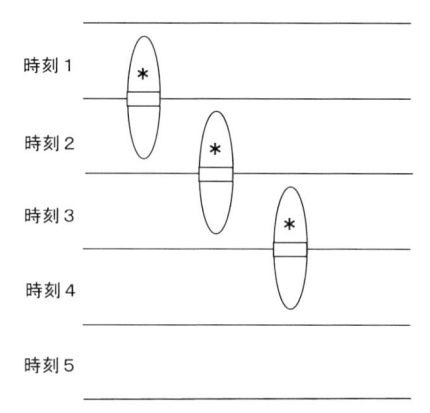

図6.13　2ステージパイプライン演算器を使ったスケジューリング

## 6.4 バインディング

演算に必要な入力データは，その演算が行われている間その値を保持し，その演算結果の値はそのクロックサイクルの終了時まで保持する必要がある。これらの値の保持はレジスタやメモリ（1ポートメモリか2ポートメモリ）などの記憶回路で行う。CDFGにおいて，演算に使われる入力や演算結果を変数で表し，そのような変数の値を保持する記憶回路の種類とその個数を決める処理を**レジスタ（メモリ）アロケーション**という。

図6.11のスケジュール結果を図6.14に再掲する。このスケジュールに対してレジスタアロケーションを行う。ここでは，入力データa, b, c, d, e, fは常時値が保持されているものとする。図6.14に示すように，各演算結果を保持する内部変数としてh1, h2, ...., h5を割り当てる。各時刻の境界線上では，計算された演算結果を内部変数で保持し，次の時刻以降，その値が利用され終わるまで保持する。例えば，h1は時刻2のクロックサイクルで乗算されたa*bの値を取り込み，その値を時刻3，時刻4の間保持する。この時刻3，4をこの内部変数h1の**ライフタイム**（lifetime）と言う。内部変数はレジスタに割り当てられるので，時刻3，4はh1に対応するレジスタのライフタイムでもある。図6.15に内部変数h1, h2, ...., h5が割り当

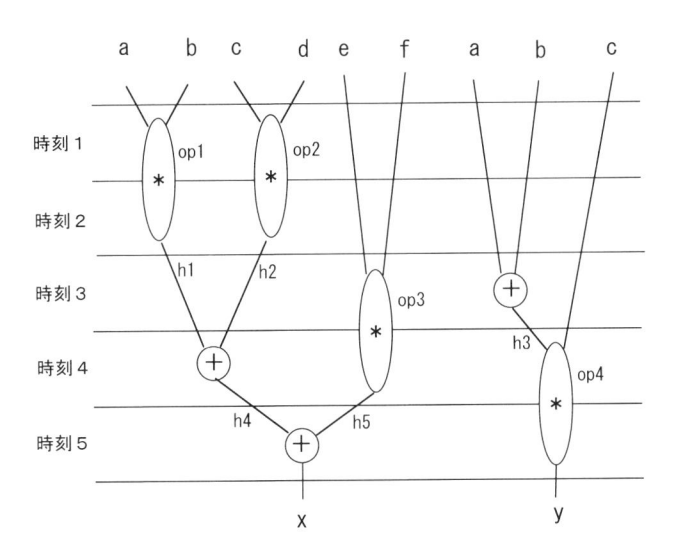

図6.14 スケジュールされたDFG

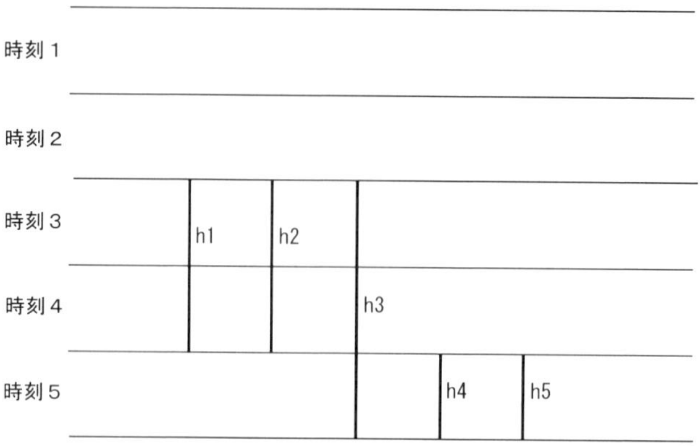

```
時刻 1 ─────────────────────────────
時刻 2 ─────────────────────────────
時刻 3 ────────│h1 │h2 │──────────
時刻 4 ────────│   │   │h3 │──────
時刻 5 ────────────────│   │h4│h5│
```

**図 6.15** レジスタのライフタイム

てられるレジスタのライフタイムを示す。

同じ時刻では，一つのレジスタには一つの内部変数しか割り当てることができないので，図 6.15 から少なくとも 3 つのレジスタが必要であることが分かる。そこで，レジスタアロケーションとして，三つのレジスタ R1，R2，R3 を使うことにする。

スケジュールされた DFG において，各内部変数をレジスタに割り当てる操作や，各演算を演算器に割り当てる操作を**バインディング**（binding）という。

図 6.15 のライフタイムからレジスタのバインディングを行う。ここではつぎのようにレジスタに内部変数を割り当てることにする。

  R1：h1，h5
  R2：h2，h4
  R3：h3

つぎに，スケジュールされた各演算にリソースアロケーションで選択した演算器を割り当てる。ここでは，つぎの二通りのバインディングを考えよう。

（バインディング 1）
 乗算器 1（＊1）：op1，op3
 乗算器 2（＊2）：op2，op4

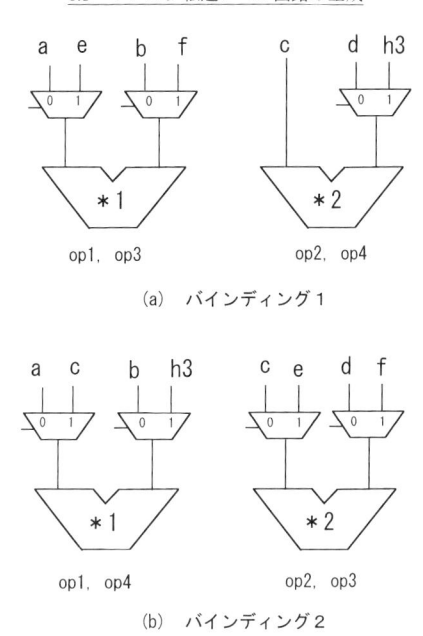

図6.16 乗算器のバインディング

（バインディング2）
　　乗算器1（＊1）：op1, op4
　　乗算器2（＊2）：op2, op3

マルチプレクサを用いて各々のバインディングを実現すると，図6.16(a), (b)となる．図6.16(a)のバインディング1では乗算器2の片方の入力が常に変数cであるので，その入力側のマルチプレクサが不要となる．したがって，バインディング1のほうがマルチプレクサ数が少ない．

## 6.5　レジスタ転送レベル回路の生成

　スケジューリングおよびバインディングが終了すると，レジスタ転送レベル回路（データパスとコントローラ）を生成することができる．
　データパスはつぎのようにして構成できる．まず，バインディングしたレジスタR1, R2, R3, および乗算器1, 乗算器2, 加算器を配置する．つぎに，これらのレ

ジスタ，演算器，および入力 a, b, c, d, e, f，出力 x, y の間の接続関係を，スケジュールされた DFG（図 6.14）とバインディング情報から求める．例えば，乗算器 1 にバインディングした演算 op1, op3 の左入力には外部入力 a, e からデータが供給され，右入力には外部入力 b, d からデータが供給され，演算結果は h1, h5 へその値が取り込まれる．したがって乗算器 1 の接続関係は，

　　　乗算器 1：左入力（a, e），右入力（b, f），出力（R1）

となる．同様にして，他の演算器，レジスタの接続関係は

　　　乗算器 2：左入力（c），右入力（d, R3），出力（R2）
　　　加算器：左入力（a, R1），右入力（b, R2），出力（R2, R3）
　　　レジスタ R1：入力（乗算器 1），出力（加算器左入力）
　　　レジスタ R2：入力（乗算器 2，加算器），出力（加算器右入力，y）
　　　レジスタ R3：入力（加算器），出力（乗算器右入力，x）

となる．以上の接続関係をマルチプレクサを用いて実現すると図 6.17 のデータパス

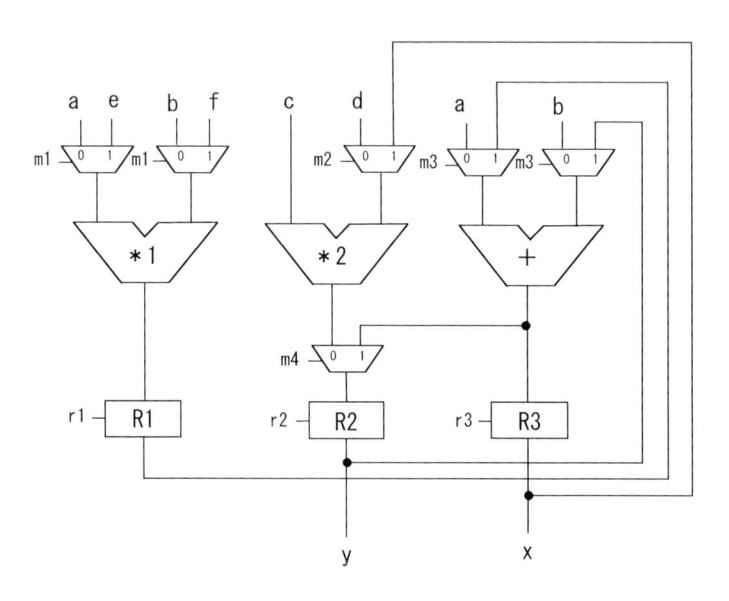

図 6.17　マルチプレクサ割当とデータパス生成

## 6.5 レジスタ転送レベル回路の生成

が生成される。

データパスが構成されるとつぎはコントローラを構成する。コントローラは，データパス内のマルチプレクサやレジスタへの制御信号を発生する FSM として設計する。図 6.17 のデータパスにおいて，各マルチプレクサへの制御信号を m1, m2, m3, m4，各レジスタに値を取り込む制御信号を r1, r2, r3 とする。図 6.14 のスケジュールにおいて，各時刻に状態を対応させる。5 クロックサイクルなので 5 状態の FSM とする。ここでは Moore 形 FSM で設計する。まず，時刻 1 において行われる演算は乗算 a＊b, c＊d であるので，マルチプレクサへの制御信号は，m1＝0, m2＝0 とし，他はドントケアとなる。2 サイクル演算であるので，時刻 1 ではレジスタには値を取り込まないので，r1＝r2＝0 もしくは最初の時刻なので r1＝r2＝ドントケアとなる。つぎに時刻 2 では，これらの 2 乗算が終了するので，レジスタ R1, R2 に演算結果を取り込むために，r1＝1, r2＝1 とする。マルチプレクサへの制御信号はそのままである。時刻 3 では，乗算 e＊f と加算 a＋b が行われるので，マルチプレクサへの制御信号は，m1＝1, m3＝0，他はドントケアである。加算結果のみがレジスタ R3 に取り込まれるので，r3＝1 とする。時刻 2 でレジスタ R1, R2 に取り込まれた乗算結果はそのまま保持するので，r1＝0, r2＝0 とする。以下，時刻 4，5 についても同様にして，マルチプレクサとレジスタへの制御信号が求められ，図 6.18 に示す状態遷移図が求められ，コントローラが FSM として生成される。

最後に，図 6.4 に示した GCD（最大公約数）の動作記述を例に，その高位合成を紹介する。GCD の計算の流れを図 6.19 に示す。図 6.5 に示す CDFG に対して，減算器の他に (/＝) と (＜) の比較器を使った場合，図 6.20 に示すデータパスとコントローラ（FSM）を生成できる。減算器として，減算結果の値がゼロであるかを示すゼロフラグや符号フラグなどを利用できる場合は，図 6.21 に示すデータパスとコントローラ（FSM）を生成できる。

第6章 高位合成

状態　　　　　制御信号出力

S1　m1=0, m2=0, m3=x, m4=x
　　 r1=x, r2=x, r3=x

S2　m1=0, m2=0, m3=x, m4=x
　　 r1=1, r2=1, r3=x

S3　m1=1, m2=x, m3=0, m4=x
　　 r1=0, r2=0, r3=1

S4　m1=1, m2=1, m3=1, m4=1
　　 r1=1, r2=1, r3=0

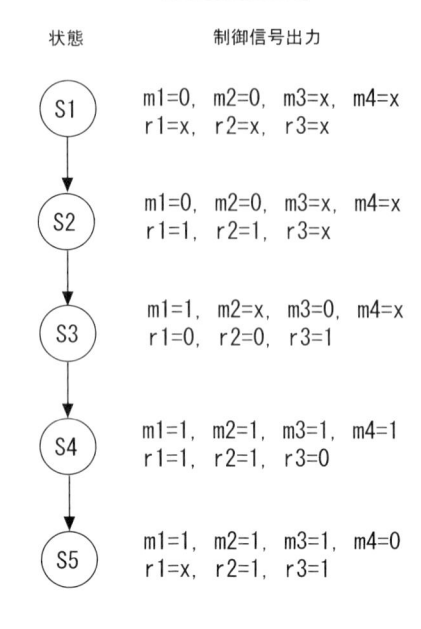

S5　m1=1, m2=1, m3=1, m4=0
　　 r1=x, r2=1, r3=1

図6.18　コントローラ (FSM) の生成

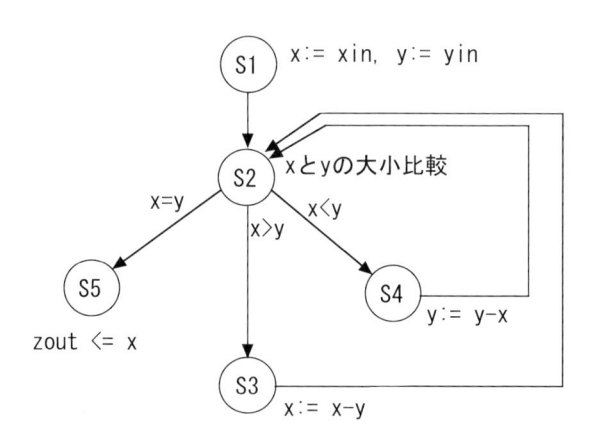

S1　x := xin, y := yin

S2　xとyの大小比較

　x=y　　　x>y　　x<y

S5　zout <= x

S4　y := y-x

S3　x := x-y

図6.19　GCD の流れ図

## 6.5 レジスタ転送レベル回路の生成

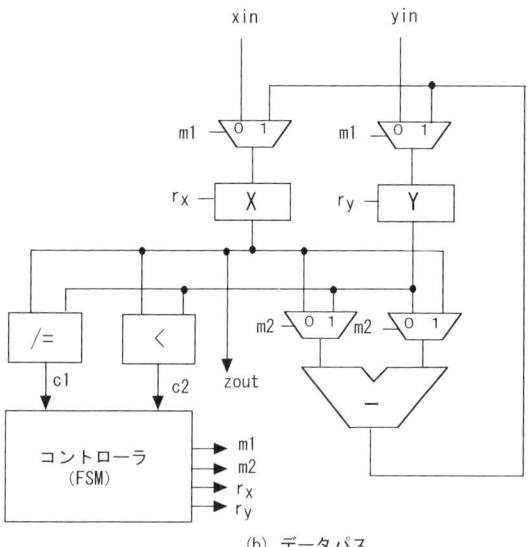

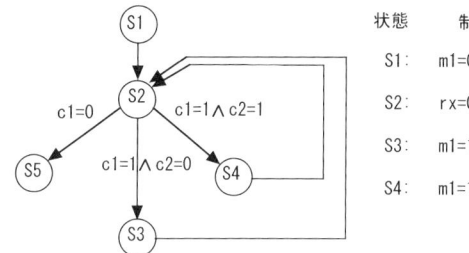

(b) データパス

| 状態 | 制御信号出力 |
|---|---|
| S1: | m1=0, rx=1, ry=1 |
| S2: | rx=0, ry=0 |
| S3: | m1=1, m2=0, rx=1, ry=0 |
| S4: | m1=1, m2=1, rx=0, ry=1 |

(a) コントローラの状態遷移図と出力表

図6.20 GCD の高位合成結果 1

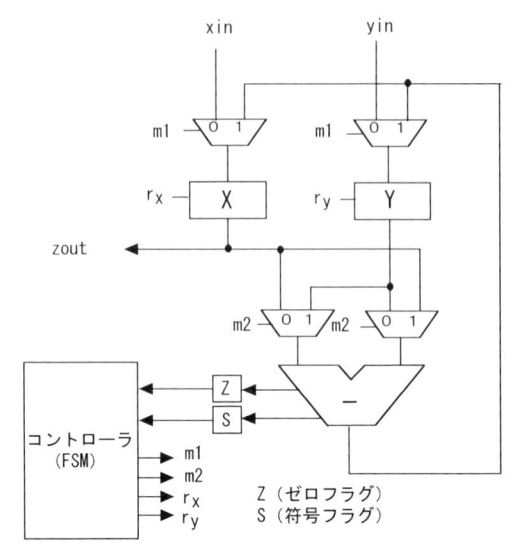

(b) データパス

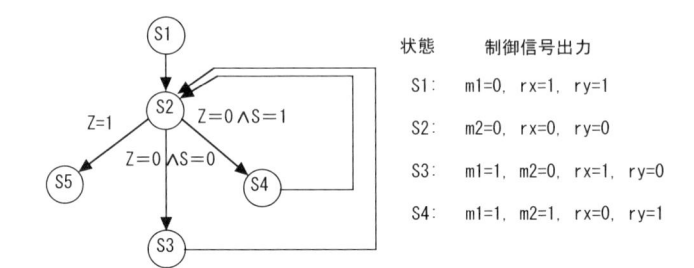

状態 　　制御信号出力

S1: 　m1=0, rx=1, ry=1

S2: 　m2=0, rx=0, ry=0

S3: 　m1=1, m2=0, rx=1, ry=0

S4: 　m1=1, m2=1, rx=0, ry=1

(a) コントローラの状態遷移図と出力表

図6.21　GCDの高位合成結果2

## 演習問題

6-1 つぎの動作記述から DFG を作成せよ。
  (a) y=((a*b)+c)+(d*e)-(f+g);
  (b) y=(a+b+c)*(d+e);
  (c) x=a+b;
      y=c+d*e;
      z=d-a*d*e*f-c*e*g;

6-2 つぎの動作記述から CDFG を作成せよ。
  (a) if(x<a)then
          x：=x+1;
      else
          x：=x-1;
      end;
  (b) loop
          x：=x+a;
          y：=y+1;
          exit when not(y<b);
      end loop;

6-3 6-1(a)の動作記述の DFG に対して，つぎの各制約のもとでスケジューリングを行え。
  (1) 乗算器1個，加減算器1個。すべての演算は1時刻で実行可能。
  (2) 乗算器1個，加算器2個，減算器1個。乗算器は実行に2時刻かかるマルチサイクル演算。
  (3) 乗算器2個，加算器1個，減算器1個。乗算器は実行に2時刻かかるマルチサイクル演算。

6-4 6-1(b)の動作記述の DFG に対して，つぎの各制約のもとでスケジューリングを行え。
  (1) 乗算器1個，加算器1個。すべての演算は1時刻以内で実行可能。
  (2) 乗算器1個，加算器2個。乗算器は実行に2時刻かかるマルチサイクル演

算。

**6-5** 6-1(c)の動作記述のDFGに対して，つぎの各制約のもとでスケジューリングを行え。

(1) 乗算器1個，加減算器1個。すべての演算は1時刻で実行可能。

(2) 乗算器2個，加算器1個，減算器1個。乗算器は実行に2時刻かかるマルチサイクル演算。

**6-6** 6-3で得られた各スケジュールに対して，バインディングを行い，データパスとコントローラを生成せよ。

**6-7** 6-4で得られた各スケジュールに対して，バインディングを行い，データパスとコントローラを生成せよ。

**6-8** 6-5で得られた各スケジュールに対して，バインディングを行い，データパスとコントローラを生成せよ。

**6-9** 6-2(a)の各動作記述に対して，CDFGを作成し，スケジューリング，バインディングを行い，RTLでのデータパスとコントローラを設計せよ。ただし，演算器は加算器，減算器，比較器が1個ずつ利用可能とする。また，すべての演算は1時刻で実行可能とする。

**6-10** 6-2(b)の各動作記述に対して，CDFGを作成し，スケジューリング，バインディングを行い，RTLでのデータパスとコントローラを設計せよ。ただし，演算器は加算器，比較器が1個ずつ利用可能とする。また，すべての演算は1時刻で実行可能とする。

# 第7章　コンピュータの設計

## 7.1　設計の流れ

　コンピュータのハードウェア設計は，図7.1に示すように大きく6つの段階に分けられる。第1段階は，システムの仕様を決める**システム設計**（方式設計，アーキテクチャ設計ともいう）である。具体的には，ハードウェアにどのような動作を要求するかをはっきりさせ，それに必要なシステム構成を決定することから始める。システムの構成要素としては，まずレジスタ転送論理で中心となるコントローラ，データパス，メモリなどを決める。コンピュータにおいてはコントローラとデータパスを合わせて**CPU**（Central Processing Unit，**中央処理部**）と呼ぶ。さらに詳細な設計はつぎの機能設計と論理設計の段階で行なう。レジスタを中心とするシステムの構成を決定すると，つぎにデータ表現や命令セットなどの仕様を決める。データ語と命令語の形式を決め，命令の種類や機能を決定した後，それらの命令を制御するためのタイミング信号と制御の方式を決める。制御方式の決定では，結線制御方式にするかマイクロプログラム制御方式にするかなどが決められる。

　第2段階の**機能設計**では，システム設計で作成したシステム構成図や命令セットをもとに各機械語命令を実行できるようにレジスタ転送レベルでのハードウェアの論理を決定する。まず各命令を実行するのに必要なマイクロ操作をレジスタ転送論理で記述することから始める。機械語命令は主メモリにプログラムとして格納されており，順次取り出されて実行される。1回の**命令取出し**とそれに続く**命令実行**を合わせて**命令サイクル**と呼ぶが，一連のこの動作は状態図や動作フローチャートなどで表現し，命令取出しとそれに続く命令実行を実現するマイクロ操作をレジスタ転送論理で設計する。

　レジスタ転送論理の機能設計が終わると，ゲートレベルの**論理設計**に移る。各マイクロ操作の制御条件からゲート論理を設計する。ゲートレベルの論理設計には，レジスタや主メモリ周辺のデータ転送に関係する部分の論理回路の設計，演算を行

```
┌─────────────┐
│ システム設計 │
└──────┬──────┘
       ↓
┌─────────────┐
│  機能設計   │
└──────┬──────┘
       ↓
┌─────────────┐     ┌─────────────┐
│  論理設計   │     │  回路設計   │
└──┬───────┬──┘     └──┬───────┬──┘
   ↓       └─────┐     │       ↓
┌─────────────┐  └────→┌─────────────┐
│ テスト設計  │        │ レイアウト設計│
└─────────────┘        └─────────────┘
```

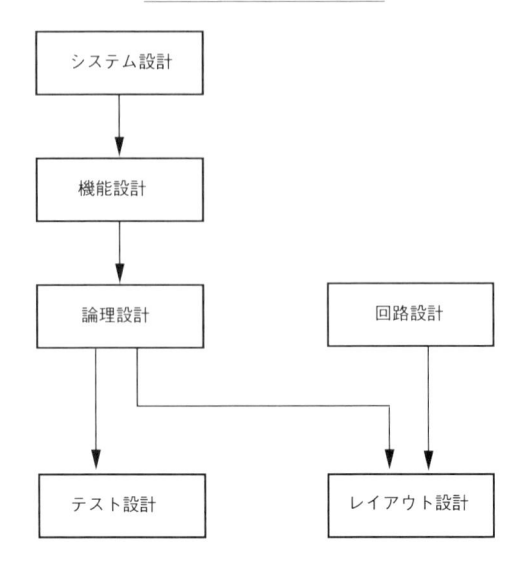

**図7.1** コンピュータの設計の流れ

なうALUやシフタの論理設計，コントローラの論理設計，などがある．レジスタ転送レベルでの論理設計で明確にされたレジスタ，メモリ，組合せ回路などをさらに具体的なゲート，フリップフロップなどで実現する．

**回路設計**では，論理設計の段階で得られた各種論理回路を実現するのにどのようなデバイス素子を使用するか，どのような回路方式で論理回路を実現するかなどを決定する．回路設計はデバイス設計と電子回路設計からなり，論理設計と並行して行なわれる．

**レイアウト設計**では，論理設計で得られた論理回路図と回路設計で用意された基本回路とから各素子の配置を定め，素子間の配線を設計する．レイアウトの対象として，LSI/VLSIのチップ内のレイアウトであるか，LSI/VLSIのチップを搭載するボード（プリント基板）でのレイアウトであるかによって配置配線の制約条件が異なるが，基本的な手法は変わらない．

**テスト設計**では，コンピュータの設計，製造の後，コンピュータが正しく製造されているかどうかを検査するためのテスト系列を作成する．設計が仕様どおり正しく行なわれているかどうか調べる**設計検証**（design verification）とは異なり，ここでは製造されたコンピュータに物理的欠陥（故障）がないかどうかを調べるのを目的としており，そのために必要なテストデータやテストプログラムを設計する．

以下では例を使って上に挙げた各設計の過程を説明するために，簡単なコンピュータ（**モデル・コンピュータ**）を定義しその設計を行なう。

## 7.2 システム設計

ここで設計するモデルコンピュータのシステム構成（メモリと中央処理部）を図7.2に示す。設定したブロックは，メモリ，演算回路，制御回路（コントローラ），およびその周辺のレジスタである。

モデルコンピュータでは1語＝16ビットで，4096語の容量を持つメモリを考える。メモリに関して必要なレジスタとして，**メモリ・アドレス・レジスタ**（MAR, memory address register）を置く。メモリアドレスレジスタMARはメモリのアドレスを指定するレジスタで，メモリへの書込み読出しの操作の前にはアドレスを格納しておく。

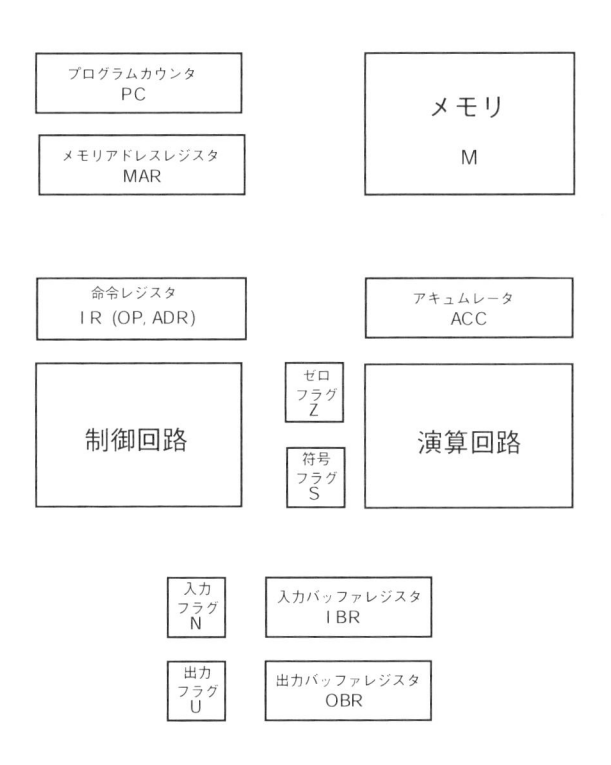

図7.2 システム構成図

プログラム・カウンタ（PC, program counter）はメモリからつぎに読み出す命令のアドレスを保持するレジスタである。命令を読み出すには PC の値を ADR に転送して読出しの操作を行なう。通常，つぎの命令は現在の命令のアドレスの続きにあるので，つぎのアドレスを示すために，現在の命令をメモリから読出している間，PC の値を 1 増加させる。つぎに実行する命令が現在の命令のつぎのアドレスでない場合は，それにしたがって PC の内容を修正する。

　演算回路周辺のレジスタとして，**アキュムレータ**（ACC, accumulator），**ゼロフラグ**（Z, zero flag），**符号フラグ**（S, sign flag）を定義する。ACC は演算回路での演算の一方のデータを保存するレジスタであるとともに，演算結果を保存するレジスタでもある。通常のコンピュータでは多くの汎用レジスタを用意するが，ここでは，演算に関係するレジスタは ACC だけの簡単なコンピュータを設計する。演算結果は常に ACC にまず格納されるが，その結果がゼロか否かを表示するフリップフロップとしてゼロフラグ Z を用意する。ゼロのとき Z＝1 でゼロでないとき Z＝0 となる。演算結果の符号ビットは符号フラグ S に保存される。

　制御回路の周辺のレジスタとしては，**命令レジスタ**（IR, instruction register）を置く。命令レジスタにはメモリから取り出された命令語を格納する。命令語は命令コードとアドレスに分かれるので，命令レジスタを 2 つの部分レジスタに分ける。命令コードが入る上位 4 ビットを **OP**，アドレスが入る下位 12 ビットを **ADR** と表す。したがって，OP＝$IR_{15-12}$，ADR＝$IR_{11-0}$ となる。

　制御方式には結線制御方式とマイクロプログラム制御方式があるが，ここでは結線制御方式で設計する。まず命令レジスタ内の命令コードを解読することによりどのような命令であるかを制御回路に知らせる。

　入出力部と中央処理部の間でデータの受け渡しをするバッファとなるレジスタが，**入力バッファ・レジスタ**（IBR, input buffer register）と**出力バッファ・レジスタ**（OBR, output buffer register）である。入力部と出力部の状態を示すために，2 つのフリップフロップ，**入力フラグ N** と**出力フラグ U** を置く。ここでは，入力部はキーボードを，出力部はプリンタを想定し，簡単な文字データの入出力のやり取りを考えている。入出力バッファレジスタは各々 8 ビットである。入力部から 1 文字のデータが入力バッファレジスタに転送され利用可能になったとき，入力フラグ N が 1 になる。中央処理部がそのデータを受け取ると入力フラグはクリアされる。キーボードから文字が入力される過程はつぎのようになる。まず入力フラグがクリアさ

7.2 システム設計　　　113

れる。キーボード上のキーが打たれると，打たれた文字に対応する8ビットの文字コードが入力バッファレジスタに転送され，同時に入力フラグNが1になる。中央処理部は入力フラグを調べ1なら入力バッファレジスタの文字データをACCの下位8ビットACC(L)へ転送して取り込む。同時に入力フラグをクリアする。

出力バッファレジスタについても同様である。最初，出力フラグUが1とする。中央処理部は出力フラグUが1であることを確認してから，ACCの下位8ビットACC(L)の文字データを出力バッファレジスタに転送し，同時に出力フラグをクリアする。出力部は文字データを受取りそれに対応する文字を印字し，出力フラグUを1にセットする。

**命令セット**

システム設計ではシステムの構成のほか，データや命令の形式，種類，機能を決める。ここで対象とするモデルコンピュータのデータと命令語の形式を図7.3に，命

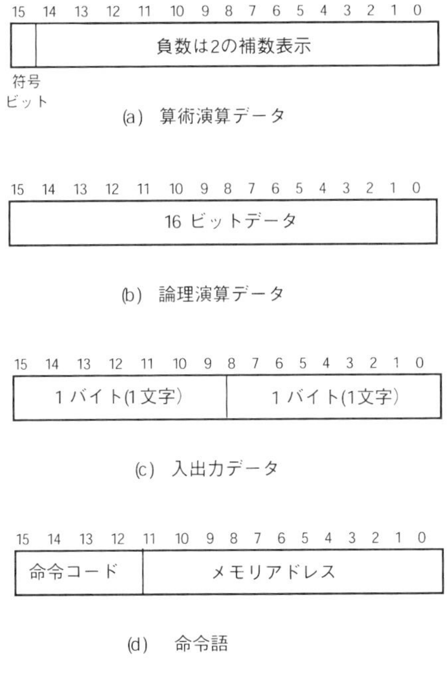

```
15 14 13 12 11 10 9 8 7 6 5 4 3 2 1 0
┌─┬─────────────────────────────┐
│ │      負数は2の補数表示         │
└─┴─────────────────────────────┘
符号
ビット
        (a) 算術演算データ

15 14 13 12 11 10 9 8 7 6 5 4 3 2 1 0
┌───────────────────────────────┐
│           16 ビットデータ        │
└───────────────────────────────┘
        (b) 論理演算データ

15 14 13 12 11 10 9 8 7 6 5 4 3 2 1 0
┌───────────────┬───────────────┐
│   1バイト(1文字) │   1バイト(1文字) │
└───────────────┴───────────────┘
        (c) 入出力データ

15 14 13 12 11 10 9 8 7 6 5 4 3 2 1 0
┌───────┬───────────────────────┐
│ 命令コード │      メモリアドレス     │
└───────┴───────────────────────┘
        (d) 命令語
```

図7.3　データと命令語の形式

表7.1 命令仕様

| 分類 | 記号 | 命令コード | 機能 | 説明 |
|---|---|---|---|---|
| メモリ参照命令 | ADD | 0 | ACC ← ACC + M(m) | ACCにm番地のメモリの値を加算 |
| | SUB | 1 | ACC ← ACC - M(m) | ACCからm番地のメモリの値を減算 |
| | AND | 2 | ACC ← ACC ∧ M(m) | ACCとm番地の内容との論理積 |
| | OR | 3 | ACC ← ACC ∨ M(m) | ACCとm番地の内容との論理和 |
| | LDA | 4 | ACC ← M(m) | m番地の内容をACCにロード |
| | STA | 5 | M(m) ← ACC | ACCの内容をm番地にストア |
| | BRA | 6 | PC ← m | 無条件にm番地に分岐 |
| レジスタ参照命令 | CLA | 7 | ACC ← 0 | ACCをクリア |
| | CMA | 8 | ACC ← $\overline{\text{ACC}}$ | ACCの補元 |
| | INC | 9 | ACC ← ACC + 1 | ACCを1増加 |
| | SZA | 10 | If (Z=1) then (PC ← PC+1) | ACCが0ならスキップ |
| | SPA | 11 | If (S=0) then (PC ← PC+1) | ACCが正ならスキップ |
| 入出力命令 | SKI | 12 | If (N=1) then (PC ← PC+1) | 入力フラグが1ならスキップ |
| | INP | 13 | ACC(L) ← IBR, N ← 0 | ACCに入力 |
| | SKO | 14 | If (U=1) then (PC ← PC+1) | 出力フラグが1ならスキップ |
| | OUT | 15 | OBR ← ACC(L), U ← 0 | ACCから出力 |

令仕様を表7.1に示す。

　データは16ビット長とし，算術演算データ，論理演算データ，入出力データの3種類を考える。算術演算データは符号付き2進数で負数は2の補数表示とする。論理演算データは単なる16ビットデータで，ビット毎に独立して行なわれる論理和，論理積，排他的論理和，補元，などの演算の対象となるデータである。入出力データは文字データである。1文字は1バイト（8ビット）で表現されるので1語に2文字表現できる。

　命令はここでは簡単に，メモリ参照命令，レジスタ参照命令，入出力命令の3種類に分類する。種々のアドレス方式があるが，モデルコンピュータでは直接アドレスと即値アドレス方式のみを採用する。表7.1に示す7個のメモリ参照命令中，最初の6個が直接アドレス方式で，最後の無条件分岐命令のBRA (Branch Always) が即値アドレス方式である。通常のコンピュータでは多くのレジスタが用意されレジスタ参照命令もその種類は多く表7.1のように単純な命令ではないが，ここでのモデ

ルコンピュータでは，簡単のために ACC に関係する最小限の命令を採用する．入出力命令も必要最小限の 4 つの命令を考える．

## 7.3 機能設計

メモリに蓄えられた機械語プログラムの各命令はつぎの手順で実行される．

1. 命令をメモリから取り出すためのアドレスの設定：ADS（address set）
2. 命令の取出し：IFT（instruction fetch）
3. 命令の解読：DEC（decode）
4. 命令の実行：EXC（execution）

ステップ 1, 2, 3, 4 の状態を各々，ADS, IFT, DEC, EXC と表現する．動作フローをミーリ形状態図で書くと図 7.4 のようになる．表 7.1 よりモデルコンピュータの命令は全部で 16 個あるので，状態 EXC からの状態遷移は 16 個存在する．図 7.4 の状態図において各状態遷移での動作を表 7.1 からさらに詳細に記述すると，図 7.5 の状態図を得る．

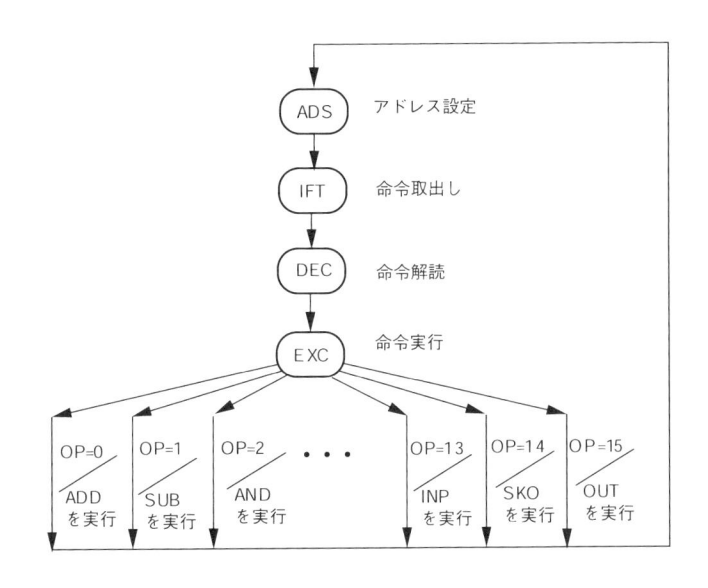

**図7.4** 動作フローを表す状態図

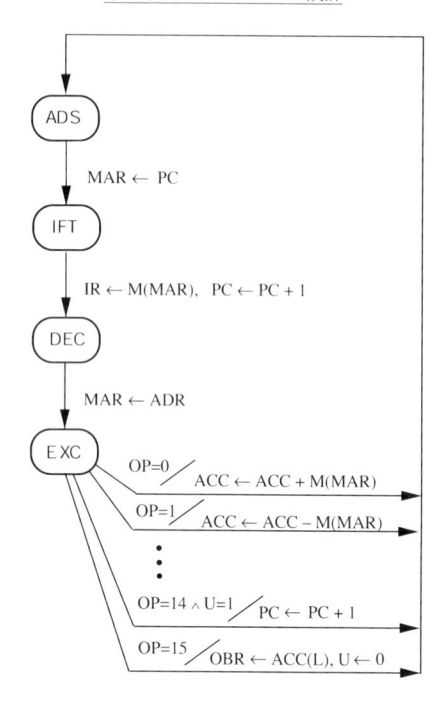

```
       ┌─────────────────────────────────────┐
       ↓                                     │
      ADS                                    │
       │ MAR ← PC                            │
      IFT                                    │
       │ IR ← M(MAR),  PC ← PC + 1           │
      DEC                                    │
       │ MAR ← ADR                           │
      EXC ──OP=0────── ACC ← ACC + M(MAR) ──→│
          ──OP=1────── ACC ← ACC − M(MAR) ──→│
                ⋮                            │
          ──OP=14∧U=1─ PC ← PC + 1 ─────────→│
          ──OP=15───── OBR ← ACC(L), U ← 0 ─→│
```

図7.5 マイクロ操作を含む状態図

　図 7.5 の状態図は第 2 章で述べたフリップフロップと組合せ回路から成る標準的な順序回路で設計することができるが，つぎに述べるようにタイミング信号を発生するタイミングカウンタと組合せ回路で設計することもできる．

　図 7.4 の状態図から明らかなように，4 時刻でもとの状態にもどる．したがって，4 つのタイミング信号でその時間経過を定めることができる．4 つのタイミング信号を $t_0$, $t_1$, $t_2$, $t_3$ とする．4 つのタイミング信号を生成する回路は第 2 章の図 2.26 に示した 2 ビットカウンタと 2 入力 4 出力デコーダで構成できる．それを図 7.6 に示す．図に示すように，生成される 4 つのタイミング信号は順番に 1 の値をとり続け，2 つ以上が同時に 1 の値をとることはない．このタイミング信号 $t_0$, $t_1$, $t_2$, $t_3$ が 1 の値をとるときを，各々 ADS, IFT, DEC, EXC の状態に対応させることができる．16 個の命令すべてについて $t_0$, $t_1$, $t_2$ は共通となるが，$t_3$ の命令実行の段階で命令ごとに異なる状態遷移をとる．これを区別するには，命令コード OP をデコードすることにより，16 個の信号 $q_0$, $q_1$, ..., $q_{15}$ を生成し，信号 $q_i$ が 1 の値をとるとき命令コー

## 7.3 機能設計

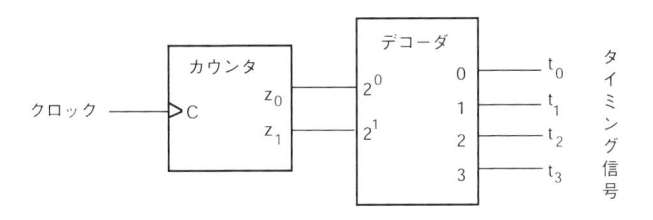

(a) 生成回路

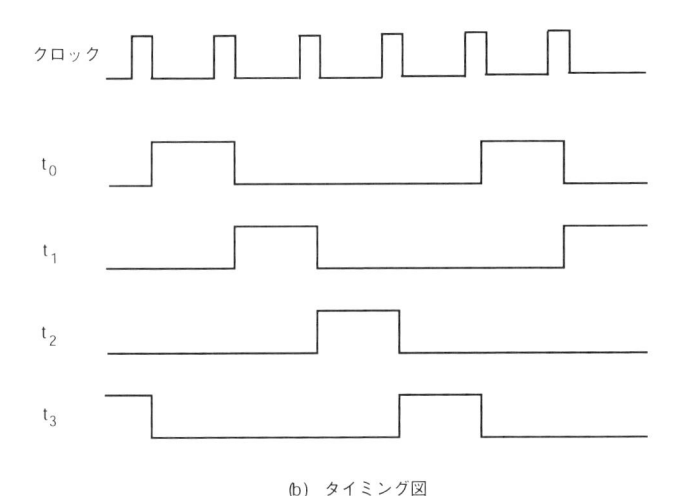

(b) タイミング図

図7.6 タイミング信号生成回路

ドiの命令を実行する状態遷移に対応させればよい。

以上の回路を図7.7に示す。タイミングデコーダからは $t_0$, $t_1$, $t_2$, $t_3$ のタイミング信号が，OPを入力とする命令デコーダからは16個の信号 $q_0$, $q_1$, ..., $q_{15}$ が生成され制御回路に供給される。命令デコーダは4入力16出力デコーダである。

ADS，IFT，DEC，EXCの各状態をタイミング信号 $t_0$, $t_1$, $t_2$, $t_3$ に対応させ，各命令の実行条件を $t_3$ と命令デコーダの出力信号 $q_0$, $q_1$, ..., $q_{15}$ および各種フラグZ，S，N，Uからなる論理式で表現することができる。例えば，状態ADDは $t_3q_0$ で表現され，$t_3q_0=1$ となるときに限りADDの操作が実行される。SZAの命令コードはOP=10であり，ゼロフラグがZ=1のときにスキップ操作を行なう命令であるので，SZAは $t_3q_{10}Z=1$ のときに実行される。

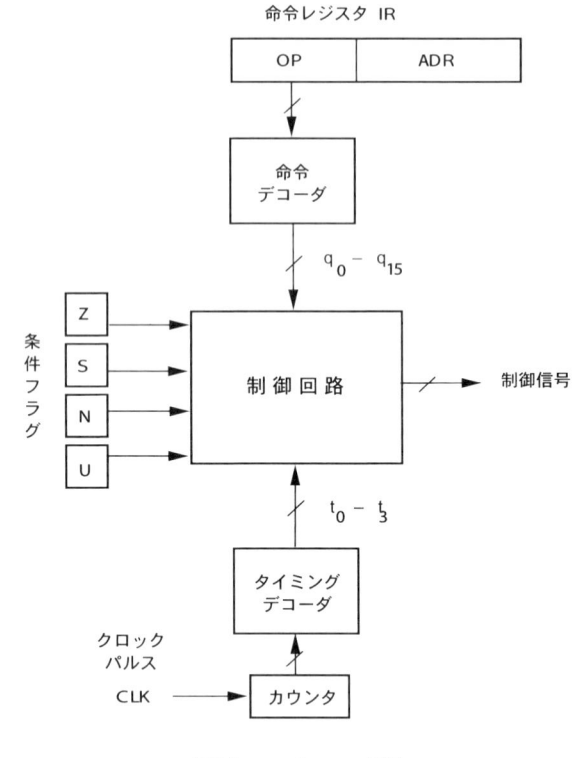

図7.7 コントローラ周辺

このように図7.5の各動作を条件式で書き直すと，表7.2に示すレジスタ転送論理を得る。表7.2の各文は第3章で述べたレジスタ転送論理で記述されており

　　　論理式：マイクロ操作, ‥‥

の形をしている。論理式の値が1となるとき，それに続くマイクロ操作が実行される。

## 7.4　論理設計

機能設計が終了するとつぎに論理設計に移る。図7.2に示すシステム構成図において，レジスタ，カウンタ，メモリの設計は第2章で述べた設計を採用することにする。データパスの設計についても第4章で詳しく述べたのでここではその設計を

## 7.4 論理設計

**表7.2** レジスタ転送論理

| | | | |
|---|---|---|---|
| ADS | | $t_0:$ | MAR ← PC |
| IFT | | $t_1:$ | IR ← M(MAR), PC ← PC + 1 |
| DEC | | $t_2:$ | MAR ← ADR |
| | | | |
| EXC | ADD | $t_3 q_0:$ | ACC ← ACC + M(MAR) |
| | SUB | $t_3 q_1:$ | ACC ← ACC − M(MAR) |
| | AND | $t_3 q_2:$ | ACC ← ACC ∧ M(MAR) |
| | OR  | $t_3 q_3:$ | ACC ← ACC ∨ M(MAR) |
| | LDA | $t_3 q_4:$ | ACC ← M(MAR) |
| | STA | $t_3 q_5:$ | M(MAR) ← ACC |
| | BRA | $t_3 q_6:$ | PC ← ADR |
| | CLA | $t_3 q_7:$ | ACC ← 0 |
| | CMA | $t_3 q_8:$ | ACC ← $\overline{\text{ACC}}$ |
| | INC | $t_3 q_9:$ | ACC ← ACC + 1 |
| | SZA | $t_3 q_{10} Z:$ | PC ← PC + 1 |
| | SPA | $t_3 q_{11} \overline{S}:$ | PC ← PC + 1 |
| | SKI | $t_3 q_{12} N:$ | PC ← PC + 1 |
| | INP | $t_3 q_{13}:$ | ACC(L) ← IBR, N ← 0 |
| | SKO | $t_3 q_{14} U:$ | PC ← PC + 1 |
| | OUT | $t_3 q_{15}:$ | OBR ← ACC(L), U ← 0 |

採用する。ただ，モデルコンピュータの演算命令は第4章での演算命令の一部だけを採用しているので制御信号は少なくてよい。表7.2からモデルコンピュータで必要な演算は表7.3に示す8個でよい。したがって，図7.8に示す演算回路で機能選択の制御信号は $a_1$, $a_2$, $a_3$ の3本とし，演算回路の部分の詳細設計はここでは省略する。

それ以外の論理設計の対象となるのは，制御回路内部の詳細な設計，制御回路で生成される制御信号が各機能ブロック（レジスタ，カウンタ，メモリ，演算回路）に到達するまでのゲート論理，機能ブロック間のデータ転送経路の設計などである。

制御方式には結線制御方式とマイクロプログラム制御方式があるが，ここでは結

表7.3 ALUの機能表

| $a_3$ | $a_2$ | $a_1$ | 機能 |
|---|---|---|---|
| 0 | 0 | 0 | F = ACC + 入力データ |
| 0 | 0 | 1 | F = ACC − 入力データ |
| 0 | 1 | 0 | F = ACC ∧ 入力データ |
| 0 | 1 | 1 | F = ACC ∨ 入力データ |
| 1 | 0 | 0 | F = 入力データ |
| 1 | 0 | 1 | F = 0 |
| 1 | 1 | 0 | F = $\overline{ACC}$ |
| 1 | 1 | 1 | F = ACC + 1 |

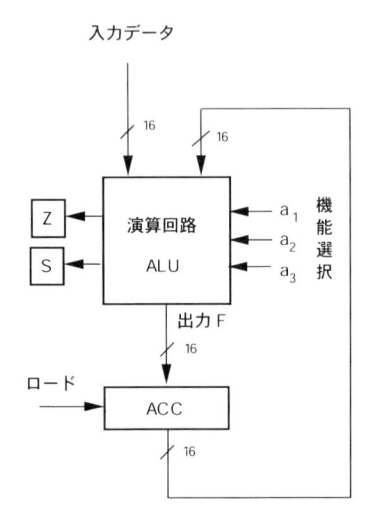

図7.8 データパスの設計

　線制御方式で設計しているので，コントローラは図7.7の構成を考え制御回路の部分をゲート論理で設計する．後で分かるように結線制御で設計した場合タイミング信号生成にカウンタを用いているので，この部分は組合せ回路になる．マイクロプログラム制御方式での設計はつぎの節で述べる．

## 7.4 論理設計

機能設計では表 7.2 に示すレジスタ転送論理が得られた．このレジスタ転送論理から各レジスタ，メモリ，演算回路に供給すべき制御信号を決定することができる．まず，メモリへの制御信号としては読み出し，書き込みを指示する **Read, Write** 信号がある．メモリからの読み出しに関係するマイクロ操作は

$$\text{出力} \leftarrow M(MAR)$$

の形をしている．表 7.2 からこのマイクロ操作を含むのは状態 IFT, ADD, SUB, AND, OR, LDA のときである．したがって，メモリの読み出し操作を起動する制御信号 Read はこの 6 個のいずれの状態においても Read=1 となればよい．Read はつぎの論理関数として定義できる．

$$\text{Read} = t_1 + t_3(q_0 + q_1 + q_2 + q_3 + q_4)$$

同様に，メモリの書き込み操作に関係するマイクロ操作は

$$M(MAR) \leftarrow \text{入力}$$

の形をしている．表 7.2 からこのマイクロ操作を含むのは状態 STA だけである．したがって，メモリの読み出し操作を起動する制御信号 Write はつぎの論理関数として定義できる．

$$\text{Write} = t_3 q_5$$

プログラムカウンタ PC に関係するマイクロ操作は，表 7.2 からつぎの 2 つのマイクロ操作だけである．

$$PC \leftarrow PC+1$$
$$PC \leftarrow ADR$$

この 2 つのマイクロ操作を実現するには，プログラムカウンタ PC に 1 増加操作とロード操作の 2 つの機能を持たせ，それを制御する 2 つの入力を用意する必要がある．PC を 1 増加するマイクロ操作を含む状態は，表 7.2 から状態 IFT, SZA, SPA, SKI, SKO の 5 個である．したがって，PC の 1 増加操作の制御入力に供給する制御信号を $c_1$ とすれば，$c_1$ はつぎの論理関数となる．

$c_1 = t_1 + t_3(q_{10}Z + q_{11}\bar{S} + q_{12}N + q_{14}U)$

以上の手続きをすべてのレジスタに対して行なうと，表 7.4 に示すように各レジスタに対して必要な機能とそれを起動する制御信号の論理関数が得られる．表にお

**表7.4** レジスタのマイクロ操作

| | | |
|---|---|---|
| メモリ | Read $= t_1 + t_3(q_0 q_1 + q_2 q_3 + q_4)$: | IR, ALU $\leftarrow$ M(MAR) |
| | Write $= t_3 q_5$: | M(MAR) $\leftarrow$ ACC |
| PC | $c_1 = t_1 + t_3(q_{10}Z + q_{11}\bar{S} + q_{12}N + q_{14}U)$: | PC $\leftarrow$ PC + 1 |
| | $c_2 = t_3 q_6$: | PC $\leftarrow$ ADR |
| MAR | $b_1 = t_0$: | MAR $\leftarrow$ PC |
| | $b_2 = t_2$: | MAR $\leftarrow$ ADR |
| | $c_3 = b_2$ | |
| | $c_4 = b_1 + b_2$ | |
| IR | $c_5 = t_1$: | IR $\leftarrow$ M(MAR) |
| ACC | $b_3 = t_3 q_0$: | ACC $\leftarrow$ ACC + M(MAR) |
| | $b_4 = t_3 q_1$: | ACC $\leftarrow$ ACC - M(MAR) |
| | $b_5 = t_3 q_2$: | ACC $\leftarrow$ ACC $\wedge$ M(MAR) |
| | $b_6 = t_3 q_3$: | ACC $\leftarrow$ ACC $\vee$ M(MAR) |
| | $b_7 = t_3 q_4$: | ACC $\leftarrow$ M(MAR) |
| | $b_8 = t_3 q_7$: | ACC $\leftarrow$ 0 |
| | $b_9 = t_3 q_8$: | ACC $\leftarrow$ $\overline{\text{ACC}}$ |
| | $b_{10} = t_3 q_9$: | ACC $\leftarrow$ ACC + 1 |
| | $c_6 = t_3 q_{13}$: | ACC(L) $\leftarrow$ IBR |
| | $c_7 = b_3 + b_4 + b_5 + b_6 + b_7 + b_8 + b_9 + b_{10} + c_6$ | |
| OBR | $c_8 = t_3 q_{15}$: | OBR $\leftarrow$ ACC(L) |
| N | $c_6 = t_3 q_{13}$: | N $\leftarrow$ 0 |
| U | $c_8 = t_3 q_{15}$: | U $\leftarrow$ 0 |

## 7.4 論理設計

いて，$c_3$ は MAR ← PC と MAR ← ADR のいずれのレジスタ転送を実行するかを選択するマルチプレクサへの制御信号であり，$c_4$ は MAR レジスタのロード制御信号，$c_7$ はアキュムレータ ACC のロード制御信号である．表 7.4 に定義された 10 個の制御信号 Read, Write, $c_1$, $c_2$, ..., $c_8$ の論理関数を組合せ回路で実現すれば図 7.7 における制御回路を実現したことになる．表 7.4 から分かるように，図 7.8 の演算回路の機能を選択する制御信号 $a_1$, $a_2$, $a_3$ は信号 $b_3$, $b_4$, ..., $b_{10}$ から生成することができるので，この制御信号の生成回路も制御回路に含めることができる．制御信号 $a_1$, $a_2$, $a_3$ の生成回路は 8 入力 3 出力のエンコーダを用いて実現することができる．表 7.5 にそのエンコーダの真理値表を示す．以上が制御回路の論理設計になる．

つぎに，表 7.4 のマイクロ操作を実現するのに必要なデータの転送経路をすべて列挙し，それを図 7.2 のシステム構成をもとに書き加える．転送経路が複数個の転送元から 1 つのレジスタに至る場合が起これば，複数の転送経路から 1 つを選択するためのマルチプレクサを挿入する．このようにして，図 7.9 に示すレジスタ転送レベルの回路図が求められる．

図には各機能ブロック間のデータ転送経路とそのデータ幅を示した．MAR と ACC レジスタの入力側にマルチプレクサ MUX が挿入されているが，これは MAR には PC とメモリから 2 個のデータ転送経路があり，また ACC には IBR と演算回路 ALU から 2 個のデータ転送経路があるためである．3.2 節で述べたようにマルチプ

表7.5 ALU の機能選択用エンコーダ

| 入力 | | | | | | | | 出力 | | |
|---|---|---|---|---|---|---|---|---|---|---|
| $b_{10}$ | $b_9$ | $b_8$ | $b_7$ | $b_6$ | $b_5$ | $b_4$ | $b_3$ | $a_3$ | $a_2$ | $a_1$ |
| 0 | 0 | 0 | 0 | 0 | 0 | 0 | 1 | 0 | 0 | 0 |
| 0 | 0 | 0 | 0 | 0 | 0 | 1 | 0 | 0 | 0 | 1 |
| 0 | 0 | 0 | 0 | 0 | 1 | 0 | 0 | 0 | 1 | 0 |
| 0 | 0 | 0 | 0 | 1 | 0 | 0 | 0 | 0 | 1 | 1 |
| 0 | 0 | 0 | 1 | 0 | 0 | 0 | 0 | 1 | 0 | 0 |
| 0 | 0 | 1 | 0 | 0 | 0 | 0 | 0 | 1 | 0 | 1 |
| 0 | 1 | 0 | 0 | 0 | 0 | 0 | 0 | 1 | 1 | 0 |
| 1 | 0 | 0 | 0 | 0 | 0 | 0 | 0 | 1 | 1 | 1 |

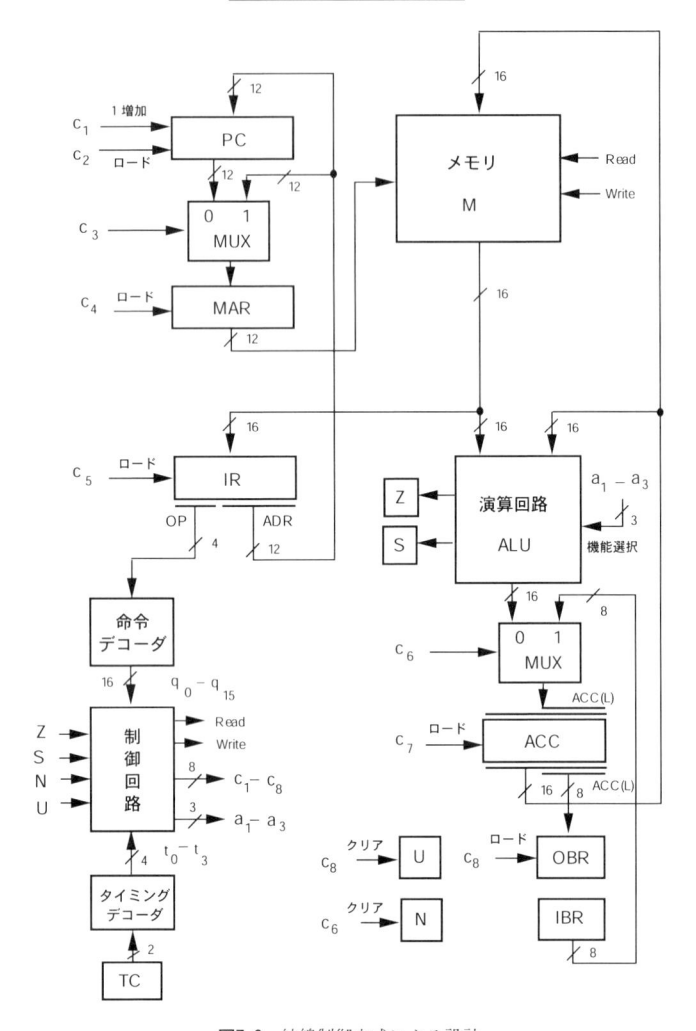

図7.9 結線制御方式による設計

レクサの代わりに3状態ゲートを用いたバス構造でも設計できるが、ここではレジスタの個数が少ない簡単なモデルコンピュータであるのでマルチプレクサで設計している。

図ではさらにメモリ、各レジスタ、演算回路への制御信号 Read, Write, $c_1$, $c_2$, ..., $c_8$, $a_1$, $a_2$, $a_3$ が制御回路から供給されている。各レジスタ、メモリ、演算回路はここではブロック図で示しているが、論理設計においてはこの内部のゲート論理も詳細

に設計する必要がある．ここでは，最初に述べたようにレジスタ，カウンタ，メモリについては第 2 章で示した設計と，ALU については第 4 章で示した設計を採用することにするので省略する．これらの詳細な設計については第 2 章と第 4 章を参照されたい．

以上結線制御方式によるモデルコンピュータの設計について述べた．この設計をハードウェア記述言語 VHDL で記述した例を付録に示しているので参照されたい．

## 7.5 マイクロプログラム設計

前節までは結線制御方式によるモデルコンピュータの設計を述べた．ここではマイクロプログラム制御方式によるモデルコンピュータの設計を述べる．制御方式の違いで異なる設計となるのはコントローラだけである．結線制御では図 7.9 のブロック図を設計した．この図において，コントローラを構成している命令デコーダ，制御回路，タイミングデコーダ，タイミングカウンタ TC を，マイクロプログラム制御方式でのコントローラと取り替えることになる．マイクロプログラム制御では，制御メモリに格納したマイクロ命令を順次取り出すことにより制御信号を発生することができるので，結線制御におけるようなタイミング信号は必要としない．したがって，タイミングカウンタ，タイミングデコーダは不要となる．

マイクロプログラム制御の一般的な構成は，7.2 節の図 7.4 に示したように，制御メモリ，制御アドレスレジスタ，次アドレス生成回路，およびアドレスマッピング回路からなる．ここで設計するマイクロプログラム制御方式のモデルコンピュータは，コントローラ以外は図 7.9 と同じとする．したがって，結線制御で生成したのと同じ制御信号を生成するようにマイクロプログラムコントローラを設計すればよい．

マイクロプログラムコントローラを設計するにはまずマイクロ命令の仕様を決める．ここで生成する必要のある制御信号は，ALU の制御信号 $a_1$, $a_2$, $a_3$, メモリの制御信号 **Read**, **Write**, 各レジスタの制御信号 $c_1$, $c_2$, ..., $c_8$ である．したがって，これらの制御信号を発生するための制御語をマイクロ命令に含める．これらの制御信号を生成すれば，図 7.9 において表 7.2 のレジスタ転送論理を実現することができる．その中で，SZA，SPA，SKI，SKO の状態では条件フラグ Z，S，N，U の値に依存してマイクロ操作が起動されるので，マイクロ命令には条件フラグを選択するためのビットを用意する必要がある．また，制御メモリに格納される各マイクロプロ

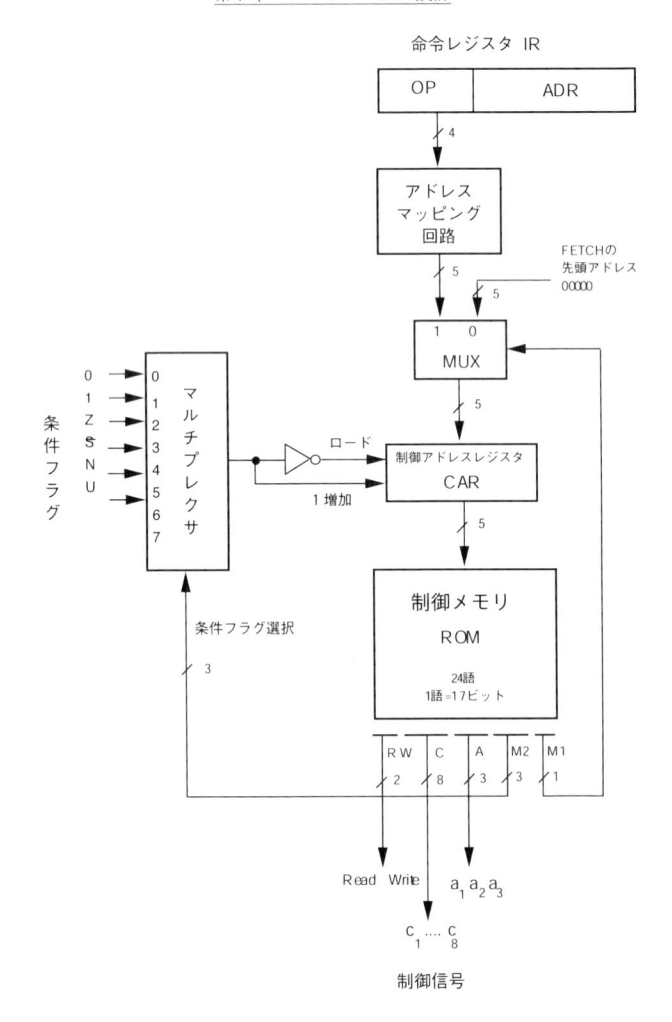

図7.10 マイクロプログラム制御

グラムの先頭アドレスは，アドレスマッピング回路から命令コードを変換することにより供給されるものと，機械語の命令サイクルの開始アドレス（ここでは0番地とする）のように命令が実行される毎に常に参照されるものとがある。これらのアドレスを選択するためのビットもマイクロ命令に含める。以上のことを考慮して，7.3節で設計したのと同様にマイクロプログラムコントローラとマイクロ命令を設計すると，図7.10，7.11を得る。ここではマイクロ命令は水平型とした。

## 7.5 マイクロプログラム設計

```
 16  15 14      7 6     4 3   1 0
| R | W |   C   |  M A  | M2 | M1 |
```

M1: 制御アドレス選択
M2: 条件フラグ選択
A: ALU 機能制御　　（表 7.3 参照）
C: レジスタ制御　　（表 7.4 参照）
W: Write
R: Read

**図7.11** マイクロ命令語

　図 7.11 のマイクロ命令を用いて表 7.2 のレジスタ転送論理を実現するマイクロプログラムを設計すると表 7.6 に示すマイクロプログラムを求めることができる。これについては後で説明するが，このマイクロプログラムを格納するために必要な制御メモリのサイズは 17 ビット×24 語である。したがって，アドレス幅を 5 ビットとした。マイクロプログラムは命令取出し操作から始まるがその開始アドレスを 0 番地（5 ビットアドレスであるので 00000）とする。図 7.10 の制御アドレスレジスタ CAR にはマイクロプログラムの開始アドレス 00000 か，アドレスマッピング回路から供給される各命令の先頭アドレスのいずれかがマルチプレクサを通して供給される。このアドレスを選択する制御信号が M1 である。M1 が 0 のとき 0 番地を選択し，1 のときアドレスマッピング回路から供給されるアドレスを選択する。フィールド M2 は制御アドレスレジスタのロード操作と 1 増加操作を制御するためのフィールドである。3 ビットの制御信号により定数 0，1，およびデータパスの条件フラグの中から 1 つの信号を選びそれを制御アドレスレジスタのロード操作と 1 増加操作を制御するための信号としている。A のフィールドは ALU の機能を選択するためのフィールドであり，表 7.3 と同じである。C のフィールドはレジスタを制御するためのビットであり，表 7.4 の制御信号 $c_1$，$c_2$，…，$c_8$ を表す。W と R のフィールドは制御信号 Write, Read を生成するためのフィールドである。

　このマイクロ命令を用いて，表 7.2 のレジスタ転送論理を実現するマイクロプログラムを作成すると表 7.6 となる。表にはマイクロプログラムを格納する制御メモリの ROM のアドレスと ROM 出力および各マイクロ命令に対応するマイクロ操作を示す。FETCH と名付けた 00000 番地からは命令を取り出す操作を実行するマイクロ命令が格納されている。00000 番地のマイクロ命令を見ると，M1＝0，M2＝1，

表7.6 マイクロプログラム

| 命令 | ROMアドレス | ROM出力 | | | | | マイクロ操作 | |
|---|---|---|---|---|---|---|---|---|
| | | R W | C | A | M2 | M1 | | |
| FETCH | 00000 | 0 0 | 00001000 | 000 | 001 | 0 | MAR ← PC, | CAR ← CAR+1 |
| | 00001 | 1 0 | 00010000 | 000 | 001 | 0 | IR ← M(MAR), | CAR ← CAR+1 |
| | 00010 | 1 0 | 00000001 | 000 | 001 | 0 | PC ← PC+1, | CAR ← CAR+1 |
| | 00011 | 0 0 | 00001100 | 000 | 000 | 1 | MAR ← ADR, | CAR ← 命令コードアドレス |
| ADD | 00100 | 1 0 | 01000000 | 000 | 000 | 0 | ACC ← ACC + M(MAR), | CAR ← 0 |
| SUB | 00101 | 1 0 | 01000000 | 001 | 000 | 0 | ACC ← ACC − M(MAR), | CAR ← 0 |
| AND | 00110 | 1 0 | 01000000 | 010 | 000 | 0 | ACC ← ACC ∧ M(MAR), | CAR ← 0 |
| OR | 00111 | 1 0 | 01000000 | 011 | 000 | 0 | ACC ← ACC ∨ M(MAR), | CAR ← 0 |
| LDA | 01000 | 1 0 | 01000000 | 100 | 000 | 0 | ACC ← M(MAR), | CAR ← 0 |
| STA | 01001 | 0 1 | 00000000 | 000 | 000 | 0 | M(MAR) ← ACC, | CAR ← 0 |
| BRA | 01010 | 0 0 | 00000010 | 000 | 000 | 0 | PC ← ADR, | CAR ← 0 |
| CLA | 01011 | 0 0 | 01000000 | 101 | 000 | 0 | ACC ← 0, | CAR ← 0 |
| CMA | 01100 | 0 0 | 01000000 | 110 | 000 | 0 | ACC ← $\overline{ACC}$, | CAR ← 0 |
| INC | 01101 | 0 0 | 01000000 | 111 | 000 | 0 | ACC ← ACC + 1, | CAR ← 0 |
| SZA | 01110 | 0 0 | 00000000 | 000 | 010 | 0 | if (Z=1) then (CAR ← CAR+1) else (CAR ← 0) | |
| | 01111 | 0 0 | 00000001 | 000 | 000 | 0 | PC ← PC + 1, | CAR ← 0 |
| SPA | 10000 | 0 0 | 00000000 | 000 | 011 | 0 | if (S=0) then (CAR ← CAR+1) else (CAR ← 0) | |
| | 10001 | 0 0 | 00000001 | 000 | 000 | 0 | PC ← PC + 1, | CAR ← 0 |
| SKI | 10010 | 0 0 | 00000000 | 000 | 100 | 0 | if (N=1) then (CAR ← CAR+1) else (CAR ← 0) | |
| | 10011 | 0 0 | 00000001 | 000 | 000 | 0 | PC ← PC + 1, | CAR ← 0 |
| INP | 10100 | 0 0 | 01100000 | 000 | 000 | 0 | ACC(L) ← IBR, N ← 0, | CAR ← 0 |
| SKO | 10101 | 0 0 | 00000000 | 000 | 101 | 0 | if (U=1) then (CAR ← CAR+1) else (CAR ← 0) | |
| | 10110 | 0 0 | 00000001 | 000 | 000 | 0 | PC ← PC + 1, | CAR ← 0 |
| OUT | 10111 | 0 0 | 10000000 | 000 | 000 | 0 | OBR ← ACC(L), U ← 0, | CAR ← 0 |

## 7.5 マイクロプログラム設計

A=0, C=00001000, R=W=0 である。図 7.10 の制御メモリの出力を見れば分かるように, C=00001000 であるから $c_3=0$, $c_4=1$ となる。したがって, 図 7.9 において, プログラムカウンタ PC の値がメモリアドレスレジスタ MAR に転送される。この操作で主メモリから命令を読み出す準備が終わる。M2=1 であるので図 7.10 において条件フラグ選択はマルチプレクサの 1 入力が選択され, その信号 1 により制御アドレスレジスタ CAR は 1 増加する。したがって, ROM の次のアドレス 00001 番地に移る。

つぎに 00001 番地では M1=0, M2=1, A=0, C=00010000, R=1, W=0 である。C=00010000 であるから $c_5=1$ となる。したがって, 図 7.9 において, 主メモリ M から命令が読み出され命令レジスタ IR に転送される。M2=1 であるので図 7.10 において条件フラグ選択はマルチプレクサの 1 入力が選択され, その信号 1 により制御アドレスレジスタ CAR は 1 増加する。したがって, ROM の次のアドレス 00010 番地に移る。次のアドレス 00010 番地では, プログラムカウンタ PC の値を 1 増加させ, 主メモリのつぎの命令を取り出す準備をする。その後, 制御メモリではつぎのアドレス 00011 番地に移る。00011 番地では M1=1, M2=0, A=0, C=00001100, R=W=0 である。C=00001100 であるから $c_3=c_4=1$ となる。したがって, 図 7.9 において, 命令レジスタ IR のアドレス部 ADR の値がメモリアドレスレジスタ MAR に転送される。これにより, つぎの命令実行サイクルにおいてメモリ読出し操作が必要となるメモリ参照命令の準備が行なわれる。M1=1 であるので図 7.10 においてアドレスマッピング回路の出力が制御アドレスレジスタ CAR の入力に選択される。また, M2=0 であるので条件フラグ選択はマルチプレクサの 0 入力が選択され, その信号 0 により制御アドレスレジスタ CAR のロード制御信号が 1 となる。したがって, 制御アドレスレジスタ CAR には命令コードから変換されたアドレス(その命令を実行するためのマイクロプログラムの先頭アドレス)が転送され, 制御メモリはその先頭アドレスに移る。

表 7.6 に示すように, ADD 命令の場合, 先頭アドレス 00100 に移り, そのアドレスのマイクロ命令が実行される。00100 番地では M1=M2=0, A=0, C=01000000, R=1, W=0 である。A=0 であるから $a_1=a_2=a_3=0$ となり, 表 7.3 の ALU の機能表から ALU では加算が選択される。また, C=01000000 であるから $c_6=0$, $c_7=1$ となる。したがって, 図 7.9 において, レジスタ ACC のロード信号が 1 となり, マルチプレクサの選択が $c_6=0$ なので加算結果が ACC に転送される。M1=0 であるので図

表7.7 アドレスマッピング

| 記号 | 命令コード $x_1x_2x_3x_4$ | 先頭アドレス $y_1y_2y_3y_4y_5$ |
|---|---|---|
| ADD | 0 0 0 0 | 0 0 1 0 0 |
| SUB | 0 0 0 1 | 0 0 1 0 1 |
| AND | 0 0 1 0 | 0 0 1 1 0 |
| OR  | 0 0 1 1 | 0 0 1 1 1 |
| LDA | 0 1 0 0 | 0 1 0 0 0 |
| STA | 0 1 0 1 | 0 1 0 0 1 |
| BRA | 0 1 1 0 | 0 1 0 1 0 |
| CLA | 0 1 1 1 | 0 1 0 1 1 |
| CMA | 1 0 0 0 | 0 1 1 0 0 |
| INC | 1 0 0 1 | 0 1 1 0 1 |
| SZA | 1 0 1 0 | 0 1 1 1 0 |
| SPA | 1 0 1 1 | 1 0 0 0 0 |
| SKI | 1 1 0 0 | 1 0 0 1 0 |
| INP | 1 1 0 1 | 1 0 1 0 0 |
| SKO | 1 1 1 0 | 1 0 1 0 1 |
| OUT | 1 1 1 1 | 1 0 1 1 1 |

7.10においてFETCHの先頭アドレス（値00000）が制御アドレスレジスタCARの入力となる。さらに，M2＝0であるので条件フラグ選択はマルチプレクサの0入力が選択され，その信号0により制御アドレスレジスタCARのロード制御信号が1となる。結局，制御アドレスレジスタCARにはFETCHの先頭アドレス（値00000）が転送され，制御メモリはFETCHの先頭アドレスに戻る。

　条件フラグの値により分岐先が異なるSZA, SPA, SKI, SKOの各命令のマイクロプログラムは，表7.6に示すように2ステップのマイクロ命令で実現する。例えば，SZA命令は01110番地と01111番地の2つのマイクロ命令で実現される。先頭アドレスが01110において，M1＝0，M2＝2，A＝C＝R＝W＝0である。M1＝0であるので図7.10においてFETCHの先頭アドレス（値00000）が制御アドレスレジスタCARの入力として選ばれている。さらに，M2＝2であるので条件フラグ選択はマル

## 7.5 マイクロプログラム設計

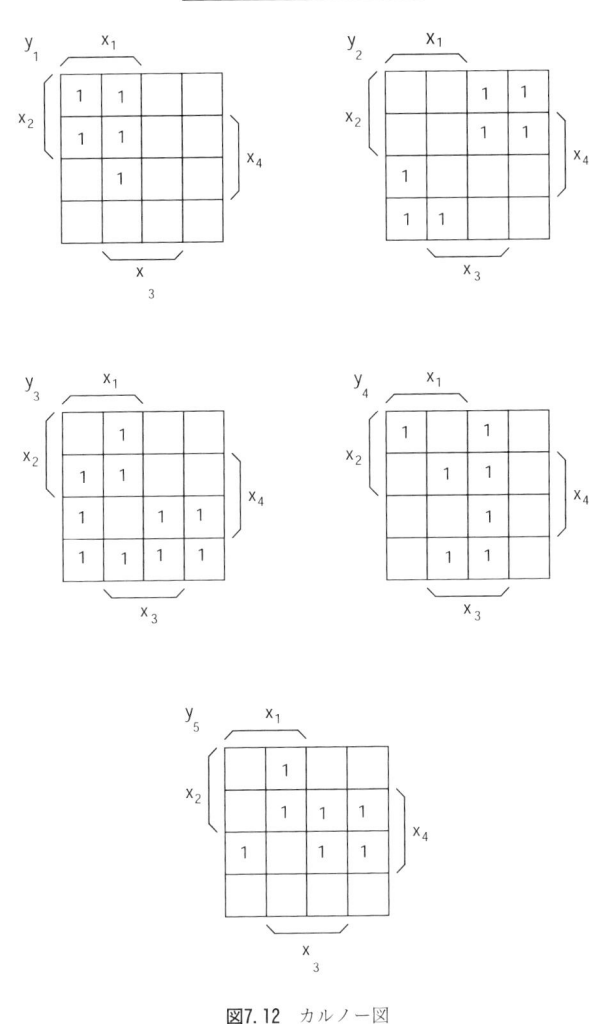

**図7.12** カルノー図

チプレクサの2入力が選択されフラグZの値がマルチプレクサの出力となる。したがって，Z=1のとき1増加信号が1となり制御アドレスレジスタCARの値が1増加してつぎの01111番地のマイクロ命令に移る。Z=0のときは，CARのロード信号が1となり制御アドレスレジスタCARにFETCHの先頭アドレス（値00000）がロードされ，制御メモリはFETCHの先頭アドレスに戻る。つぎの01111番地にはプログラムカウンタを1増加させるマイクロ操作が含まれており，同時に制御アドレスレジスタCARにFETCHの先頭アドレス（値00000）が転送され，制御メモリは

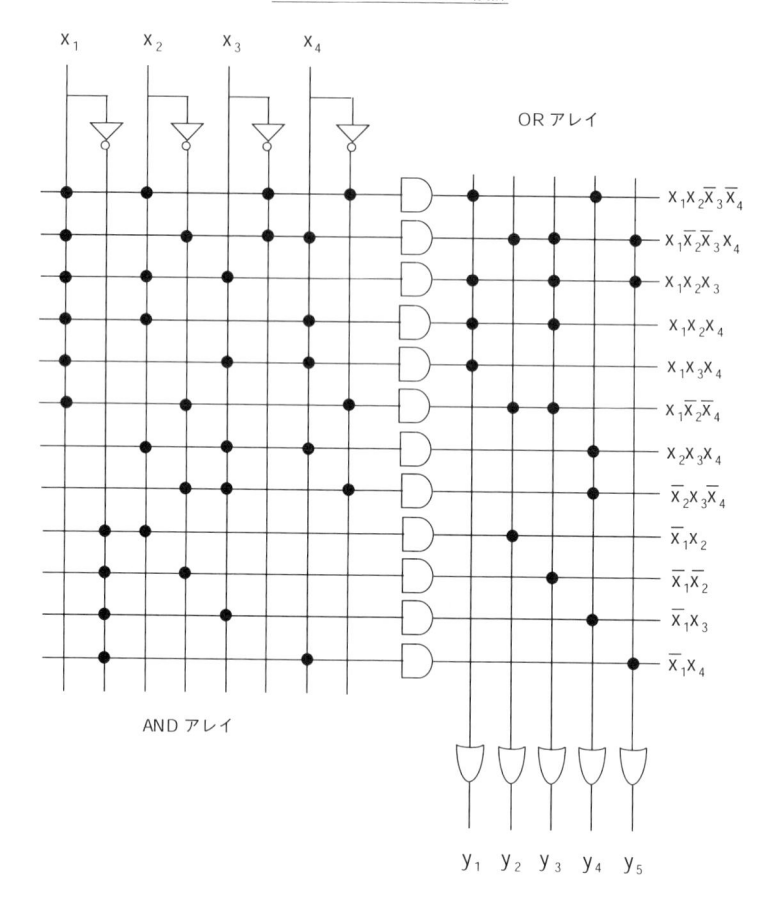

図7.13 アドレスマッピング回路の PLA 実現

FETCH の先頭アドレスに戻る。表 7.6 の他の命令も同様である。

表 7.6 には各命令のマイクロプログラムの先頭アドレスが示されている。これから，命令コードを先頭アドレスに変換するアドレスマッピング回路の真理値表は表 7.7 のようになる。入力は命令コードの 4 ビットで入力変数 $x_1$, $x_2$, $x_3$, $x_4$ で表し，出力の先頭アドレス 5 ビットは出力変数 $y_1$, $y_2$, $y_3$, $y_4$, $y_5$ で表すことにする。図 7.12 はこれをカルノー図で表現したものである。アドレスマッピング回路は図 7.12 や表 7.7 の論理関数を実現する組合せ回路である。これを PLA で実現した例を図 7.13 に示す。

## 演習問題

**7-1** 表 7.1 のモデルコンピュータの命令を用いて，つぎの命令を実行する命令列を書け．
　(a)　ADM：M(m) ← ACC+M(m)
　(b)　SWP：ACC ← M(m)，M(m) ← ACC

**7-2** モデルコンピュータにおいて，(00A0)$_{16}$ 番地の内容と (00A1)$_{16}$ 番地の内容の乗算を行ない結果を (00A2)$_{16}$ 番地に格納する機械語プログラムを作成せよ．

**7-3** モデルコンピュータの主メモリ (0B1)$_{16}$ 番地に (00AB)$_{16}$ の命令が格納されており，(0AB)$_{16}$ 番地にには数 (B89A)$_{16}$ が入っている．アキュムレータ ACC には数 (0CFF)$_{16}$ が入っている．このとき，(0B1)$_{16}$ 番地の命令が実行された後のレジスタ PC，MAR，IR，ACC の内容を示せ．

**7-4** 表 7.3 の機能をもつ ALU を設計せよ．

**7-5** 図 7.9 の制御回路をゲートレベルで設計せよ．その論理図を描け．

**7-6** 図 7.9 の制御回路，命令デコーダ，タイミングデコーダ，タイミングカウンタの部分を（デコーダ，カウンタを用いずに）1 つの順序回路として論理設計せよ．

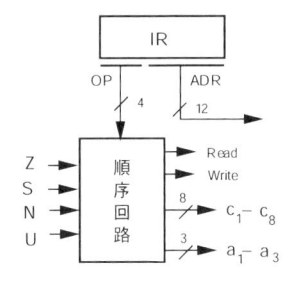

図7.14

**7-7** 図 7.11 のマイクロ命令を用いてつぎの命令を実行するマイクロプログラムを書け．
　(a)　ADM：M(m) ← ACC+M(m)

(b) SWP：ACC ← M(m)，M(m) ← ACC

**7-8** モデルコンピュータの SZA 命令を BZA 命令に，SPA 命令を BPA 命令に変える．この変更にしたがって，表 7.2，表 7.4 を修正せよ．

表7.8

| BZA | If (Z=1) then (PC←m) | ACCがゼロなら m 番地に飛ぶ |
| BPA | If (S=0) then (PC←m) | ACCが正なら m 番地に飛ぶ |

**7-9** 7-8 の変更にしたがって，表 7.6 のマイクロプログラムを修正せよ．

**7-10** つぎの命令セットのコンピュータを設計せよ．

表7.9

| ADD | | |
| LDA | | |
| STA | 表 7.1 と同じ | |
| BRA | | |
| BPA | If (S=0) then (PC←m) | ACCが正なら m 番地に飛ぶ |

# 第8章　ディジタルシステムのテスト

## 8.1　故障モデル

　回路を構成する要素に物理的欠陥があれば，回路が正しい動作をしなくなる。このような物理的欠陥を回路の**故障**という。ディジタルシステムの構成要素は論理回路（ディジタル回路）であるが，論理回路の論理機能が故障により別な論理機能に変化してしまう故障を**論理故障**（logical fault）という。これに対して，クロック速度を遅くしてゆっくり動作をさせれば正しく動作をするが，クロック速度を本来の動作速度に早めれば誤った動作をする故障を**タイミング故障**（timing fault）という。以下，論理故障として，縮退故障，ブリッジ故障，トランジスタ故障，PLA故障，メモリ故障，機能故障を説明した後，タイミング故障として遅延故障を述べる。

### 縮退故障

　論理故障の中で最もよく扱われる故障に，素子の入出力線の値が0または1に固定される**縮退故障**（stuck-at fault）がある。図8.1に示すインバータを実現している

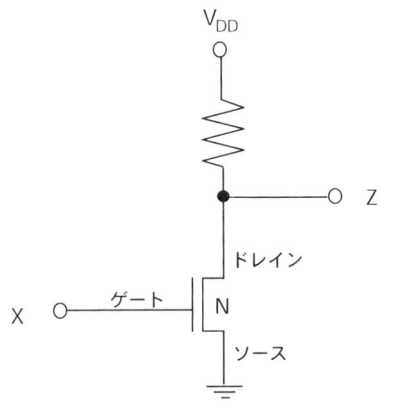

図8.1　NMOSインバータ

N-MOS（Nチャネル－金属－酸化膜－半導体）**トランジスタ**を考えよう．このトランジスタのドレインかゲートを開放する故障により，出力 Z は永久に論理値 1 を取り続ける．これを 1 縮退故障といい Z/1 で表す．別な例として，ドレインとソースが短絡する故障を考えると，この故障により出力 Z は 0 に縮退する．この故障を 0 縮退故障といい Z/0 で表す．

### ブリッジ故障

隣接する信号線が短絡する故障を**ブリッジ故障**（bridging fault）という．回路の性質によっては，短絡部分が AND ゲートと等価になるか，または OR ゲートと等価になる場合がある．AND ゲートになるブリッジ故障を AND 型ブリッジ故障といい，OR ゲートになるブリッジ故障を OR 型ブリッジ故障という．図 8.2 に示すように AND 型ブリッジ故障の場合は，短絡箇所に AND ゲートを挿入したのと等価になる．

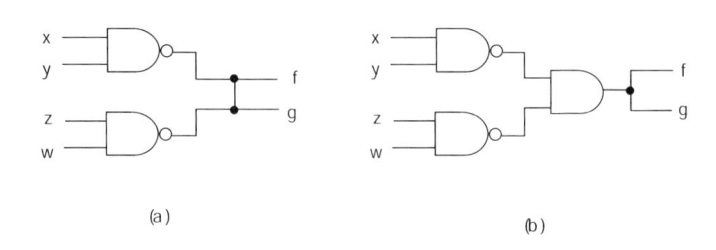

**図8.2** AND 型ブリッジ故障

### トランジスタ故障

トランジスタの故障はそのトランジスタが永久に開放される**オープン故障**（stuck-open fault）と短絡する**ショート故障**（stuck-short fault）がある．これらの故障の多くは縮退故障としてモデル化できるが，C-MOS（complementary MOS）論理素子のように 0，1，Z（ハイインピーダンス）の 3 状態素子においては，0，1 縮退故障でモデル化できない故障がある．図 8.3 に示す CMOS NAND ゲートは，入力 $x_1$ と $x_2$ の両方が 1（高い電圧）のときに限り，出力 z が 0（低い電圧）となる．4 つの各トランジスタが等価的に無くなるオープン故障を考えよう．図に番号で示した 4 つのオープン故障について，各々の故障が存在するときに出力 z がどのような値を取るかを調べると，表 8.1 に示す真理値表が得られる．例えば，1 番のオープン故

8.1 故障モデル

障が存在する場合, $x_1=0$, $x_2=1$ の入力が加えられているとき, 出力 $z$ はハイインピーダンスとなり前の時刻の出力 $z$ の状態を持続する。このように, 組合せ回路であっても, オープン故障により, 順序回路的な動作をする回路になる。

### PLA 故障

PLA においては, 縮退故障, ブリッジ故障の他に PLA の特有の故障として, **交点故障** (cross-point fault) がある。交点故障とは, PLA の AND アレイおよび OR アレイの各格子点における素子 (ダイオードやトランジスタ) の接続不良が原因で生じる故障で, つぎの2種類がある。1つは, 格子点においてもともと接続されていたはずの素子が切れて接続されなくなる故障で交点消滅故障という。もう1つは, 格

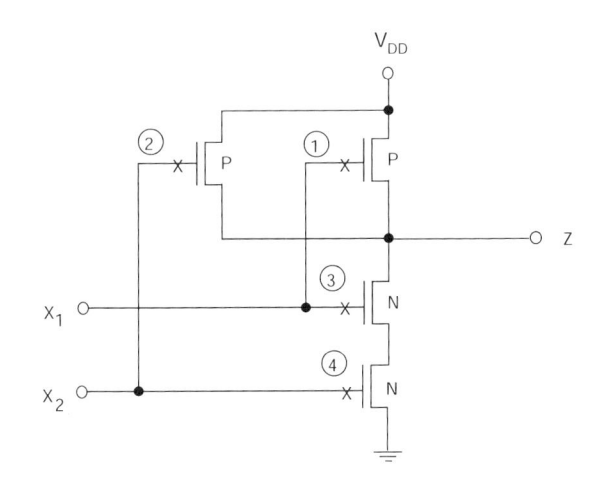

図8.3 CMOS NAND ゲート

表8.1 CMOS NAND ゲートの真理値表

| $x_1$ | $x_2$ | Z 正常 | Z ①オープン故障 | Z ②オープン故障 | Z ③④オープン故障 |
|---|---|---|---|---|---|
| 0 | 0 | 1 | 1 | 1 | 1 |
| 0 | 1 | 1 | 前の状態 | 1 | 1 |
| 1 | 0 | 1 | 1 | 前の状態 | 1 |
| 1 | 1 | 0 | 0 | 0 | 前の状態 |

子点で接続されていない素子が接続される故障で交点発生故障という.図8.4において交点Aのトランジスタが消える交点故障を考えてみよう.故障の無い場合の正常出力の論理関数は

$$z = x_1 x_2 x_3 + \bar{x}_1 \bar{x}_2 \tag{8.1}$$

となる.故障によりトランジスタAが消滅するので,この論理式の第1項が$x_1 x_2 x_3$から$x_2 x_3$に変わる.この交点故障は,したがって入力線$x_1$が1に縮退する故障と等価である.しかし,一般に交点故障は必ずしもこのように縮退故障と等価になるとは限らず,つぎに示すように縮退故障でモデル化できない交点故障もある.図8.4における交点Bの交点発生故障を考えよう.故障によりBに発生したトランジスタにより,先の論理式の第2項は,$\bar{x}_1 \bar{x}_2$から$\bar{x}_1 \bar{x}_2 \bar{x}_3$に変わる.したがって,故障関数は

$$z = x_1 x_2 x_3 + \bar{x}_1 \bar{x}_2 \bar{x}_3 \tag{8.2}$$

となる.この論理関数はどのような縮退故障によっても生じないことがわかる.

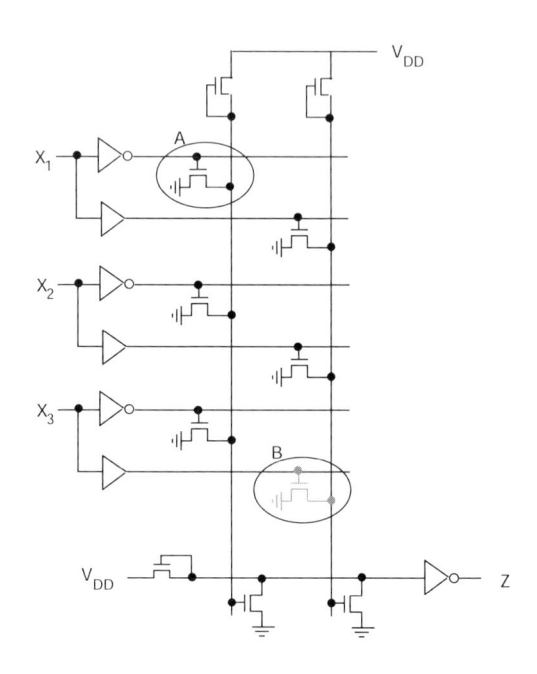

図8.4 PLA

## メモリ故障

メモリの基本機能は，メモリを構成するメモリセルにデータを書き込んだり，読み出したりする機能である。メモリ素子としてのRAMには任意のパターンを蓄えることができるので，それに対するテストとしては，理想的には，RAMに蓄えられる可能なすべてのパターンの状態において，各メモリセルを検査できればよい。しかし，これは不可能に近いので通常つぎの故障モデルを考えている。

(1) 縮退故障

メモリを構成するメモリセルの1つあるいは複数個が0，1に縮退する故障。メモリセルアレイ周辺の回路に対しては，アドレスデコーダ，アドレスレジスタ，データレジスタの縮退故障も対象とする。

(2) 結合故障

あるメモリセルの値が変わるとき，他のメモリセルの値も変化するような故障を**結合故障**（coupling fault）と呼ぶ。物理的に隣接するセル間で結合故障が起こりやすい。

(3) パターン依存故障

周りのセルのパターンやパターンの変化に依存して，あるメモリセルの値が変わってしまう故障を**パターン依存故障**（pattern-sensitive fault）と呼ぶ。周りのセルのパターンを考える場合，どれだけ離れたセルの0，1の状態まで考えるかによりそのテスト時間が変わる。パターンの変化としてはメモリへの書き込み操作によりセルの値が0から1，1から0に変化する遷移を考える。あるデータパターンがメモリに蓄えられているとき，特定のセルへの読み出し／書き込み操作の誤動作もパターン依存故障と考えられる。

## 機能故障

トランジスタレベルやゲートレベルでの故障モデルを用いて，さらに上位のレベルでの故障モデルを説明することはできる。しかし，大規模な回路を対象とするとき，下位のレベルでの故障モデルではその故障の数が膨大なものとなり，そのすべてを取り扱うことは困難である。これを避けるためにも，上位のレベルでの故障モデルを考える必要がある。

ゲートレベルの上位レベルとして機能レベルがある。ある機能が正しく動作しなくなるような故障を**機能故障**（functional fault）という。先に述べたメモリの故障モ

デルでは，縮退故障，結合故障，パターン依存故障などがあるが，メモリでの機能故障とは，読み出し／書き込みが正しくできなくなる故障であると考えることができる．結合故障，パターン依存故障などは，読み出し／書き込みが正しくできなくなる故障であるので機能故障の範疇に入る．

メモリより大きい規模の機能ブロックとしてコンピュータの CPU（中央処理部）がある．CPU における機能故障としてはつぎのようなものが考えられる．

(1) レジスタ選択機能故障

CPU の動作はレジスタ転送レベルで記述できるが，その際選択するレジスタを誤って別のレジスタを選択するような機能故障をいう．レジスタ $R_i$ を選択するときに，(i)レジスタ $R_i$ の代わりに別のレジスタ $R_j$ を選択する場合，(ii)どのレジスタも選択しない場合，(iii)複数個のレジスタを選択する場合，が考えられる．どのレジスタも選択されない場合，レジスタ $R_i$ への書き込み操作を行なっても $R_i$ の値は変わらず，読み出し操作を行なうと，回路に依存するがすべて 0 またはすべて 1 の値が読み出される．複数個のレジスタが選択される場合，レジスタ $R_i$ への書き込み操作を行なうと誤って選択されたレジスタすべてに同じ値が書き込まれ，読み出し操作を行なうと，回路に依存するが，誤って選択されたすべてのレジスタの値がビットごとに OR または AND され，その値が読み出される．

(2) 命令解読機能故障

命令を実行する際，誤って命令を解読し別の命令を実行する機能故障をいう．命令 $I_j$ を実行すべきときに，(i)命令 $I_j$ の代わりに別の命令 $I_k$ を実行する場合，(ii)命令 $I_j$ に加えて別の命令 $I_k$ も実行する場合，(iii)どの命令も実行しない場合が考えられる．

(3) データ記憶機能故障

レジスタにデータが正しく記憶できなくなる機能故障をいう．通常，レジスタのセルの 0，1 縮退故障を考える．

(4) データ転送機能故障

レジスタ間のデータ転送が正しく行なわれないような機能故障をいう．通常，データ転送経路の信号線の 0，1 縮退故障や，データ転送経路の 2 つの信号線の結合故障（ブリッジ故障）などが考えられる．

(5) データ処理機能故障

演算部での ALU やシフタの演算処理，割り込み処理，スタックポインタ，インデックスレジスタ，プログラムカウンタなどでの数え上げ，種々のアドレス方式でのア

ドレス計算，などの機能が正しく動作しなくなる機能故障をいう．

**遅延故障**

タイミング故障の例として，**遷移故障**（transition fault），**ゲート遅延故障**（gate delay fault），**経路遅延故障**（パス遅延故障，path delay fault）等が考えられている．

遷移故障では回路中の1つのゲートにのみ遅延故障が生じると仮定する．遷移故障のタイプとして，立ち上がり遅延故障（slow-to-rise fault）と立ち下がり遅延故障（slow-to-fall fault）がある．遷移故障による遅延は，その遷移が伝搬する経路の長短にかかわらず外部出力やフリップフロップで観測されるに十分大きな遅延であると仮定する．

ゲート遅延故障も遷移故障と同様に回路中の1つのゲートに遅延故障が生じると仮定する．遷移故障との違いは，遷移故障では増加した遅延が故障箇所から外部出力やフリップフロップに伝搬する経路の長さに依存せず観測できるという仮定を置いたのに対して，ゲート遅延故障ではそのような仮定を置かず，回路中の各ゲートの遅延を考慮して，故障箇所からの外部出力経路の長さによってはその遅延故障を観測できたりできなかったりすると考える．

経路遅延故障とは，回路中のいずれかの経路の遅延がある値を超える故障をいう．経路の遅延とは，その経路上のゲートや信号線の遅延の総和をいう．このように経路遅延故障では，回路中のゲートのみならず信号線の遅延故障をも考慮しており，遷移故障やゲート遅延故障などの故障モデルに比べ，より現実的でより多くの遅延故障を表現する遅延故障モデルであることがわかる．経路遅延故障モデルの欠点は，回路中の経路の数が膨大なものとなることである．したがってすべての経路を対象とせず，経路を選択し限定する必要がある．例えば，各信号線に対してその信号線を通る最長経路が少なくとも一つは含まれるような最小の経路集合を求め，その経路に対する経路遅延故障だけを対象とする．別な例として，経路の遅延がある値より大きな経路だけを選ぶという方法も考えられている．

## 8.2 ゲート論理のテスト

先に故障の種類として論理故障とタイミング故障を紹介したが，以下では，主として論理故障を対象とする．故障の存在しない正常な組合せ回路の出力関数を $f_0(x_1, x_2, ..., x_n)$ とし，ある故障によって，$f_0$ が $f_\alpha(x_1, x_2, ..., x_n)$ になったとしよう．この2つの

関数を区別するつぎの関数を考える。

$$F_\alpha(x_1, x_2, ..., x_n) = f_0(x_1, x_2, ..., x_n) \oplus f_\alpha(x_1, x_2, ..., x_n) \tag{8.3}$$

この関数を**故障差関数**という。$F_\alpha(x_1, x_2, ..., x_n) = 1$ を満たす入力ベクトル $X=(x_1, x_2, ..., x_n)$ に対しては，$f_0(x_1, x_2, ..., x_n)$ と $f_\alpha(x_1, x_2, ..., x_n)$ の値が異なり，正常な場合と故障 $\alpha$ が存在するときとで異なる出力を与える。したがって，この入力ベクトル（パターンとも呼ぶ）$X$ で故障 $\alpha$ を検出することができる。この入力パターン $X$ を故障 $\alpha$ に対する**テストパターン**（test pattern）と呼ぶ。順序回路の場合は，故障を検出するためには，入力パターンの系列を回路に加えてその出力系列を観測する必要がある。この場合は，**テスト系列**（test sequence）と呼ぶ。

図8.5に示す故障のない OR ゲートと，入力 $x$ が 0 に縮退している故障ゲートを考えよう。正常回路では $f_0=x+y$ で，$x/0$ 故障の回路では $f_{x/0}=y$ となる。この故障差関数は，$F_{x/0}=(x+y)\oplus y=x\bar{y}$ となり，$F_{x/0}=y$ を満たす入力パターン $(x,y)=(1,0)$ がこの故障のテストパターンである。実際，図8.5から明らかなように，正常な OR ゲートに対しては出力 $z=1$，故障ゲートに対しては出力 $z=0$ と異なる出力を出しており，故障 $x/0$ のテストパターンであることがわかる。

このように，回路に入力パターンや入力系列を加え，それに対する回路の出力パターンや出力応答系列を観測し，回路に故障が存在するか否かを調べることを**故障検出**（fault detection）という。さらに，回路に故障が存在することがわかったとき，それがどのような故障であるかを調べることを**故障診断**（fault diagnosis）という。故障検出や故障診断を総称して**テスト**（testing）という。

故障回路の出力関数が正常な場合の出力関数と等しい場合，この故障差関数は恒等的に 0 である。このような故障は，入出力端子だけから見る限り検出することのできない故障であるので，**冗長故障**（redundant fault）という。故障差関数が異なる

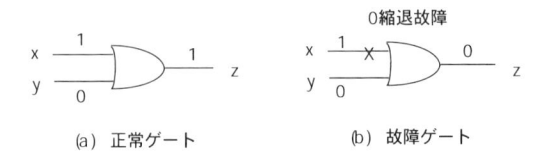

(a) 正常ゲート  (b) 故障ゲート

図8.5 縮退故障のテスト

故障は，入出力対応でそれらの故障を区別することができるが，故障差関数が同じになる故障は，入出力からは区別できない。このように，入出力対応で同じ応答をする故障を**等価故障**（equivalent fault）という。等価故障が存在する場合には，その1つだけを代表として対象にすればよい。等価故障の中から選ばれた故障を**代表故障**という。

図8.6の回路において，信号線 B, D の 0 縮退故障 B/0, D/0 と E の 1 縮退故障 E/1 は，すべて等価である。また，A/0, B/1, C/0, E/0, F/1 はすべて等価故障である。D/1 の存在する回路の関数は正常回路と同じ関数になるので，D/1 は冗長故障である。

1つの回路において同時に複数個の故障が存在することがある。この時，これを**多重故障**（multiple fault）という。信号線の数が p のとき，多重縮退故障数は 9 になる。例えば，p＝100 の場合，この数は約 $5 \times 10^{47}$ となる。この膨大な数のために，多重故障を対象としてテストパターンを求める問題は非常に困難な問題になる。しかし，多重故障と単一故障のテストパターンの関連を調べることにより，対象故障数を減らすことが可能である。入力側から2段目以降分岐のない組合せ回路に対してではあるが，単一縮退故障を100％検出するテストパターンの集合で6重以下の多重縮退故障の98％以上を検出可能であることが証明されている。このように，単一縮退故障のテストパターン集合は潜在的に多くの多重縮退故障をテストできるため，実用的には単一縮退故障だけを対象にして，テストパターンを生成することが行なわれている。

回路に故障が存在しないか，存在するときはどのような故障であるかを調べる故障検出や故障診断などのテストを行なうためにはテストパターンが必要である。それらのテストパターンは，テストの対象となる回路の論理機能や回路を構成している要素の論理機能や要素間の接続といった回路情報をもとに作成される。

テスト生成の手続きを図8.7に示す。テスト生成は **CAD**（computer-aided design）

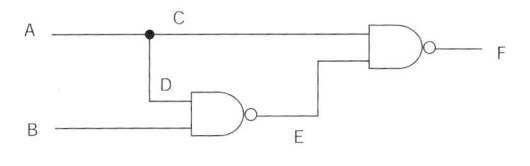

**図8.6** 回路例

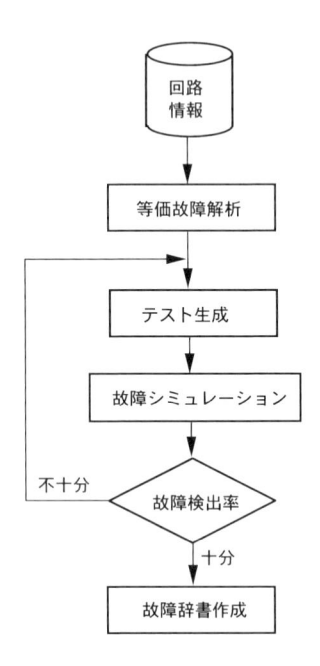

```
                ┌─────┐
                │ 回路 │
                │ 情報 │
                └──┬──┘
                   │
                   ▼
            ┌───────────┐
            │ 等価故障解析 │
            └──────┬────┘
                   │
          ┌────────▼────┐
          │  テスト生成   │◄──┐
          └──────┬──────┘   │
                 ▼          │
         ┌──────────────┐   │
         │ 故障シミュレーション │   │
         └──────┬───────┘   │
                ▼           │
        不十分 ◇ 故障検出率 ───┘
                │
                ▼ 十分
         ┌──────────┐
         │ 故障辞書作成 │
         └──────────┘
```

図8.7 テスト生成の手続き

の一環としてとらえられ，これらの回路情報は共通のデータベースから取り出される。回路が与えられると，まずどのようなタイプの故障をテストの対象とするかを決定する。通常は，信号線の0，1縮退故障で単一故障を対象とすることが多い。対象とする故障のタイプが決まると，テスト生成の効率を上げるために，等価故障解析を行なう。これにより，等価な故障を探索し代表故障を決め，テスト生成の対象となる故障数を減らす。

例えば，$n$入力ANDゲートに対して，各入力線の0縮退故障と出力線の0縮退故障を検出するテストパターンは，すべての入力線に1を加える入力パターンである。したがって，ANDゲートの入出力線における0縮退故障はすべて等価故障になる。また，すべての入力線が1に縮退する故障は，出力線が1に縮退する故障と等価である。他の種類のゲートに対しても等価故障を調べると表8.2のようになる。

故障の等価関係を緩めて被覆関係が定義できる。故障$f$, $g$を検出するテスト集合をおのおの$T_f$, $T_g$とする。$T_f \supset T_g$ならば，故障$f$は故障$g$を**被覆する**といい，$f \Rightarrow g$と書く。$g$を検出するテストパターンで$f$を検出することができるので，テスト生成

**表8.2** 等価故障

| ゲート | 等価故障 | |
|---|---|---|
| AND | $x_i/0 \Leftrightarrow x_j/0 \Leftrightarrow z/0$ | $(x_1/1, x_2/1, ..., x_n/1) \Leftrightarrow z/1$ |
| OR | $x_i/1 \Leftrightarrow x_j/1 \Leftrightarrow z/1$ | $(x_1/0, x_2/0, ..., x_n/0) \Leftrightarrow z/0$ |
| NAND | $x_i/0 \Leftrightarrow x_j/0 \Leftrightarrow z/1$ | $(x_1/1, x_2/1, ..., x_n/1) \Leftrightarrow z/0$ |
| NOR | $x_i/1 \Leftrightarrow x_j/1 \Leftrightarrow z/0$ | $(x_1/0, x_2/0, ..., x_n/0) \Leftrightarrow z/1$ |
| NOT | $x/0 \Leftrightarrow z/1$ | $x/1 \Leftrightarrow z/0$ |

ゲート入力：$x, x_1, x_2, ..., x_n$　　ゲート出力：$z$

**表8.3** 故障の被覆

| ゲート | 被覆関係 |
|---|---|
| AND | $x_i/1 \Rightarrow z/1$ |
| OR | $x_i/0 \Rightarrow z/0$ |
| NAND | $x_i/1 \Rightarrow z/1$ |
| NOR | $x_i/0 \Rightarrow z/1$ |

の際，$g$ が検出可能であるならば故障 $f$ を考えずに $g$ だけを考えてテストパターンを求めれば十分である．

例として，$n$ 入力 AND ゲートの入力線 $x_i$ と出力線 $z$ の 1 縮退故障を考えよう．$x_i/1$ のテストパターンは，$x_i$ を 0，他の入力を 1 とする．これは，$z/1$ のテストパターンにもなっているが，逆に $z/1$ のテストパターンは必ずしも $x_i/1$ を検出することはない．したがって，$z/1$ は $x_i/1$ を被覆する．他のゲートについてまとめると表 8.3 のようになる．

以上の等価故障や被覆関係を調べることにより故障検出のための対象故障を減らすことができる．

等価故障解析のつぎは，各代表故障に対してそれを検出するテストパターン（順序回路の場合はテストパターン系列）を生成することである．与えられた故障を検出するテストパターン（系列）が存在するか否か，存在するときはそのテストパターン（系列）を求めるアルゴリズムを**テスト生成アルゴリズム**という．ゲートレベルのテスト生成については第 9 章で詳しく述べる．レジスタ転送レベルのテスト生成

については 8.3 節で詳しく述べる．

　生成されたテストパターン（系列）集合で，最初に想定した故障のうちどれだけの故障が検出されるかを示す比率（％）を，**故障検出率**（fault coverage）と呼ぶ．故障検出率を計算するためには，生成されたテストパターン（系列）がどの故障を検出しているかを知る必要があり，これは故障シミュレーションで求められる．**故障シミュレーション**（fault simulation）は故障回路と正常回路に対して，テストを加えた場合の回路動作のシミュレーションを行ない，与えられたテストパターン（系列）がどの故障を検出するかを調べるものである．故障シミュレーションの方法については 9.4 節で述べる．

　故障シミュレーションにより評価された故障検出率が不十分である場合，さらに未検出の故障に対してテスト生成と故障シミュレーションを繰り返す．所望の故障検出率が達成されると，これまで生成されたテストパターンと故障シミュレーションの結果から故障診断に必要な故障辞書を作成する．

　テストパターン（系列）集合としては故障検出率が高いほど望ましい．しかし回路に冗長故障が含まれる場合，100％の故障検出率を達成することは不可能である．テストあるいはテスト生成の質を評価する別な尺度として**故障検出効率**（fault efficiency）がある．これは，最初に想定した故障のうち，テスト生成アルゴリズムでどれだけの故障のテストパターン（系列）を生成したかに加えてどれだけの故障を冗長と識別したかを示す比率（％）をいう．当然，故障検出効率が 100％のテストが最も望ましい最良のテストである．

## 8.3　レジスタ転送論理のテスト

　ここではコンピュータの CPU（中央処理部）を対象にレジスタ転送論理のテストについて述べる．レジスタ転送レベルでのテスト生成を系統的に示した方法に S.M. Thatte と J.A. Abraham の方法がある．この方法は本来マイクロプロセッサを対象としており，マイクロプロセッサの内部の詳細な情報なしにユーザに開放されている命令セットとマイクロプロセッサの構成の情報だけからテストプログラムを生成する方法である．対象とする故障は，8.1 節で述べた CPU の機械語命令レベルでの機能故障である．

　命令セットおよびレジスタなどのシステム構成が与えられると，それに対して**システムグラフ**（system graph，**S－グラフ**と呼ぶ）を作成する．S－グラフは，レジス

タを節点に対応させ，命令を有向枝に対応させたグラフである．

例として，表8.4に示す簡単な命令セットのS-グラフを図8.8に示す．レジスタ $R_1$, $R_2$, $R_3$ が節点に対応しており，表8.4の12個の命令のうち分岐命令の $I_9$, $I_{10}$ を除く10個の命令は有向枝として対応している．さらにシステムの入出力に相当する節点として In と Out が付加されている．S-グラフの対象は CPU であるので，CPU

表8.4 命令表

| 命令 | 機　能 |
|---|---|
| $I_1$ | 主メモリからレジスタ $R_1$ ヘロード |
| $I_2$ | 主メモリからレジスタ $R_2$ ヘロード |
| $I_3$ | レジスタ $R_1$ の内容をレジスタ $R_2$ へ転送 |
| $I_4$ | レジスタ $R_1$ と $R_2$ の加算結果をレジスタ $R_1$ へ転送 |
| $I_5$ | レジスタ $R_1$ の内容をレジスタ $R_3$ へ転送 |
| $I_6$ | レジスタ $R_3$ の内容をレジスタ $R_1$ へ転送 |
| $I_7$ | レジスタ $R_1$ の内容を主メモリへストア |
| $I_8$ | レジスタ $R_2$ の内容を主メモリへストア |
| $I_9$ | 分岐命令 |
| $I_{10}$ | レジスタ $R_1$ の内容が 0 ならスキップ |
| $I_{11}$ | レジスタ $R_1$ と $R_2$ の AND をレジスタ $R_1$ へ転送 |
| $I_{12}$ | レジスタ $R_1$ の内容を（ビット毎に）反転 |

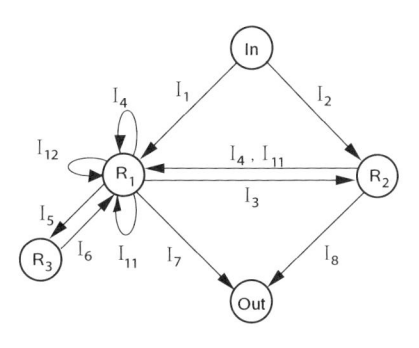

図8.8　機械語命令レベルのS-グラフの例

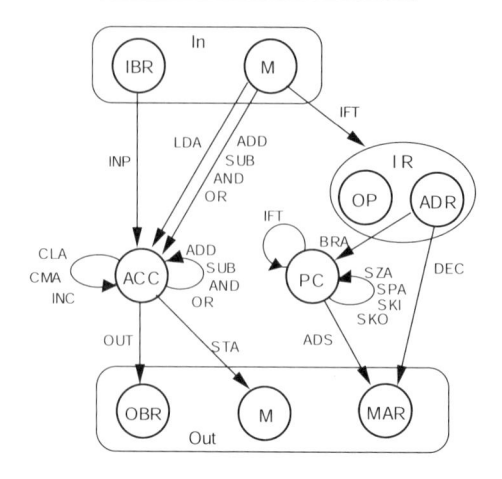

図8.9　マイクロ操作レベルのS-グラフの例

の外部となるのは記憶部と入出力部であり，これらはこの節点 In と Out に対応する．

どの命令に対してもそれを実行する際，常にプログラムカウンタと命令レジスタは動作する．したがって，図8.8のS-グラフにはプログラムカウンタや命令レジスタを含めていない．また，分岐命令の $I_9$, $I_{10}$ も S-グラフには含めていないが，これらはテスト生成の際には当然テストの対象として考える必要がある．

図8.8は各枝に機械語命令を対応させたS-グラフで，機械語命令レベルでのテストプログラムを作成する目的で利用するものである．そこではユーザに見えない命令レジスタやプログラムカウンタをS-グラフには含めていないが，システムのさらに詳細なマイクロ操作レベルでのCPUのレジスタ転送論理が知られているときには，マイクロ操作レベルでS-グラフを表現することができる．例えば，第7章で設計したモデルコンピュータのCPUのレジスタ転送論理（表7.2）から図8.9に示すマイクロ操作レベルのS-グラフを書くことができる．このS-グラフを用いてテスト生成を行なえば，マイクロ操作レベルでのテストプログラムを作成することができる．

S.M. Thatte と J.A. Abraham は，8.1節で述べた CPU に対する機能故障を対象に，命令レベルでのテストプログラムを作成する方法を示している．以下，表8.4の命令表と図8.8のS-グラフを例にとり，各機能故障をテストするテストプログラムの

作成について述べる。

## (1) レジスタ選択機能故障のテスト

　選択するレジスタを誤って別のレジスタを選択する機能故障としてつぎの故障を考える。レジスタ $R_i$ を選択するときに，(i)レジスタ $R_i$ の代わりに別のレジスタ $R_j$ を選択する故障，(ii)どのレジスタも選択しない故障，(iii)複数個のレジスタを選択する故障。

　レジスタを出力 Out に近いものから順に並べておきそれを Q とする。図 8.8 の S－グラフでは $Q=R_1R_2R_3$ がその 1 例である。集合 A を用意しておき，最初空であるが，Q から順に 1 つづつレジスタを A に取り出し，A に属するレジスタと Q の先頭のレジスタに異なるデータを書き込み読み出すことにより正しくレジスタが選択されているかをテストする。図 8.8 の S－グラフの例ではテストプログラムはつぎのようになる。ここで，ONE はすべてのビットが 1，ZERO はすべてのビットが 0 のテストデータである。

[テストプログラム例 1]

　$I_1$　（データは ONE）　　　/*　$A=\{R_1\}$ にデータ ONE を書き込む　*/
　$I_2$　（データは ZERO）　　/*　$Q=R_2R_3$ の先頭の $R_2$ にデータ ZERO を
　　　　　　　　　　　　　　　　　書き込む　*/
　$I_7$ ; $I_8$　　　　　　　　　　/*　$R_1$ と $R_2$ を読み出す　*/
　$I_1$　（データは ZERO）　　/*　$A=\{R_1, R_2\}$ にデータ ONE を，
　$I_5$　　　　　　　　　　　　　　$Q=R_3$ の先頭の $R_3$ にデータ
　$I_1$　（データは ONE）　　　　ZERO を書き込む　*/
　$I_2$　（データは ONE）
　$I_7$ ; $I_8$ ; $I_6$ ; $I_7$　　　　　　/*　$R_1$, $R_2$, $R_3$ を読み出す　*/

以上の操作をデータを反転して繰り返す。

## (2) 命令解読機能故障のテスト

　命令を実行する際，誤って命令を解読し別の命令を実行する機能故障としてつぎの故障を考える。命令 $I_i$ を実行すべきときに，(i)命令 $I_i$ の代わりに別の命令 $I_k$ を実行する故障（$f(I_i/I_k)$ と表す），(ii)命令 $I_i$ に加えて別の命令 $I_k$ も実行する故障（$f(I_i/I_i+I_k)$）

と表す),(iii)どの命令も実行しない故障（f($I_j$/f)と表す）。

[テストプログラム例2]

　図8.8のS-グラフにおいて，命令 $I_7$, $I_8$ を対象に故障 f($I_7$/f), f($I_8$/f), f($I_7$/$I_8$),
f($I_8$/$I_7$), f($I_7$/$I_7$+$I_8$), f($I_8$/$I_8$+$I_7$)をテストするプログラムはつぎのようになる。

　　$R_2$　（データは ZERO)　　　/*　$R_1$ に ZERO を書き込む　*/
　　$I_2$　（データは ONE)　　　　/*　$R_2$ に ONE を書き込む　*/
　　$I_7$ ; $I_8$　　　　　　　　　　/*　$R_1$ と $R_2$ を読み出す　*/

[テストプログラム例3]

　故障 f($I_8$/$I_8$+$I_6$)をテストするプログラムはつぎのようになる。

　　$I_1$　（データは ZERO)
　　$I_5$　　　　　　　　　　　　/*　$R_3$ に ZERO を書き込む　*/
　　$I_1$　（データは ONE)　　　 /*　$R_1$ に ONE を書き込む　*/
　　$I_2$ ; $I_7$　　　　　　　　　 /*　期待値はデータ ONE　*/
　　$I_6$ ; $I_7$　　　　　　　　　 /*　期待値はデータ ZERO　*/

[テストプログラム例4]

　故障 f($I_4$/$I_3$) または f($I_4$/$I_4$+$I_3$)をテストするプログラムはつぎのようになる。

　　$I_1$　（データは ONE)
　　$I_2$　（データは ZERO)
　　$I_4$ ; $I_8$　　　　　　　　　 /*　期待値はデータ ZERO　*/

[テストプログラム例5]

　故障 f($I_9$/$I_9$+$I_5$)をテストするプログラムはつぎのようになる。

　　$I_1$　（データは ZERO)
　　$I_5$　　　　　　　　　　　　/*　$R_3$ に ZERO を書き込む　*/
　　$I_1$　（データは ONE)　　　 /*　$R_1$ に ONE を書き込む　*/
　　$I_9$　（分岐先番地は LOC)
　　LOC : $I_6$ ; $I_7$　　　　　　 /*　期待値はデータ ZERO　*/

## 8.3 レジスタ転送論理のテスト

### (3) データ転送および記憶機能故障のテスト

レジスタ間のデータ転送が正しく行なわれないような機能故障やレジスタにデータが正しく記憶できなくなる機能故障のテストを考える。

表 8.4 における命令 $I_1$ と $I_7$ に関するデータ転送および記憶機能故障をテストするプログラムはつぎのようになる。ここでは転送経路のデータ幅は 8 ビットとする。

[テストプログラム例 6]

 $I_1$ （データは 1111 1111）; $I_7$
 $I_1$ （データは 1111 0000）; $I_7$
 $I_1$ （データは 1100 1100）; $I_7$
 $I_1$ （データは 1010 1010）; $I_7$

以上の操作をデータを反転して繰り返す。

つぎに ALU を通るデータ転送と記憶機能に関する故障を考えよう。図 8.8 と表 8.4 よりレジスタ $R_1$, $R_2$ と ALU をつなぐデータ転送経路をテストするプログラムはつぎのようになる。

[テストプログラム例 7]

 $I_1$ （データは 0000 0001）  /* $R_1$ に 0000 0001 を書き込む */
 $I_2$ （データは 0000 0000）  /* $R_2$ に 0000 0000 を書き込む */
 $I_4$ ; $I_7$           /* 期待値は 0000 0001 */
 $I_1$ （データは 0000 0010）  /* $R_1$ に 0000 0010 を書き込む */
 $I_2$ （データは 0000 0000）  /* $R_2$ に 0000 0000 を書き込む */
 $I_4$ ; $I_7$           /* 期待値は 0000 0010 */
    ⋮
 $I_1$ （データは 1000 0000）  /* $R_1$ に 1000 0000 を書き込む */
 $I_2$ （データは 0000 0000）  /* $R_2$ に 0000 0000 を書き込む */
 $I_4$ ; $I_7$           /* 期待値は 1000 0000 */
 $I_1$ （データは 0000 0000）  /* $R_1$ に 0000 0000 を書き込む */

$I_2$　（データは　0000　0001）　　　/*　$R_2$ に　0000　0001　を書き込む　*/
$I_4$；$I_7$　　　　　　　　　　　　　　/*　期待値は　0000　0001　*/
$I_1$　（データは　0000　0000）　　　/*　$R_1$ に　0000　0000　を書き込む　*/
$I_2$　（データは　0000　0010）　　　/*　$R_2$ に　0000　0010　を書き込む　*/
$I_4$；$I_7$　　　　　　　　　　　　　　/*　期待値は　0000　0010　*/

　　　　　　　　⋮

$I_1$　（データは　0000　0000）　　　/*　$R_1$ に　0000　0000　を書き込む　*/
$I_2$　（データは　1000　0000）　　　/*　$R_2$ に　1000　0000　を書き込む　*/
$I_4$；$I_7$　　　　　　　　　　　　　　/*　期待値は　1000　0000　*/

以上の操作をデータを反転して繰り返す。

　分岐命令に関係する転送経路のテストのプログラム例をつぎに示す．アドレスバスの幅は 16 ビットとする．

### [テストプログラム例 8]

$I_9$　（分岐先番地は　0000　0000　0000　0000）
$I_9$　（分岐先番地は　0000　0000　1111　1111）
$I_9$　（分岐先番地は　0000　1111　0000　1111）
$I_9$　（分岐先番地は　0011　0011　0011　0011）
$I_9$　（分岐先番地は　0101　0101　0101　0101）
以上の操作を分岐先番地を反転して繰り返す．

### (4) データ処理機能故障のテスト

　演算部での ALU やシフタの演算処理，割り込み処理，スタックポインタ，インデックスレジスタ，プログラムカウンタなどでの数え上げ，種々のアドレス方式でのアドレス計算，などの機能が正しく動作しなくなる機能故障を考える．これらの故障をテストするにはまず関連する部分のテストデータを作成し，それをオペランドとする命令の形でテストプログラムを作成する．例えば，加算機能をテストする場合，テストデータをまずレジスタ $R_1$, $R_2$ に設定しなければならないが，これはロード命

令 $I_1$, $I_2$ を用いて書ける。つぎに加算命令 $I_4$ を実行した後その演算結果を観測する必要があるが、これはストア命令 $I_7$ を用いて書ける。このようにオペランドの設定は種々の転送命令で供給することができ、データ処理を行なった結果も転送命令を用いて外部で観測することができる。

## 演習問題

8-1 図 8.10 の回路において、信号線の 0, 1 縮退故障ですべての単一故障を考える。この中に冗長故障があればすべて示せ。

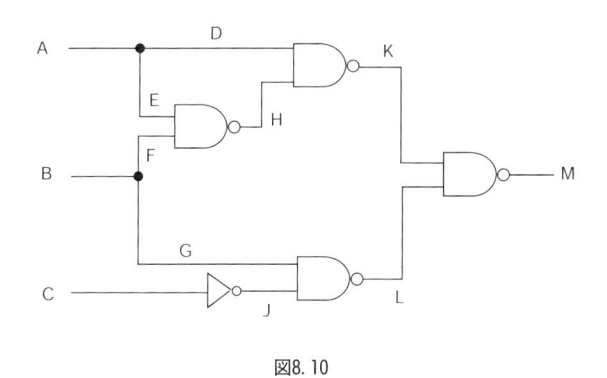

図8.10

8-2 図 8.10 の回路において、信号線の 0, 1 縮退故障ですべての単一故障を考える。等価故障をすべて示せ。
8-3 図 8.10 の回路において、信号線の 0, 1 縮退故障ですべての単一故障を考える。これらの故障の間の被覆関係をすべて示せ。
8-4 図 8.8 の S-グラフにおいて、命令 $I_5$ を対象に故障 $f(I_5/f)$ をテストするプログラムを作成せよ。
8-5 図 8.8 の S-グラフにおいて、命令 $I_5$, $I_6$ を対象に故障 $f(I_5/I_5+I_6)$ をテストするプログラムを作成せよ。
8-6 図 8.8 の S-グラフにおいて、命令 $I_9$, $I_{10}$ を対象に故障 $f(I_5/I_{10})$ をテストするプログラムを作成せよ。

8-7 図 8.9 の S-グラフにおいて,レジスタ PC と ADR に対するレジスタ選択機能故障をテストするプログラムをマイクロ操作レベルで記述せよ.

8-8 図 8.9 の S-グラフにおいて,マイクロ操作 LDA と ADD に対する命令解読機能故障 f(LDA/ADD) と f(ADD/LDA) をテストするプログラムをマイクロ操作レベルで記述せよ.

8-9 図 8.9 の S-グラフにおいて,マイクロ操作 LDA と STA に関するデータ転送および記憶機能故障をテストするプログラムをマイクロ操作レベルで記述せよ.

8-10 図 8.9 の S-グラフにおいて,マイクロ操作 BRA に関係する転送経路をテストするプログラムをマイクロ操作レベルで記述せよ.

# 第 9 章　テスト生成

## 9.1　ブール微分

$F(x_1, x_2, \cdots, x_n)$ を $n$ 変数論理関数とする。変数 $x_i$ に関する関数 $F$ の**ブール微分**（Boolean difference）は次式で定義される。

$$\frac{dF}{dx_i} = F(x_1, \cdots, x_i, \cdots, x_n) \oplus F(x_1, \cdots, \bar{x}_i, \cdots, x_n) \tag{9.1}$$

シャノンの展開定理より

$$F(x_1, \cdots, x_i, \cdots, x_n) = x_i F_i(1) \oplus \bar{x}_i F_i(0) \tag{9.2}$$

$$F(x_1, \cdots, \bar{x}_i, \cdots, x_n) = \bar{x}_i F_i(1) \oplus x_i F_i(0) \tag{9.3}$$

が成り立つ。ただし

$$F_i(1) = F(x_1, \cdots, x_{i-1}, 1, x_{i+1}, \cdots, x_n) \tag{9.4}$$

$$F_i(0) = F(x_1, \cdots, x_{i-1}, 0, x_{i+1}, \cdots, x_n) \tag{9.5}$$

である。したがって，先のブール微分は

$$\begin{aligned}\frac{dF}{dx_i} &= F(x_1, \cdots, x_i, \cdots, x_n) \oplus F(x_1, \cdots, \bar{x}_i, \cdots, x_n) \\ &= x_i F_i(1) \oplus \bar{x}_i F_i(0) \oplus \bar{x}_i F_i(1) \oplus x_i F_i(0) \\ &= F_i(1) \oplus F_i(0) \end{aligned} \tag{9.6}$$

と変形できる。

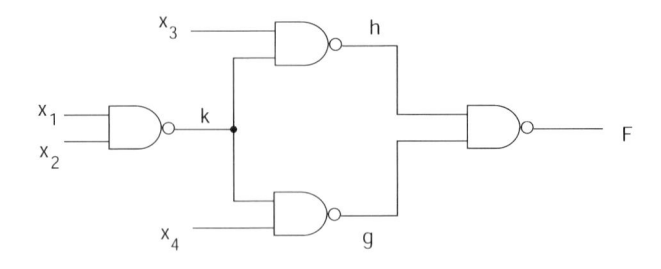

**図9.1** 回路例

図9.1の回路でブール微分を求めてみよう。出力の論理関数は

$$F = (\bar{x_1} + \bar{x_2})(x_3 + x_4) \tag{9.7}$$

である。$x_1$に関する$F$のブール微分を求めると

$$\begin{aligned}\frac{dF}{dx_1} &= F_1(1) \oplus F_1(0) \\ &= (x_3 + x_4) \oplus \bar{x_2}(x_3 + x_4) \\ &= x_2(x_3 + x_4)\end{aligned} \tag{9.8}$$

となる。他の入力変数$x_2$, $x_3$, $x_4$に関しても同様にブール微分を計算することができる。

さて、組合せ回路の出力関数を$F(x_1, x_2, \cdots, x_n)$とするとき、その入力線$x_i$が0に縮退する故障$\alpha$を考えよう。故障$\alpha$による故障関数$F_\alpha$は

$$\begin{aligned}F_\alpha(x_1, x_2, \cdots, x_n) &= F(x_1, \cdots, x_{i-1}, 0, x_{i+1}, \cdots, x_n) \\ &= F_i(0)\end{aligned} \tag{9.9}$$

である。したがって

$$F(X) \oplus F\alpha(X) = 1 \tag{9.10}$$

を満たす入力の組み合わせ$X = (x_1, x_2, \cdots, x_n)$がこの故障$a$を検出するテスト入力になる。この式は

$$
\begin{aligned}
F(X) \oplus F_\alpha(X) &= x_i F_i(1) \oplus \bar{x}_i F_i(0) \oplus F_i(0) \\
&= x_i F_i(1) \oplus \bar{x}_i F_i(0) \oplus (x_i \oplus \bar{x}_i) F_i(0) \\
&= x_i (F_i(1) \oplus F_i(0)) \\
&= x_i \frac{dF}{dx_i}
\end{aligned}
\tag{9.11}
$$

と変形できる。

したがって，入力変数 $x_i$ が 0 に縮退する故障 $x_i/0$ を検出するすべてのテストパターンの集合は，つぎのように表される。

$$
\{X \mid x_i \frac{dF}{dx_i} = 1\}
\tag{9.12}
$$

同様に，$x_i$ が 1 に縮退する故障 $x_i/1$ を検出するすべてのテストパターンの集合は

$$
\{X \mid \bar{x}_i \frac{dF}{dx_i} = 1\}
\tag{9.13}
$$

で表される。

式 (9.12)，(9.13) における項 $x_i$ や $\bar{x}_i$ を 1 にするのは，故障の存在を誤り信号として表に出すために必要であり，項 $\dfrac{dF}{dx_i}$ を 1 にするのは，その誤りを外部出力線まで伝搬させるために必要である。

再び図 9.1 の回路を考えてみよう。入力線 $x_1$ の 0 縮退故障を検出する入力パターンはつぎの式を満たす入力の組み合わせである。

$$
\begin{aligned}
x_1 \frac{dF}{dx_1} &= x_1 x_2 (x_3 + x_4) \\
&= x_1 x_2 x_3 + x_1 x_2 x_4
\end{aligned}
\tag{9.14}
$$

したがって，故障 $x_1/0$ のテストパターンは，$x_1 = x_2 = x_3 = 1$ と $x_1 = x_2 = x_4 = 1$ となる。

テストパターンとして $R$ を加えたとき，入力線 $x_1$ の 0 縮退故障の影響がどのように伝搬するかを見てみよう。故障がないとき $x_1 = 1$ であるが，故障が存在するとき $x_1 = 0$ となり，誤りが発生する。$x_2 = 1$ であるので，この誤りは NAND ゲートの出力 $k$ まで伝搬する。さらに，$x_3 = 1$ であるので，この誤りは信号線 $h$ まで伝搬する。$x_4 =$

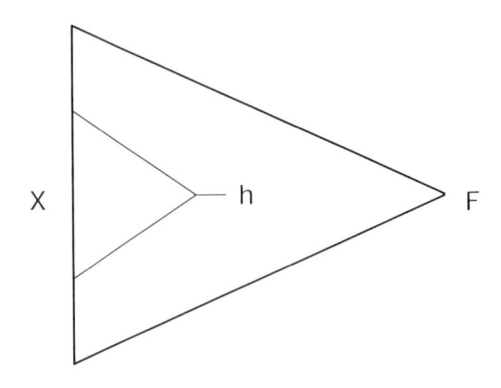

**図9.2** 内部信号線

0であるので，そのNANDゲートの出力$g$は1となり，$h$に伝搬した誤りは$F$へと伝搬する。このように，故障箇所$x_1$で発生した誤りが内部信号線$k$, $h$を通って出力$F$へと伝搬する。この経路$x_1 \to k \to h \to F$を**活性化された経路**（sensitized path）と呼ぶ。つぎに，$x_1=x_2=x_3=x_4=1$を加えたときを考えよう。このときは，$x_1 \to k \to h \to F$と$x_1 \to k \to g \to F$の2つの経路が同時に活性化されていることがわかる。このように，複数個の経路が同時に活性化されることを，**多重経路活性化**という。

つぎに，一般の回路内部の信号線の縮退故障を考えてみよう。図9.2の回路に対して，出力関数を$F(X)$，内部信号線を$h$とする。$h$は入力変数を用いて表現することができて，その関数を$h(X)$とする。出力関数$F$も，$h$を入力変数とみなして$X$と$h$の関数として表現することができる。その関数を$F^*$とする。すなわち

$$F^*(X, h) = F(X) \tag{9.15}$$

である。信号線$h$の0縮退故障を検出するには，$h$に信号値1を伝搬し，$h$の信号値の変化を出力線まで伝搬する必要がある。$h$を1にするためには$h(X)=1$，$h$の値を出力まで伝搬するためには$\dfrac{dF^*(X,h)}{dh}=1$とすればよい。したがって，$h/0$の故障のテストパターンの集合は

$$\{X \mid h(X) \dfrac{dF^*(X,h)}{dh} = 1\} \tag{9.16}$$

で表される。同様に，$h/1$の故障に対するテストパターンの集合は

$$\{X \mid \bar{h}(X) \frac{dF^*(X,h)}{dh} = 1\} \tag{9.17}$$

となる。

図 9.1 の回路における内部信号線 $h$ の 1 縮退故障を考えよう。出力関数は

$$F = (\bar{x}_1 + \bar{x}_2)(x_3 + x_4) \tag{9.18}$$

であるが，これは $x_1$, $x_2$, $x_4$, $h$ を用いてつぎのように表現することができる。

$$F^*(X) = (\bar{x}_1 + \bar{x}_2) x_4 + \bar{h} \tag{9.19}$$

ここで

$$h(X) = x_1 x_2 + \bar{x}_3 \tag{9.20}$$

である。

$$\begin{aligned}\frac{dF^*(X,h)}{dh} &= 1 \oplus (\bar{x}_1 + \bar{x}_2) x_4 \\ &= x_1 x_2 + \bar{x}_4\end{aligned} \tag{9.21}$$

したがって

$$\begin{aligned}\bar{h} \frac{dF^*}{dh} &= (\bar{x}_1 + \bar{x}_2) x_3 \bar{x}_4 \\ &= \bar{x}_1 x_3 \bar{x}_4 + \bar{x}_2 x_3 \bar{x}_4\end{aligned} \tag{9.22}$$

となり，$\bar{x}_1 x_3 \bar{x}_4$ および $\bar{x}_2 x_3 \bar{x}_4$ が故障 $h/1$ のテストパターンである。

　以上，ブール微分を用いてテストパターンを生成する方法を述べた。このように，ブール微分は故障検出の基本となる信号伝搬に関する基礎理論を与えるものである。ブール微分に基づくテスト生成の方法が提案されているが，回路を論理式（論理関数）で記述し，その論理式を用いてテストパターンを生成する方法であるため，論理式の変形等の処理に多くの時間がかかり，大規模な回路に対しては必ずしも実用的でない。次節以降では，回路を論理式で表現せずに，論理回路のトポロジカルな情報をもとに，論理図上での信号伝搬経路に基づいてテストパターンを生成する

方法を述べる。

## 9.2 組合せ回路のテスト生成

与えられた故障が冗長であるか否かを判定し，冗長でない故障であれば，それを検出するテストパターンを常に求めることができる完全なテスト生成アルゴリズムとして 1966 年 IBM の J.P. Roth により考案された **D アルゴリズム** (D-algorithm) がある。D アルゴリズムは，**D 算法** (D-calculus) と呼ばれるキューブ演算を用いて経路活性化を定式化したもので本質的には多重経路活性化を考慮したアルゴリズムである。D アルゴリズムを述べる前に二三の用語を定義しよう。

論理関数 $f$ に対して，$f$ と $\bar{f}$ の**主項** (prime implicant) をキューブで表現したものを $f$ の**基本キューブ** (primitive cube) という。図 9.3 に 2 入力の AND ゲートと OR ゲートの基本キューブを示す。AND ゲートに対しては，その関数 $f$ の主項は $x_1 x_2$ で，$\bar{f}$ の主項は $\bar{x}_1$ と $\bar{x}_2$ とである。OR ゲートに対する関数 $g$ の主項は $x_1$ と $x_2$ で，$\bar{g}$ の主項は $\bar{x}_1 \bar{x}_2$ である。図において印×はドントケアを示す。

信号値として，0，1，$t$ の他に，新しく D，$\bar{\text{D}}$ を導入する。D は故障がない場合 1，ある場合 0 を表し，$\bar{\text{D}}$ は故障がない場合 0，ある場合 1 を表す。論理素子 $E$ の論理関数を $f$ とし，$E$ における故障 $\alpha$ による故障関数を $f_\alpha$ としよう。$f$ および $\bar{f}$ の主項の集合を $\alpha_1$，$\alpha_0$ とし，$f_\alpha$ および $\bar{f}_\alpha$ の主項の集合を $\beta_1$，$\beta_0$ とする。**故障 $\alpha$ の基本 D キューブ** (primitive D-cube of fault?) はつぎのようにして求められる。出力に D が現われる故障 D キューブは，$\alpha_1$ と $\beta_0$ の入力の交差 $\cap_1$ すなわち共通部分をとることにより求まる。同様にして，出力に $\bar{\text{x}}$ が現われる故障 D キューブは $\alpha_0$ と $\beta_1$ の入力の交差 $\cap_1$ から求まる。

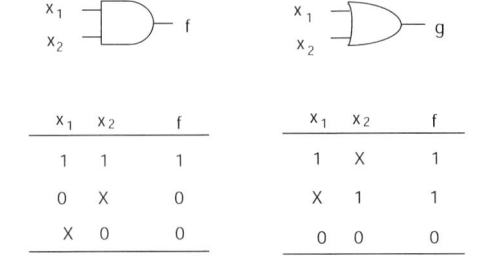

| $x_1$ | $x_2$ | f |
|---|---|---|
| 1 | 1 | 1 |
| 0 | X | 0 |
| X | 0 | 0 |

| $x_1$ | $x_2$ | f |
|---|---|---|
| 1 | X | 1 |
| X | 1 | 1 |
| 0 | 0 | 0 |

**図 9.3** 基本キューブ

## 9.2 組合せ回路のテスト生成

|   | 1 | 2 | 3 |            |
|---|---|---|---|------------|
|   | 1 | 1 | 1 | $\alpha_1$ |
|   | 0 | X | 0 |            |
|   | X | 0 | 0 | $\alpha_0$ |

(a) 1縮退故障 1→×—AND→3, 2→

(b)

| 1 | 2 | 3 |           |
|---|---|---|-----------|
| X | 1 | 1 | $\beta_1$ |
| X | 0 | 0 | $\beta_0$ |

(c)

| 1 | 2 | 3              |                            |
|---|---|----------------|----------------------------|
| 0 | 1 | $\overline{D}$ | $\alpha_0 \cap_1 \beta_1$  |

(d)

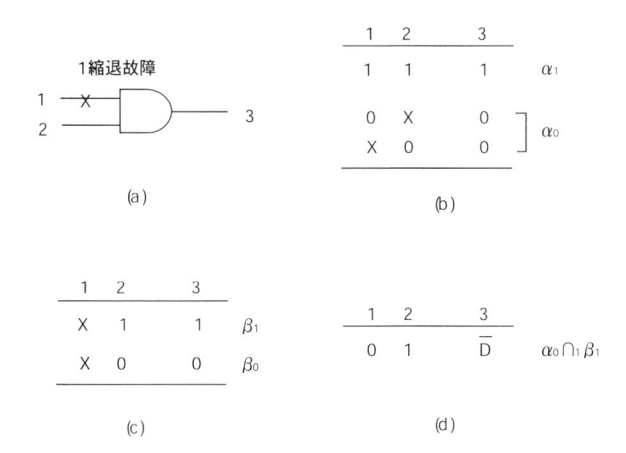

**図9.4** 故障の基本Dキューブ

図 9.4 (a)に示す 2 入力 AND ゲートの 1 番目の入力が 1 に縮退する故障を考えよう。$\alpha_1$, $\alpha_0$, $\beta_1$, $\beta_0$ を求めると図 9.4 (b), (c)のようになる。$\alpha_1$ と $\beta_0$ の交差は空である。$\alpha_0$ と $\beta_1$ のキューブに対しては，0X0 と X11 の交差が存在して

$$0X[0] \cap_1 X1[1] = 01[\overline{D}] \tag{9.23}$$

となる。

論理素子 $E$ の出力値が 1 (0) となる基本Dキューブおよびその部分キューブの集合を $\gamma_1$ ($\gamma_0$) とする。$\gamma_1$ と $\gamma_0$ に属するすべてのキューブの対について，つぎの規則に従う交差の演算 $\cap_2$ からを施して求まるキューブを論理素子 $E$ の **伝搬Dキューブ**（propagation D-cube）という。

$$0 \cap_2 0 = 0 \cap_2 X = X \cap_2 0 = 0$$
$$1 \cap_2 1 = 1 \cap_2 X = X \cap_2 1 = 1$$
$$X \cap_2 X = X$$
$$1 \cap_2 0 = D$$
$$0 \cap_2 1 = \overline{D} \tag{9.24}$$

例えば，図 9.5 の 2 入力 AND ゲートについて伝搬Dキューブを求めてみよう。

162　第9章　テスト生成

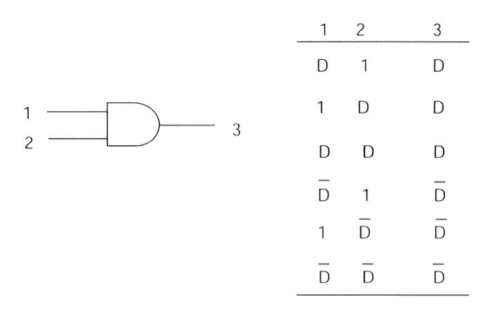

| | 1 | 2 | 3 |
|---|---|---|---|
| | D | 1 | D |
| | 1 | D | D |
| | D | D | D |
| | $\bar{D}$ | 1 | $\bar{D}$ |
| | 1 | $\bar{D}$ | $\bar{D}$ |
| | $\bar{D}$ | $\bar{D}$ | $\bar{D}$ |

**図9.5**　2入力 AND の伝搬 D キューブ

**表9.1**　座標の D 交差

| $\cap_3$ | 0 | 1 | X | D | $\bar{D}$ |
|---|---|---|---|---|---|
| 0 | 0 | $\phi$ | 0 | $\psi$ | $\psi$ |
| 1 | $\phi$ | 1 | 1 | $\psi$ | $\psi$ |
| X | 0 | 1 | X | D | $\bar{D}$ |
| D | $\psi$ | $\psi$ | D | D | $\psi$ |
| $\bar{D}$ | $\psi$ | $\psi$ | $\bar{D}$ | $\psi$ | $\bar{D}$ |

$\phi$ = 空　　$\psi$ = 無定義

$\gamma_1 = \{111\}$,　　$\gamma_0 = \{0X0, X00, 000\}$

　基本キューブ 111 と 0X0 からは，$111 \cap_2 0X0 = D1D$，$0X0 \cap_2 111 = \bar{D}1\bar{D}$ の伝搬 D キューブが求まる．同様にして，$111 \cap_2 X00 = 1DD$，$X00 \cap_2 111 = 1\bar{D}\bar{D}$，$111 \cap_2 000 = DDD$，$000 \cap_2 111 = \bar{D}\bar{D}\bar{D}$ の伝搬 D キューブが求まる．

　論理素子の伝搬 D キューブを用いて活性化経路を求めるために，つぎのような D キューブ間の交差をとる D 交差を導入する．

　$\alpha$ と $\beta$ を D キューブとする．$\alpha$ と $\beta$ の各座標について，表9.1 の規則に従う2項演算 $\cap_3$ を行ない

(1)　いずれかの座標で $\phi$ となるならば，$\alpha \cap_3 \beta = \phi$

(2)　いずれかの座標で $\psi$ となるならば，$\alpha \cap_3 \beta = \psi$

(3)　どの座標でも $\phi$，$\psi$ でないならば，その2項演算の結果を $\alpha \cap_3 \beta$

## 9.2 組合せ回路のテスト生成

として定義する。これを **D 交差** (D-intersection) と呼ぶ。
例えば

$$D1X0X \cap_3 D11X\overline{D} = D110\overline{D}$$
$$1XDX1 \cap_3 10D00 = \phi$$
$$1D1X\overline{D} \cap_3 1X\overline{D}DX = \psi \tag{9.25}$$

となる。

以上の準備のもとに,与えられた故障に対するテストパターンを生成する D アルゴリズムをつぎに示す。

## D アルゴリズム

(1) 与えられた故障の基本 D キューブを一つ選択してテストキューブとする。この基本 D キューブに対して以下の操作を行うが,必要となればバックトラックを行い,他の基本キューブを選択して以下の操作を行う。

(2) 故障の基本 D キューブの設定により,この値を記述する。この操作を**含意操作** (implication) という。含意操作はその時点でのテストキューブと各論理素子の基本キューブとの D 交差により行う。含意操作は論理素子の基本キューブが一意的に選択される限り,回路の入力側へ (後方操作) あるいは出力側へ (前方操作) とこの操作を続ける。ある時点での含意操作で不一致が生じた場合は,手前の選択点へ戻り他の選択を行う。

(3) 出力線に値がまだ記述されておらず,いずれかの入力線に D 又は !4 が記述された論理素子の集合を **D フロンティア** (D-frontier) という。D フロンティアの中から論理素子を一つ選び,その素子の伝搬 D キューブの一つを選択し,テストキューブと D 交差をとる。これを **D 駆動** (D-drive) という。D 交差が空となり失敗する場合は,手前の選択点へバックトラックする。

(4) D 駆動後,(2) と同じ含意操作を行う。

(5) (3) と (4) の操作を,故障の基本 D キューブの D ($\overline{D}$) が回路の出力側に伝搬するまで繰り返す。

(6) D 駆動で得られたテストキューブでは,出力値が記述されているが入力値が記述されていない論理素子が存在する。このような素子に対して,その論理素子

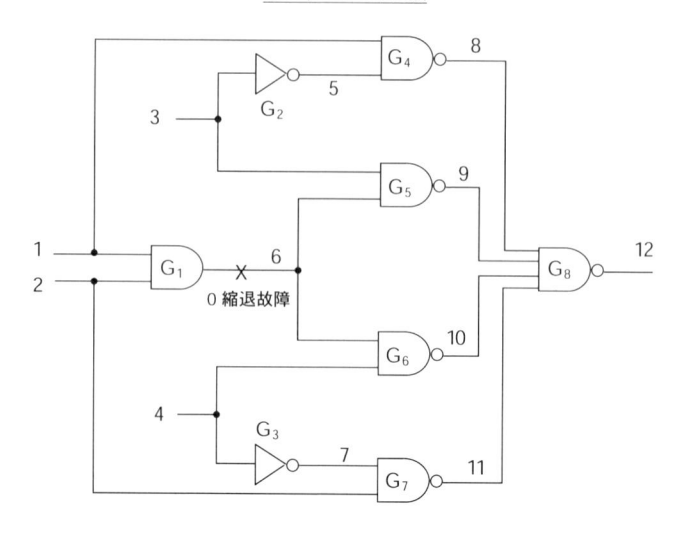

**図9.6** 回路例

の基本キューブとテストキューブとのD交差を行い，入力線の値を決定していく．この操作を**一致操作**（consistency operation）という．すべての論理素子の出力に，その値が正しく印加されるような入力の組み合わせになるまで一致操作を繰り返す．

図9.6に示す回路において，ゲート$G_1$の出力信号線6の0縮退故障を考えよう．初期テストキューブ$tc^0$は

$$\begin{array}{c|cccccccccccc} & 1 & 2 & 3 & 4 & 5 & 6 & 7 & 8 & 9 & 10 & 11 & 12 \\ \hline tc^0= & X & X & X & X & X & X & X & X & X & X & X & X \end{array} \qquad (9.26)$$

である．この故障の基本Dキューブは

$$\begin{array}{c|ccc} & 1 & 2 & 6 \\ \hline & 1 & 1 & D \end{array}$$

であるので，これを初期テストキューブ$tc^0$とのD交差を取ると

$$
\begin{array}{c|cccccccccccc}
 & 1 & 2 & 3 & 4 & 5 & 6 & 7 & 8 & 9 & 10 & 11 & 12 \\
\hline
tc^1 = & 1 & 1 & X & X & X & D & X & X & X & X & X & X
\end{array}
\tag{9.27}
$$

となる．この時点でのテストキューブの D フロンティアは $\{G_5, G_6\}$ である．ここでは，最初に $G_5$ を選んで D 駆動を行う．従って，伝搬 D キューブ

$$
\begin{array}{c|ccc}
 & 3 & 6 & 9 \\
\hline
pdc^1 = & 1 & D & \overline{D}
\end{array}
\tag{9.28}
$$

と $tc^1$ を D 交差して

$$
\begin{array}{c|cccccccccccc}
 & 1 & 2 & 3 & 4 & 5 & 6 & 7 & 8 & 9 & 10 & 11 & 12 \\
\hline
tc^2 = tc^1 \cap_3 pdc^1 = & 1 & 1 & 1 & X & X & D & X & X & \overline{D} & X & X & X
\end{array}
\tag{9.29}
$$

となる．D 駆動の後は，含意操作に移り，ゲート $G_2$ の基本キューブと次のように D 交差を行う．

$$
\begin{array}{c|cccccccccccc}
 & 1 & 2 & 3 & 4 & 5 & 6 & 7 & 8 & 9 & 10 & 11 & 12 \\
\hline
tc^2 = & 1 & 1 & 1 & X & X & D & X & X & \overline{D} & X & X & X \\
sc^1 = & & & & 1 & 0 & & & & & & & \\
tc^3 = tc^2 \cap_3 sc^1 = & 1 & 1 & 1 & X & 0 & D & X & X & \overline{D} & X & X & X
\end{array}
\tag{9.30}
$$

これはさらに含意操作でき，ゲート $G_4$ の基本キューブと次のように D 交差する．

$$
\begin{array}{c|cccccccccccc}
 & 1 & 2 & 3 & 4 & 5 & 6 & 7 & 8 & 9 & 10 & 11 & 12 \\
\hline
tc^3 = & 1 & 1 & 1 & X & 0 & D & X & X & \overline{D} & X & X & X \\
sc^2 = & 1 & & & & 0 & & & 1 & & & & \\
tc^4 = tc^3 \cap_3 sc^2 = & 1 & 1 & 1 & X & 0 & D & X & 1 & \overline{D} & X & X & X
\end{array}
\tag{9.31}
$$

この時点での D フロンティアは $\{G_6, G_8\}$ である．$G_8$ を選んで $G_8$ の伝搬 D キューブと $tc^4$ の D 交差を取ると

|  | 1 | 2 | 3 | 4 | 5 | 6 | 7 | 8 | 9 | 10 | 11 | 12 |
|---|---|---|---|---|---|---|---|---|---|---|---|---|
| $tc^4 =$ | 1 | 1 | 1 | X | 0 | D | X | 1 | $\bar{D}$ | X | X | X |
| $pdc^2 =$ |  |  |  |  |  |  |  | 1 | $\bar{D}$ | 1 | 1 | D |
| $tc^5 = tc^4 \cap_3 pdc^2 =$ | 1 | 1 | 1 | X | 0 | D | X | 1 | $\bar{D}$ | 1 | 1 | D |

(9.32)

となる．含意操作により，信号線2が値1であるので信号線11の値1から信号線7が0となり，信号線6がDであるので信号線10の値1から信号線4が0に含意される．ここで$G_3$の入出力が共に0となり，どの基本キューブとD交差を行っても一致しないので，バックトラックしなければならない．この場合，テストキューブ$tc^5$でDフロンティア$\{G_6, G_8\}$の時点へ戻る．先には$G_8$を選択したが，今回は$G_6$を選択しよう．$G_6$の伝搬DキューブとD交差を行うと

|  | 1 | 2 | 3 | 4 | 5 | 6 | 7 | 8 | 9 | 10 | 11 | 12 |
|---|---|---|---|---|---|---|---|---|---|---|---|---|
| $tc^5 =$ | 1 | 1 | 1 | X | 0 | D | X | 1 | $\bar{D}$ | X | X | X |
| $pdc^3 =$ |  |  | 1 |  | D |  |  |  | $\bar{D}$ |  |  |  |
| $tc^6 = tc^5 \cap_3 pdc^3 =$ | 1 | 1 | 1 | 1 | 0 | D | X | 1 | $\bar{D}$ | $\bar{D}$ | X | X |

(9.33)

を得る．含意操作を続けることにより，次のテストキューブが求められる．

|  | 1 | 2 | 3 | 4 | 5 | 6 | 7 | 8 | 9 | 10 | 11 | 12 |
|---|---|---|---|---|---|---|---|---|---|---|---|---|
| $tc^7 =$ | 1 | 1 | 1 | 1 | 0 | D | 0 | 1 | $\bar{D}$ | $\bar{D}$ | 1 | D |

(9.34)

従って，信号線6の0縮退故障のテストパターンは1111となる．

### PODEMアルゴリズム

Dアルゴリズムは誤り訂正／変換回路のようなEORゲートの多い回路に対してはバックトラックが多く発生し効率が悪い．これを改善するために**PODEM**（Path Oriented Decision Making）**アルゴリズム**が1981年IBMのP. Goelによって考案されている．その概略フローチャートを図9.7に示す．

まず，一つの外部入力端子を選びその値を0又は1に決める．値のまだ決めていない入力端子の値は未定値Xとし，これらの値で一意的に決まる内部信号線の値を

## 9.2 組合せ回路のテスト生成

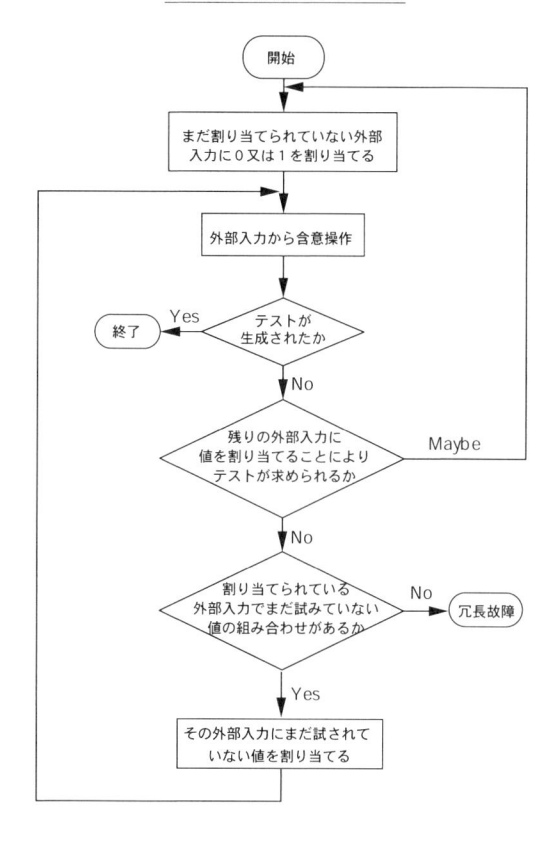

```
                    ┌─────────┐
                    │  開始   │
                    └────┬────┘
                         ↓  ←─────────────────┐
         ┌──────────────────────────┐          │
         │ まだ割り当てられていない外部 │          │
         │ 入力に0又は1を割り当てる  │          │
         └──────────────┬───────────┘          │
                        ↓  ←────────┐          │
              ┌──────────────────┐  │          │
              │ 外部入力から含意操作│  │          │
              └─────────┬────────┘  │          │
   ┌────┐  Yes   ┌──────────┐       │          │
   │終了│←──────│ テストが  │       │          │
   └────┘       │生成されたか│       │          │
                └─────┬────┘        │          │
                      │No           │          │
                      ↓             │          │
              ┌──────────────┐      │          │
              │残りの外部入力に│ Maybe│          │
              │値を割り当てる ├──────┘          │
              │ことにより   │                 │
              │テストが求め  │                 │
              │られるか   │                 │
              └─────┬────┘                    │
                    │No                       │
                    ↓                         │
              ┌──────────────┐   No  ┌──────┐  │
              │割り当てられて ├──────→│冗長故障│  │
              │いる外部入力で │       └──────┘  │
              │まだ試みていな │                  │
              │い値の組み合わ │                  │
              │せがあるか   │                  │
              └─────┬────┘                    │
                    │Yes                      │
                    ↓                         │
         ┌──────────────────────────┐          │
         │ その外部入力にまだ試されて │──────────┘
         │ いない値を割り当てる    │
         └──────────────────────────┘
```

図9.7 PODEM アルゴリズム

含意操作により決定する．故障箇所に反対の値が伝搬すれば，故障信号 D, $\overline{\mathrm{D}}$ を割り当てる．外部出力端子に D 又は $\overline{\mathrm{D}}$ が伝搬するように，まだ値の割り当てられていない外部入力端子に値を割り当てていく．外部出力に D, $\overline{\mathrm{D}}$ が伝搬すればそのときまでに定めた外部入力変数の値が仮定故障に対するテストパターンとなる．含意操作において矛盾や不一致が発生すれば，別の入力割当の可能性があるか調べ，可能性があればその一つを選んで含意操作を繰り返す．他の可能性が存在しない場合は，仮定した故障は冗長故障となり，テスト生成を終える．

このように，PODEM アルゴリズムは回路の外部入力に値を割当て含意操作で故障信号を外部出力へ伝搬しようとするものでバックトラックは外部入力線でのみ発生する．これに対して，D アルゴリズムでは内部信号線に値を割り当てていくので，

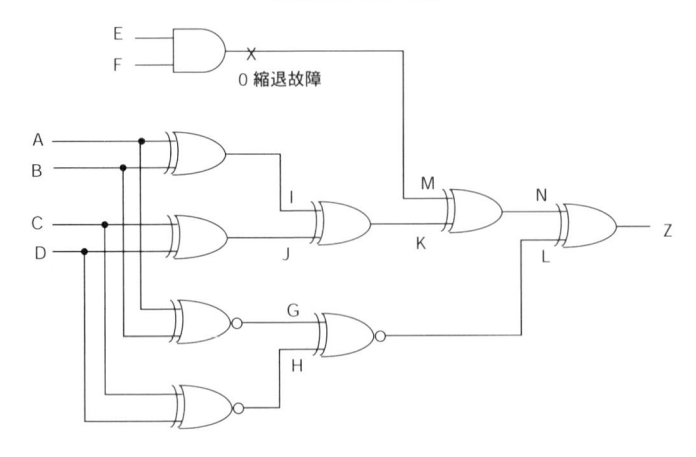

図9.8 EORゲートの多い回路

内部信号線でバックトラックが発生する。一般に内部信号線数は外部入力線数より多いので，DアルゴリズムのほうがPODEMよりバックトラックの発生が多くなる。このことを，簡単な例を用いて説明する。

図9.8の回路において，信号線Mの0縮退故障を検出するテストパターンを求める。Dアルゴリズムで求めると，まずE=F=1，M=Dが割り当てられる。さらに出力側にD駆動するために，K=1を割り当てる。ここでK=0でもよいので，K=1で失敗したときにK=0を再試行（バックトラック）できるようにK=0をスタックメモリに蓄えておく。これを判定木の形で示したのが，図9.9である。図において，開始からの最初の枝分れは，K=0とK=1である。ここでは，K=1を選び先に進む。図9.8において，K=1と割り当てることによりN=$\bar{D}$と故障信号が伝搬する。さらにD駆動するために，Lに値を割り当てるわけであるが，ここでもL=0とL=1の2つの選択が可能であり，図9.9のようにここではL=1を選びL=0をスタックに蓄えておく。L=1と割り当てることによりZ=Dとなり外部出力に故障信号が伝搬する。つぎに一致操作に移り，K=1とするためにIとJの値を決める。(I=1, J=0)と（I=0, J=1）の2つの選択が可能であり，ここでは図9.9に示すように（I=1, J=0）を選ぶ。同様にしてK=1とするために（G=1, H=1）を選ぶ。J=0とするために（C=0, D=0）を選び，I=1とするために（A=1, B=0）を選ぶ。この時点で，A=1, B=0, C=0, D=0よりG=0, H=1となり（G=1, H=1）に矛盾する。バックトラックが発生して1つ判定木を戻り，つぎに（A=0, B=1）が選ばれるが，

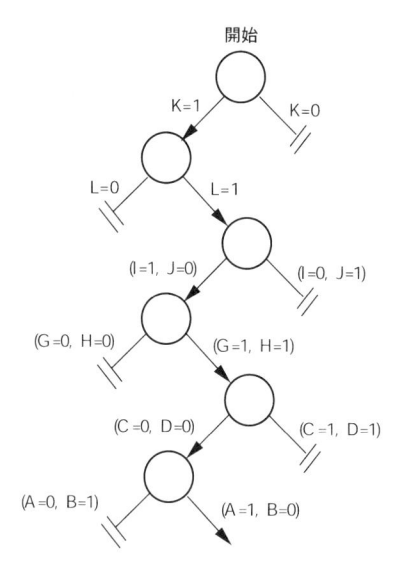

図9.9 Dアルゴリズムでの判定木

依然 G＝0，H＝1 となり (G＝1，H＝1) に矛盾する。さらに判定木をさかのぼり，(C＝1，D＝1) を選びなおして行く。このようにして D アルゴリズムでは各 EOR ゲートにおいてバックトラックが多発する。

つぎに PODEM アルゴリズムでテストパターンを求めてみよう。E＝F＝1 が割り当てられ，M＝D となるところまでは同じである。つぎに D 駆動するために経路 K→I→A を通って後方追跡を行ない，入力信号線 A に値を割り当てる。図9.10 に示すように A＝0 を割り当て，A＝1 をスタックに蓄えておく。E＝F＝1，A＝0 から含意操作を行なっても D 駆動されないので，さらに入力値を決めるために後方追跡を続行する。経路 K→I→B を通って後方追跡を行ない，入力信号線 B に値を割り当てる。図9.10 に示すように B＝1 を割り当て，B＝0 をスタックに蓄えておく。ここでも E＝F＝B＝1，A＝0 からの含意操作で D 駆動されないので後方追跡を続行する。図9.10 に示すように，C＝0，D＝1 と入力値が割り当てられた時点で，A＝0，B＝1，C＝0，D＝1，E＝1，F＝1 と外部入力に値が割り当てられ，これを含意操作することにより，I＝1，J＝1，G＝0，H＝0，K＝0，L＝1，N＝D，Z＝$\overline{D}$ となる。これでテストパターンが生成されたことになり，PODEM ではバックトラックの回数が 0 でテストパターンを生成することができた。

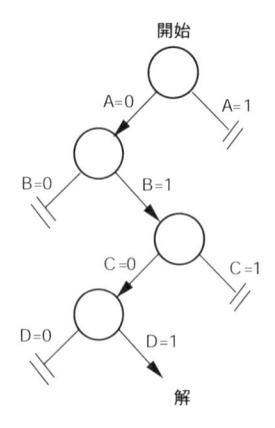

**図9.10** PODEMでの判定木

## FANアルゴリズム

一般に，テスト生成アルゴリズムの高速化のためには，

(1) バックトラックの発生回数を減らすこと
(2) バックトラック間の処理を高速化すること

が必要である．DアルゴリズムやPODEMのような分枝限定法によるアルゴリズムでは判定木において現在の節点から下位には解が存在しないことが分かった場合，すぐ上位の接点にもどり別の枝を選択する．このバックトラックの発生回数を減らすためには，

(1) ある時点でいくつかの選択が存在する場合，解の存在確率，即ち成功率の高いほうを選び進む．このために，種々の発見的手法を採用することができる．

(2) 判定木のある接点で，それより下位にいくら進んでも解が存在しない場合，それを早期に発見する．このためには，各接点で選択の余地なしに一意的に決まる値はできるだけ多く決めるとよい．この点に関してPODEMでは，十分な考慮がなされておらず，不必要なバックトラックを多く行うことになる．以上の点を考慮して，筆者らは1983年，バックトラックの発生回数を減らすために種々の発見的技法を採用した **FANアルゴリズム**（Fan-out Oriented Test Generation Algorithm）を考案した．

FANアルゴリズムの特長を列挙すると

(1) Dアルゴリズムでは回路内部の各素子において値を割り当てているので各素

子においてバックトラックが発生する可能性がある．PODEMでは外部入力にだけ値を割り当てているので外部入力でのみバックトラックが発生する可能性がある．FANでは，バックトラックの発生を減らすために，先頭信号線および分岐点でのみ値を割り当てているので，先頭信号線，分岐点でのみバックトラックが発生する可能性がある．

ここで先頭信号線はつぎのように定義する．いずれかの分岐点から到達可能な信号線を**束縛信号線**（bound line）と呼び，これに隣接する非束縛信号線を**先頭信号線**（head line）と呼ぶ．例えば，図9.11の回路において，信号線A1, A2, B1, B2, M1, M2, N1, N2, P, P1, P2, Q, R, S, T, U, V, Wは束縛信号線で，それに隣接する非束縛信号線A, B, M, Nが先頭信号線である．

(2) 各時点で一意的に決まる値はできるだけ多く決める．PODEMでは，外部入力線に値を割当て，その含意操作で内部信号線の値を決定していくが，内部信号線でも一意的に値が決まる場合は積極的に値を割り当てることによりバックトラックを減らすことができる．

(3) Dフロンティアが唯一の場合，そのDフロンティアから外部出力に至るどの経路も，ある部分経路を必ず通るとき，その部分経路を活性化するために経路上の

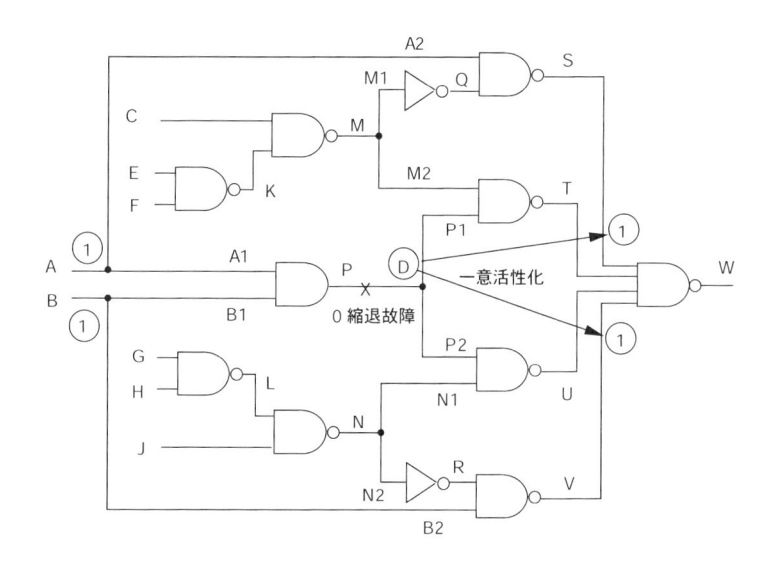

**図9.11** FANでのテスト生成

各素子入力に値を割り当てる。これを，**一意活性化**（unique sensitization）という。この操作も，一意的に決まる値をできるだけ多く決め，解の不在を早期に発見するのに役立つ。

(4) 内部信号線に所望の値を設定するためにはどの外部入力にどの値を割り当てるとよいかを決めるのに，PODEM ではその内部信号線から外部入力に至る一つの経路に沿って後方追跡しているが，これを拡張して，FAN では複数個の経路に沿った**多重後方追跡**（multiple backtrace）を行う。

FAN では，このような技法と発見的手法を駆使することにより，PODEM よりさらにバックトラックを減らすのに成功している。D アルゴリズム，PODEM, FAN を比較するために，図 9.11 の回路の信号線 P が 0 に縮退する故障について各アルゴリズムでテストパターンを求めてみよう。

D アルゴリズムでは図 9.6 の回路で説明したのとほぼ同じ結果となり，図 9.12 (a) に示すように一度だけバックトラックが発生する。

PODEM では図 9.12 (b)に示すように，まず故障信号 D を発生するために A＝1, B＝1 が割り当てられ図のようにスタックに蓄えられる。信号線 P に発生した故障信号 D をさらに出力側に D 駆動する。ここではまず信号線 T に D 駆動することを考える。そのために経路 T → M2 → M → C を通って後方追跡を行ない C＝0 を割り当てる。含意操作により T＝$\bar{D}$, Q＝0, S＝1 となる。つぎに信号線 W に D 駆動することを考え，経路 W → U → N1 → N → J を通って後方追跡を行ない J＝1 を割り当てる。さらに経路 W → U → N1 → N → L → G を通って後方追跡を行ない G＝0 を割り当てる。A＝1, B＝1, C＝0, J＝1, G＝0 から含意操作により L＝1, N＝0, U＝1, R＝1, V＝0, W＝1 となり故障伝搬に失敗する。図 9.12 (b)に示すようにバックトラックが 2 回発生し，最終的に A＝1, B＝1, C＝0, J＝1, G＝1, H＝1 でテストパターンが求められる。

FAN では最初は PODEM と同じように，A＝1, B＝1 と割り当て故障信号（P＝D）の発生に成功する。つぎに一意活性化の操作により信号線 S と V に 1 を割り当てる目標を設定する。(S＝1, V＝1) の目標を達成するために，多重後方追跡により経路 S → Q → M1 → M と経路 V → R → N2 → N の 2 つの経路を通って先頭信号線 M と N に値 1 を割り当てる（図 9.12 (c)参照）。A＝1, B＝1, M＝1, N＝1 から含意操作により，M1＝1, Q＝0, S＝1, M2＝1, T＝$\bar{D}$, N2＝1, R＝0, V＝1, N1＝1, U＝$\bar{D}$, W＝D となる。これで外部出力まで故障信号を伝搬することに成功する。残りの先頭

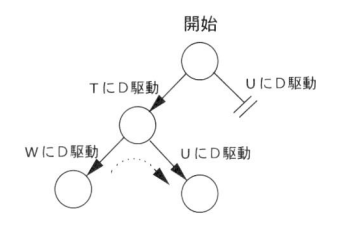

9.2 組合せ回路のテスト生成　173

(a) Dアルゴリズム

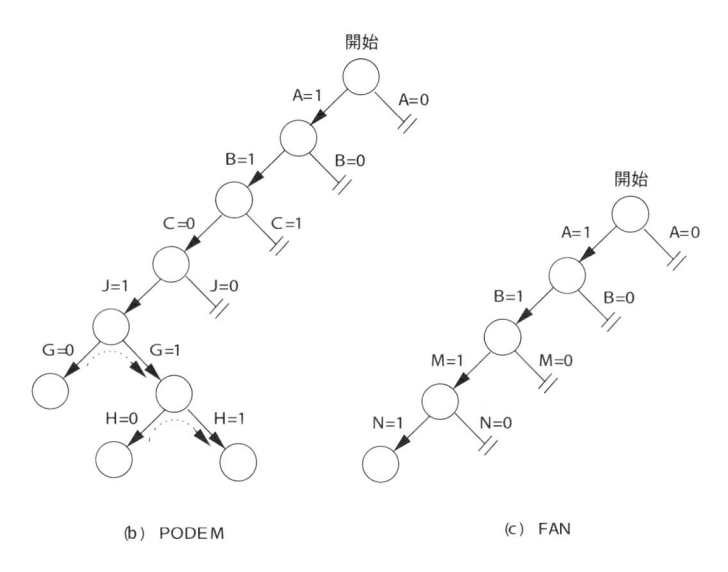

(b) PODEM

(c) FAN

図9.12　判定木

信号線に値を設定するのは常にバックトラックなしに行なうことができる。この例ではM=1, N=1とするにはC=0, J=0とすればよい。以上によりテストパターンが求められる。このようにFANではバックトラックが発生していない。

### SOCRATES

アルゴリズムの効率を向上させる（バックトラックの発生を減少させる）技法は、次の二つに分類できる。

(1) 確実にバックトラックの発生を減らす**決定的**（deterministic）**技法**
(2) 平均的にバックトラックの発生を減らす可能性の高い**発見的**（heuristic）**技法**

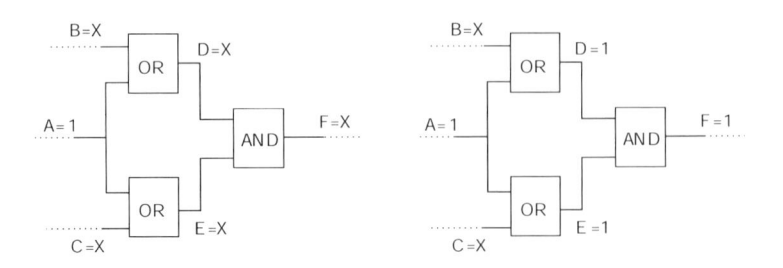

**図9.13** A＝1からの学習操作

FAN アルゴリズムにおける先頭信号線での値の割当，含意操作，一意活性化等は前者に相当し，多重後方追跡等は後者に当たる．FAN アルゴリズムでの含意操作や一意活性化の操作を拡張し，さらにバックトラックの発生を減らすことができる効率の良いアルゴリズムが 1988 年 M.H. Schulz により考案され，**SOCRATES** と呼ばれる自動テスト生成システムに組み込まれている．そこでの主な技法である**学習**（learning）による拡張含意操作と拡張一意活性化の操作を次に紹介する．

図 9.13 に学習操作の例を示す．左の回路の状態において A＝1 を代入すると右の回路の状態のように F＝1 となる．すなわち

$$(A=1) \Rightarrow (F=1)$$

が真となる．この対偶をとって

$$(F=0) \Rightarrow (A=0)$$

も真となる．結果として，「A＝1 を代入すると F＝1 となる」ことから「F＝0 ならば A＝0 である」という含意を学習したことになる．

図 9.14 の左の回路において，AND ゲートの出力 F を 0 にするにはその入力の D または E のいずれかを 0 とすればよい．しかし，これはこの AND ゲートだけを見ているかぎり一意的に決まらない．しかし，先の学習により「F＝0 ならば A＝0 である」という含意操作を施せば一意的に右の回路の状態にすることができる．これを，学習による**拡張含意操作**という．

図 9.15 の回路において，D フロンティアが唯一つの場合，信号線 H は必ず活性化される必要がある．したがって，E＝1 は一意的に割り当てるべきものと考えられる．

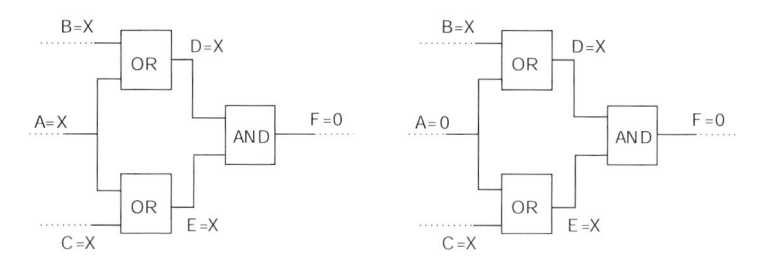

**図9.14** F＝0からの拡張含意操作

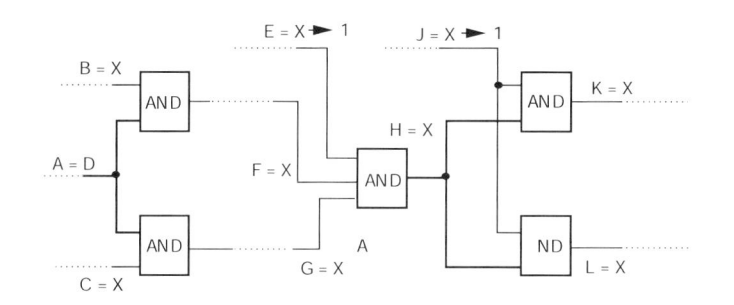

**図9.15** 拡張された一意活性化操作

この操作をFANアルゴリズムにおける一意活性化と呼ぶ。SOCRATESではこの一意活性化をつぎのようにさらに拡張している。図9.15の回路において，信号線Hは活性化されるが，さらにそれは信号線K又はLを通して活性化されねばならない。そのいずれの信号線を活性化するにしても信号線Jを1とする必要がある。この割当J＝1は拡張一意活性化の一例であるが，このように一意的に活性化すべきものを，局所的だけではなく大局的に見ることにより拡張したものを**拡張一意活性化**と呼ぶ。

SOCRATESでは，テスト生成の始まる前処理として行う**静的学習**（static learning）による拡張含意操作や静的拡張一意活性化の他，テストパターンを生成中の状態から動的に学習する**動的学習**（dynamic learning）による拡張含意操作や動的一意活性化等の操作を駆使してバックトラックの発生をFANアルゴリズムより減らすのに成功している。

SOCRATES以降も多くのテスト生成アルゴリズムが提案されている。現在最も高速で効率のよいテスト生成アルゴリズムとしては，2002年にE. Gizdarskiと筆者が

発表した SPIRIT を挙げることができる。

## 9.3 順序回路のテスト生成

順序回路の故障を検出するテスト系列を求める問題は古くから考えられており，その一つに順序回路の**同定問題**（identification problem）としてテスト系列を求める方法がある。これは順序回路を状態遷移表で表現し，その状態遷移表を一意的に表現する入出力系列を求め，その系列をもってテスト系列とする方法である。故障により異なった状態遷移表に変化するものとすれば，正しい状態遷移表と正しくない状態遷移表を区別する入出力系列が，故障検出のためのテスト系列になり，正しい状態遷移表や正しくない多くの状態遷移表の中から，テストされている順序回路の状態遷移表を同定する入出力系列が，故障診断のためのテスト系列になる。

同定問題として順序回路のテスト系列を生成することは，理論的には興味ある方法であるが，一般にテスト生成に多くの時間がかかり，またそのテスト系列は長くなり実用的なものではない。実用化を目指した一つの方法として，順序回路の時間展開による方法がある。これは，図 9.16 に示すように，順序回路のフィードバックループの情報を時間的に展開し，全体としてループのない組合せ回路として考えようとする方法である。繰り返し展開の回数を十分大きくすれば，順序回路と等価なものが得られるが，テストという立場からすれば，テスト系列生成に必要な回路だけ展開すればよい。このように考えることによって，順序回路の問題が組合せ回路の問題に帰着されるが，同一部分が繰り返し現われることにより，多重故障の問題を考えなければならなくなるなど新たな問題が生じる。以下では，時間展開による順序回路のテスト生成として，**拡張 D アルゴリズム**について説明する。対象とする順序回路は同期式回路に限定する。

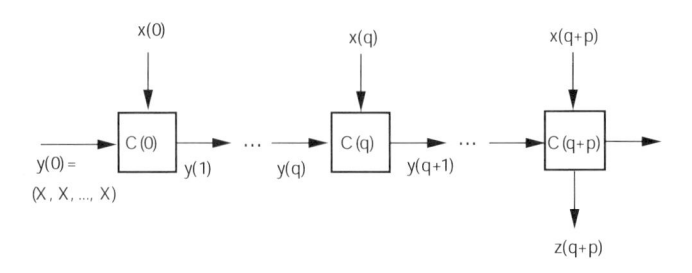

**図9.16** 同期式順序回路の時間展開とテスト系列

## 9.3 順序回路のテスト生成

図 9.16 は同期式順序回路を時間展開したものである。各回路 C(i)(以下，セルと呼ぶ)は，時刻 i に対応する順序回路の組合せ回路部に対応し，x(i) はその時刻の入力を表す。y(i), y(i+1) は各々，時刻 i, i+1 の内部状態に対応しており，セル C(i) の疑似入力，疑似出力と呼ぶ。

テスト系列は，一般に図 9.16 に示すようになる。テストにおいて，一般に初期状態はどのような状態であるか未知であるので，y(0)=(X, X, ..., X) でなければならない。図では，時刻 q において故障箇所に誤りが発生し，それから p 時刻後に誤りが外部出力に伝搬する場合を示している。

テスト系列を生成する手順はつぎのようになる。まず，p と q に適当な非負の整数を選ぶ。最初は p＝q＝0 とおくことができる。q 番目のセル C(q) において，故障の基本 D キューブを発生する。つぎに，その D または $\overline{D}$ を q+p 番目のセルの出力 z(q+p) にまで D 駆動により伝搬させる。伝搬できなければ p を 1 つ増加して繰り返す。伝搬に成功した場合，一致操作により，入力 x(q), x(q+1), ..., x(q+p) および y(q) の値を決定する。一致操作が失敗すれば別な D 伝搬を続行する。つぎに，y(q) が求められた値をとり，かつ初期状態が任意状態，すなわち y(0)=(X, X, ..., X) なるように，x(0), x(1), ..., x(q-1) の値を一致操作により求める。求められない場合，q の値を 1 つ増し，繰り返す。

ここで注意すべき点は，故障は単一故障であっても反復組合せ回路においては多重故障となることである。例えば，図 9.17 に示す AND ゲートの出力線 s が 0 に縮退した故障を考えてみよう。故障のない場合に $\alpha$，故障のある場合に $\beta$ の値を取るとき，$\alpha/\beta$ と書くことにする。図(a)の場合，入力が共に 1 であるので，故障がない場合は s＝1 で故障がある場合 s＝0 である。したがって，s＝1/0 となる。図(b)の場合，入力の 1 つが D の値をとり他は 1 であるので，故障のないとき s＝1，故障のあるとき s＝0 となり，s＝1/0＝D となる。図(c)の場合，入力の 1 つが $\overline{D}$ の値をとるので，故障のないときも s＝0 である。したがって，s＝0/0＝0 となる。

図 9.18 に示す順序回路を対象に，テスト系列を求めてみよう。図の信号線 a が 1 に縮退する故障を考えよう。まず，p＝0, q＝1 とおき，a の 1 縮退故障を検出するテストパターンを求めてみる。セル C(1) における信号線 a(1) の値を $\overline{D}$ とする。セル C(1) の外部出力 z(1) に D 伝搬させることができないので，p＝1 と増やす。このときの，反復組合せ回路は図 9.19 となる。図に示したように，セル C(1) の信号線 a(1) の $\overline{D}$ がセル C(2) へ伝搬して，外部出力 z(2) に D 伝搬する。このとき，入力は x(1)＝1,

178                    第9章 テスト生成

```
1 ──┐
    ├─AND─── s (0縮退故障)
1 ──┘    1/0 = D
```

(a)

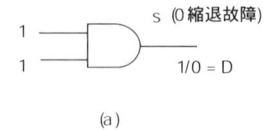

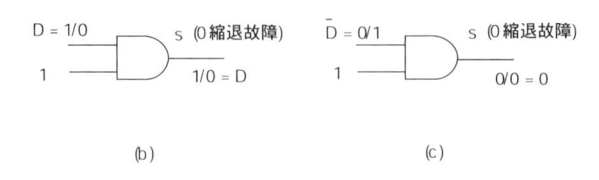

```
D = 1/0 ──┐                    D̄ = 0/1 ──┐
          ├─AND── s (0縮退故障)            ├─AND── s (0縮退故障)
1 ────────┘    1/0 = D         1 ────────┘    0/0 = 0
```

(b)                              (c)

**図9.17** AND ゲートの故障伝搬

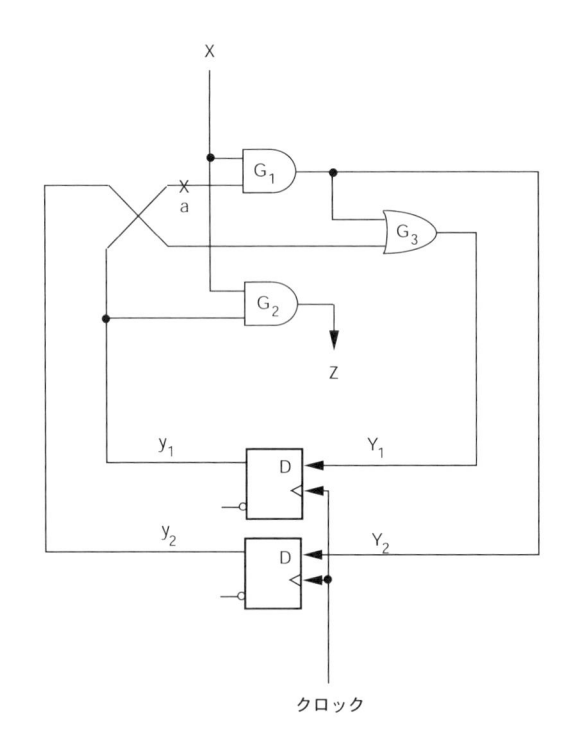

**図9.18** 回路例

## 9.3 順序回路のテスト生成

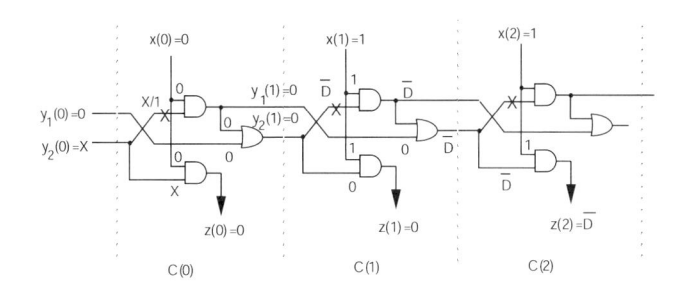

**図9.19** 反復組合せ回路（p＝q＝1の場合）

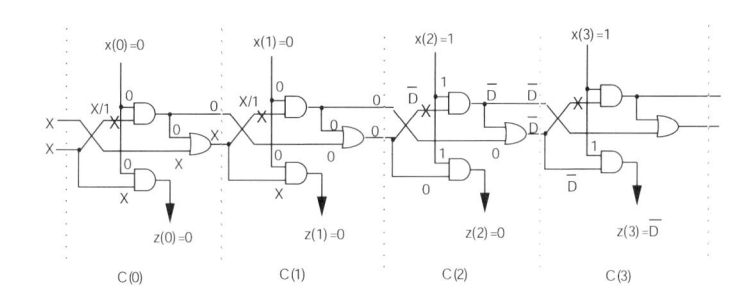

**図9.20** 反復組合せ回路（p＝1，q＝2の場合）

$x(2)=1$，で内部状態は $y_1(1)=y_2(1)=0$ である。$y_2(1)=0$ とするためには，セル C(0) の OR ゲート $G_3$ の入力を両方とも 0 にしなければならない。したがって，$y_1(1)=0$ となり $y_1(1)=X$ とはできない。

そこで，q を 1 つ増し q＝2 とする。この場合の反復組合せ回路は図 9.20 のようになる。セル C(1)，C(2)，C(3) はそれぞれ図 9.19 のセル C(0)，C(1)，C(2) に対応する。セル C(2) の状態を $y_1(1)=y_2(2)=0$ とするには，$x(1)=0$，$y_1(1)=0$ とすればよい。さらに，セル C(1) の状態を $y_1(1)=0$ とするには，セル C(0) においても，$x(0)=0$ とすればよい。そのときのセル C(0) の状態はどのような値でもよく，$y_1(0)=y_2(0)=X$ である。結局，図 9.20 に示すテスト系列 0011 が求められる。

以上の方法で，仮定故障のテストパターンを生成することができる。しかし，拡張 D アルゴリズムは，テスト系列が存在する故障に対して常にそのテスト系列を生成できるとは限らない。その意味で，組合せ回路に対しては完全な D アルゴリズム

も順序回路に対しては完全なアルゴリズムではない。

　順序回路のテスト生成の問題は，組合せ回路に比べて格段に難しくなっている。フリップフロップの数が増大するにつれて，膨大な計算時間を費やすことが予想され，大規模な回路に対して有効な方法がないのが現状である。これを解決する1つの方法として，テストが容易に求められるように設計の段階で考慮するテスト容易化設計法がある。これについては，第10章で詳しく述べる。

## 9.4　故障シミュレーション

　故障シミュレーションの方式としては，**並列故障シミュレーション**（parallel fault simulation），**演繹故障シミュレーション**（deductive fault simulation），**同時故障シミュレーション**（concurrent fault simulation）などがある。並列故障シミュレーションは正常回路と複数の故障回路の論理値を，ホストコンピュータの1語のビットと対応づけて各信号線の状態表を作り，ビット演算を用いてシミュレーションを行なう方法である。この方法はビット演算の並列処理による高速化が得られるが，大規模な回路に対しては他の方法より効率が悪いことが知られている。以下では，演繹故障シミュレーションと同時故障シミュレーションについて述べる。

**演繹故障シミュレーション**

　演繹故障シミュレーションは1972年ベル研究所のD.B. Armstrongにより考案され実用化されている。これは，正常な回路の動作をシミュレートし，同時に，その回路状態で検出されるすべての故障を演繹しようとする方法である。したがって，並列故障シミュレーションとは異なり，1回のシミュレーションで検出可能なすべての故障を求めることができる。

　図9.21に示すNORゲートを考えよう。与えられた入力パターンに対する正常回路でのシミュレーション結果を，A＝B＝0，C＝D＝1，E＝0とする。各信号線に対してその信号値を誤らせる故障が**故障リスト**（fault list）として蓄えられる。A，B，C，Dには図のように故障リストが伝搬しているものとする。例えば，故障aは信号線A，C，Dに同時に伝搬しているので，もしaが発生すれば，A，C，Dの値が同時に反転し，A＝1，C＝D＝0となる。したがって，正常なときも故障aのときもE＝0となるので，故障aはNORゲートの出力Eへは伝搬しない。つぎに故障dを考えよう。故障dはCとDにだけ伝搬しているので，dが発生すれば，C＝D＝0と反転

## 9.4 故障シミュレーション

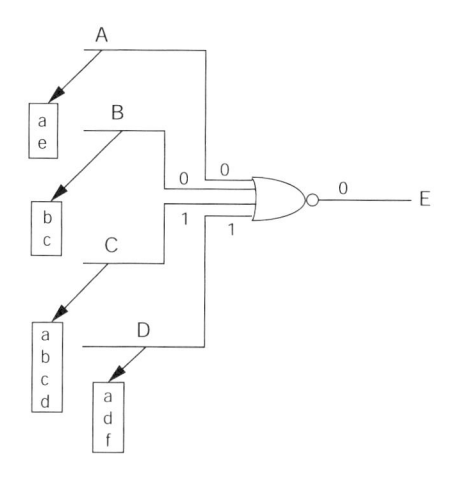

**図9.21** NORゲートにおける故障リスト

してしまう。したがって，E=1となり，故障dはNORゲートの出力Eへ伝搬する。

信号線A，B，C，D，Eに伝搬する故障のリストを$L_A$，$L_B$，$L_C$，$L_D$，$L_E$と書くことにする。図9.21の例では

$$L_A = \{a, e\}$$
$$L_B = \{b, c\}$$
$$L_C = \{a, b, c, d\}$$
$$L_D = \{a, d, f\} \tag{9.35}$$

である。Eに伝搬する故障は，Eの値を反転する故障であるから，C=D=0とする故障である。したがって，$L_C$，$L_D$の両方に属し$L_A$，$L_B$に属さない故障である。すなわち

$$L_E = (\overline{L_A \cup L_B}) \cap L_C \cap L_D \tag{9.36}$$

となる。さらに，E自身の故障E/1もEの値を反転するので，Eの故障リストは

$$L_E = \{(\overline{L_A \cup L_B}) \cap L_C \cap L_D\} \cup \{E/1\} \tag{9.37}$$

となる。同様にして，信号値がA=B=C=D=0の場合，Eに伝搬する故障リストは

$$L_E = L_A \cup L_B \cup L_C \cup L_D \cup \{A/1, B/1, C/1, D/1, E/0\} \tag{9.38}$$

となる。

　他の種類のゲートやフリップフロップに対する故障リストの計算も同様に集合算で定義できる。ここではそれらの説明は省略する。

　つぎに，図9.22の回路を例にとり演繹故障シミュレーションによる故障リストの伝搬を説明しよう。

　図に示す入力パターンに対して，各信号線の0，1縮退故障がどのように伝搬するかを考える。故障リストの伝搬の計算処理は，入力側から順次，レベル順にしたがって出力側へと行なう。まず，入力 A, B, C, D の故障リストはつぎのようになる。

$$\begin{aligned}
L_A &= \{A/1\} \\
L_B &= \{B/0\} \\
L_C &= \{C/0\} \\
L_D &= \{D/0\}
\end{aligned} \tag{9.39}$$

つぎに，ゲート $G_1$ において，E の故障リストは

$$L_E = (L_A \cap \overline{L_B}) \cup \{E/1\} = \{A/1, E/1\} \tag{9.40}$$

となる。ゲート $G_2$ において，F の故障リストは

$$L_F = L_C \cup L_D \cup \{F/0\} = \{C/0, D/0, F/0\} \tag{9.41}$$

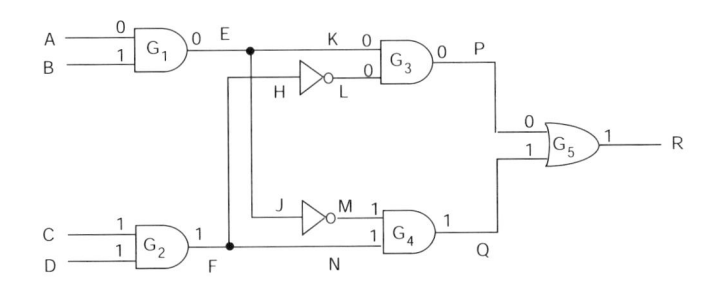

**図9.22** 演繹故障シミュレーションの例

となる。同様に

$$L_H = L_F \cup \{H/0\} = \{C/0, D/0, F/0, H/0\} \qquad (9.42)$$

$$L_N = L_F \cup \{N/0\} = \{C/0, D/0, G/0, N/0\} \qquad (9.43)$$

$$L_J = L_E \cup \{J/1\} = \{A/1, E/1, J/1\} \qquad (9.44)$$

$$L_K = L_E \cup \{K/1\} = \{Q/1, E/1, K/1\} \qquad (9.45)$$

$$L_L = L_H \cup \{L/1\} = \{C/0, D/0, F/0, H/0, L/1\} \qquad (9.46)$$

$$L_M = L_J \cup \{M/0\} = \{A/1, E/1, J/1, M/0\} \qquad (9.47)$$

$$L_P = (L_K \cap L_L) \cup \{P/1\} = \{P/1\} \qquad (9.48)$$

$$L_Q = L_M \cup L_N \cup \{Q/0\}$$
$$= \{A/1, C/0, D/0, E/1, F/0, J/1, M/0, N/0, Q/0\} \qquad (9.49)$$

$$L_R = (\overline{L_P} \cap L_Q) \cup \{R/0\}$$
$$= \{A/1, C/0, D/0, E/1, F/0, J/1, M/0, N/0, Q/0, R/0\} \qquad (9.50)$$

となる。ここで，$L_R$ は回路の外部出力 R に伝搬する故障リストである。したがって，この $L_R$ に属する 10 個の故障は入力パターン A=0，B=C=D=1 で検出可能な故障であり，このパターンで検出可能な単一縮退故障はすべて $L_R$ に含まれる。

**同時故障シミュレーション**

　与えられた入力パターン（系列）で検出されるすべての故障を 1 回のシミュレーションで求めることのできる方法は，先に述べた演繹故障シミュレーションの他に 1973 年 E.G. Ulrich と T. Baker の考案した同時故障シミュレーション法がある。これは，通常，正常回路と故障回路とが同じ入力系列に対してほとんど同じ動作をするという性質に着目して，故障回路の動作が正常回路のそれと異なる時点でのみ，故障回路のシミュレーションを正常回路のシミュレーションと同時に行なうという方法である。演繹故障シミュレーションと類似点が多いが，同時故障シミュレーションの基本的な操作を説明した後で，それらの違いを明らかにしよう。以下，話を簡単にするために，信号値は 0 と 1 のいずれかの値をとる 2 値のシミュレーションを考える。

　演繹故障シミュレーションでは，各信号線 A には A の値を反転させる故障だけを故障リスト $L_A$ として付随させたが，同時故障シミュレーションでは，各ゲートの入

力あるいは出力の値を反転させる故障をすべてそのゲートの出力線の故障リストとして付随させる。故障リストには，故障を識別する番号だけでなく，その故障回路でのゲートの入出力値も記憶しておく。図9.23に例を示す。図において，故障のない場合，A＝0，B＝1，C＝1の値をとるが，7番の故障は入力Bに誤りがあり，13番の故障は入力AとBに誤りが伝搬しており，105番の故障は入力Aに誤りがある。このように，そのゲートの入力または出力のいずれかに誤りが現われるような故障はすべて，そのゲート出力の故障リストに含める。故障リストには，故障番号のほか，その故障が存在する場合のゲートの入出力値をつぎの形で故障番号の若い順に記憶する。

$$f;a_1,a_2,...,a_n;b$$

ここで，$f$は故障番号，$a_1,a_2,...,a_n$は入力値，$b$は出力値である。このことから，同時故障シミュレーションは演繹故障シミュレーションより多くの記憶場所が必要となる。

同時故障シミュレーションで故障リストの伝搬がどのように行なわれるかを図9.24の回路例を用いて説明する。図において，最初に入力A＝0，B＝0，C＝0が加

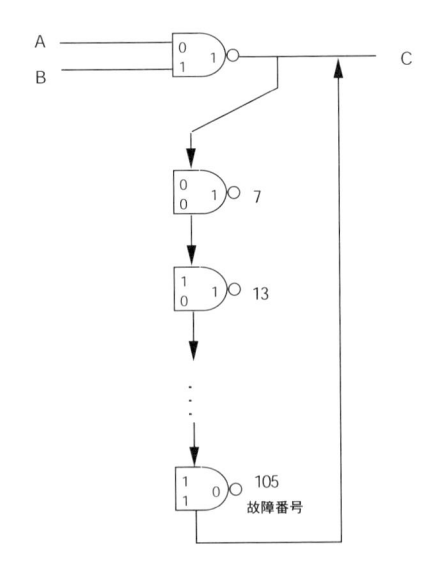

**図9.23** 同時故障シミュレーションの故障リスト

## 9.4 故障シミュレーション

えられ，続いて，入力 A が 0 から 1 に変化するものとする。この入力系列でどのような故障が検出されるかを調べる。出力 D の AND ゲートにおいて，故障のない場合の入出力値と反対の値をとる故障を探すと，A/1，B/1，D/1 である。これらの故障が存在する場合の出力 D の値を求め，対応する入出力値と共に故障リストを作成すると図 9.24(a)のようになる。つぎに，これらの故障の中でつぎの段へ伝搬する故障は出力値が反転している故障であるので，D/1 である。つぎの OR ゲートにおいて，誤りが入出力に現われるのは，この故障の他に，C/1，E/1 がある。これらの 3 個の故障に対して OR ゲートの出力値を計算し，E の故障リストを作成する。ここで，E の値が正常値と反対となっているのは，C/1，D/1，E/1 で，これらの故障がこの入力パターンで検出されることがわかる。

つぎに，入力 A が 0 から 1 に変化したとする。この時，図 9.24(a)の故障リストから削除される故障，変更される故障，追加される故障を調べ，入力変化後の故障リストを作成する。まず出力 D の AND ゲートに於て，入力 A=1 であるので，故障 A/1 は検出されない。したがって，故障リストから削除する。新たに故障 A/0 を故障リス

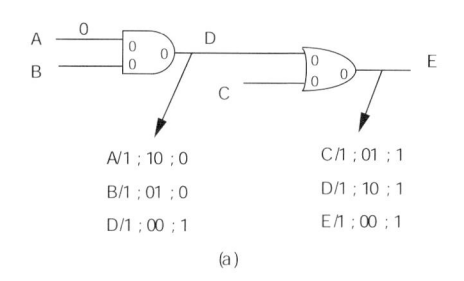

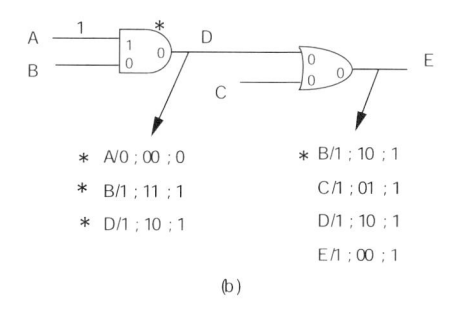

図 9.24 同時故障シミュレーションの例

トに追加し，他の故障 B/1, D/1 と共にゲートの出力値を評価する。図 9.24 (a) の中で＊印は，その故障に関してシミュレーションを行なったことを示している。D の故障リストの中で故障 B/1 だけが D の出力値を変化させたのでつぎの段に伝搬する。図 9.24 (a) の OR ゲートの故障リストにおいて，B/1 の故障に対してのみ出力 E の値を評価する。残りの C/1, D/1, E/1 については，OR ゲートの入出力値が変化していないのでそのままにしておく。したがって，図 9.24 (b) の E の故障リストに示したように B/1 だけ故障シミュレーションを行なったので＊印がついている。出力 E の値が異なる B/1, C/1, D/1, E/1 の故障が E において検出されることになる。

このように同時故障シミュレーションでは，各ゲートの入出力において，故障のない場合と異なる値をとる故障についてのみその動作をシミュレーションし，故障リストとして記憶している。演繹故障シミュレーションでは，正常回路は陽にシミュレートするが，故障回路は陽にではなく演繹的にシミュレートする。これに対して，同時故障シミュレーションは正常回路と同時に故障回路も陽にシミュレートするが，シミュレーションを実行するのは，各ゲートの入出力において正常回路と異なる値をとる故障回路だけである。

同時故障シミュレーションでは，故障リストの各要素（故障）は各々の入力値を蓄えているので別々に処理することができ，したがって，正常回路と異なる動作をする故障にだけ的を絞って処理することができる。そのため表索引等を用いた高速シミュレーションが可能である。演繹故障シミュレーションでは，各ゲートに付随するすべての故障に対して，したがって不必要な故障に対しても，集合演算という時間のかかる処理を行なうのに比較すれば，同時故障シミュレーションの方により高速化を期待できる。

同時故障シミュレーションの欠点は，故障リストの格納に要する記憶容量が演繹故障シミュレーションに比べて大きく，かつ，演繹故障シミュレーションの場合と同様，その使用量がシミュレーションの進行につれて動的に変化し，事前に予測することが困難であることである。

以上，故障シミュレーションの手法を述べた。汎用コンピュータを用いたソフトウェアによる故障シミュレーションにはその高速化に限界が見えており，さらに飛躍的な処理速度の高速化を図るため専用マシン，並列処理マシン等を用いた故障シミュレーションが考えられている。

## 9.5 テスト生成アルゴリズムとベンチマークの歴史

　テスト生成の問題は組合せ回路であっても NP 完全であることが証明されており，したがって，多項式時間で解けるアルゴリズムが存在するか否かはいまだに不明である．しかし，1966 年に IBM の J.P. Roth により D アルゴリズムが発明されて以来，数多くの研究がなされ多くの効率の良い高速のアルゴリズムが開発されてきている．それらの活発な研究の起爆剤となったのは 1985 年に示された ISCAS85 ベンチマークである．ここでは，テスト生成アルゴリズムとベンチマークの歴史を紹介しよう．図 9.25 にその歴史を示す．

　まず組合せ回路用テスト生成アルゴリズムの歴史を振り返ってみよう．図 9.25 の左側の組合せ回路用テスト生成アルゴリズムの歴史を見ていただきたい．9.2 節で述べた D アルゴリズム以前にもすでにテスト生成法は存在している．しかし，当時のテスト生成法は完全なアルゴリズムではなく，故障の冗長性を完全には判定することができなかった．与えられた故障が冗長であるか否かを判定し，冗長でない故障であればそれを検出するテストパターンを常に求めることができる完全なアルゴリズムとしては，D アルゴリズムが最初である．1966 年に発表された後，IBM で使われ，日本の各コンピュータメーカーでも採用されてきた．比較的効率のよいアルゴリズムであったので，10 年以上にわたり，D アルゴリズムはその役目を果たした．しかし，コンピュータシステムの大規模化に伴い，さらに高速のアルゴリズムが必要となる．

　1981 年に IBM の P. Goel が，D アルゴリズムとは全く異なる発想で新しいアルゴリズムを考案した．9.2 節で紹介した PODEM アルゴリズムである．その後，筆者らはさらに効率の良いいくつかの発見的手法（ヒューリスティックス）を考案し，大型計算機（メインフレーム）で実際に使われた大規模な回路を使って実験を行い，PODEM より数倍から一桁以上効率が良いことを示した．9.2 節で紹介した FAN アルゴリズムである．その後 FAN アルゴリズムをベースとした自動テスト生成システムが日本の複数の企業で開発され使われるようになった．

　テスト生成アルゴリズムの研究発表がさらに活発になったのは，1985 年に発表したベンチマーク以降である．当時，新しいテスト生成アルゴリズムを提案しても，性能を比較するための標準的なベンチマークがなく，自分たちの回路だけを使って性能を評価するために，他のアルゴリズムとの客観的な性能評価ができなかった．

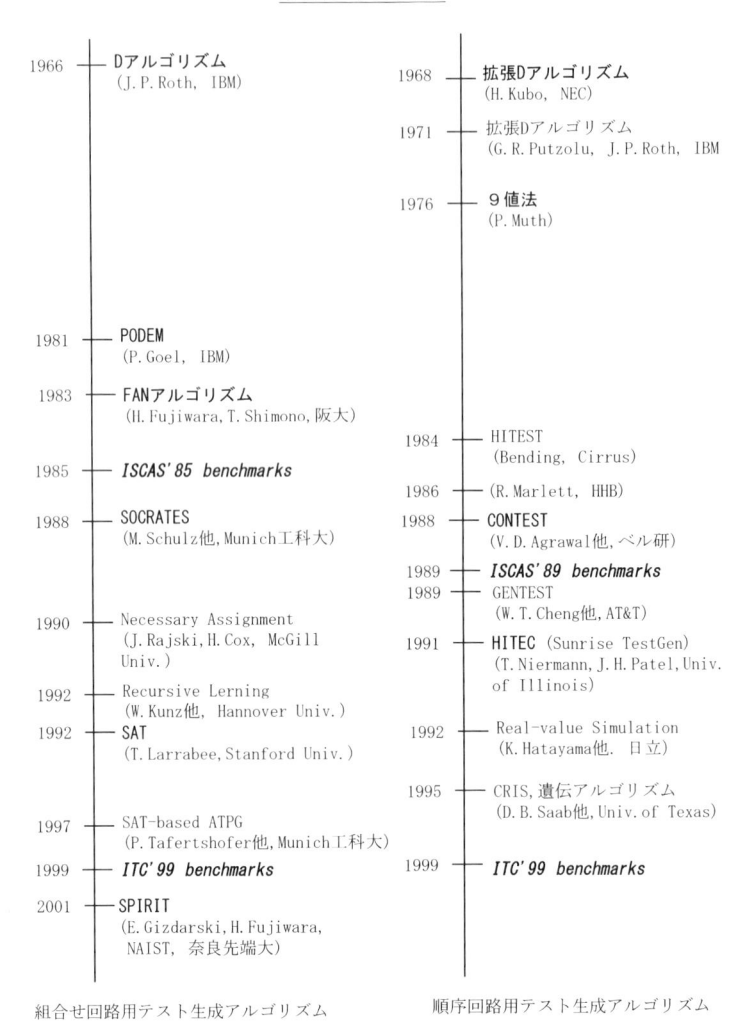

## 図9.25 テスト生成アルゴリズムの歴史

**組合せ回路用テスト生成アルゴリズム**

- 1966 — Dアルゴリズム (J.P.Roth, IBM)
- 1981 — PODEM (P.Goel, IBM)
- 1983 — FANアルゴリズム (H.Fujiwara, T.Shimono, 阪大)
- 1985 — *ISCAS'85 benchmarks*
- 1988 — SOCRATES (M.Schulz他, Munich工科大)
- 1990 — Necessary Assignment (J.Rajski, H.Cox, McGill Univ.)
- 1992 — Recursive Lerning (W.Kunz他, Hannover Univ.)
- 1992 — SAT (T.Larrabee, Stanford Univ.)
- 1997 — SAT-based ATPG (P.Tafertshofer他, Munich工科大)
- 1999 — *ITC'99 benchmarks*
- 2001 — SPIRIT (E.Gizdarski, H.Fujiwara, NAIST, 奈良先端大)

**順序回路用テスト生成アルゴリズム**

- 1968 — 拡張Dアルゴリズム (H.Kubo, NEC)
- 1971 — 拡張Dアルゴリズム (G.R.Putzolu, J.P.Roth, IBM)
- 1976 — 9値法 (P.Muth)
- 1984 — HITEST (Bending, Cirrus)
- 1986 — (R.Marlett, HHB)
- 1988 — CONTEST (V.D.Agrawal他, ベル研)
- 1989 — *ISCAS'89 benchmarks*
- 1989 — GENTEST (W.T.Cheng他, AT&T)
- 1991 — HITEC (Sunrise TestGen) (T.Niermann, J.H.Patel, Univ. of Illinois)
- 1992 — Real-value Simulation (K.Hatayama他, 日立)
- 1995 — CRIS, 遺伝アルゴリズム (D.B.Saab他, Univ. of Texas)
- 1999 — *ITC'99 benchmarks*

そこで，筆者と Franc Brglez（当時 Bell Northern Research, 現在 North Carolina State University 教授）とで，1985 年京都で開催された国際会議 ISCAS'85（International Symposium on Circuits and Systems 1985）において組合せ回路を対象にテスト生成アルゴリズムのベンチマークの特別セッションを企画，日米の企業・大学の協力を得て 10 個の組合せ回路用ベンチマークを発表し，そのベンチマークを使って，協力い

## 9.5 テスト生成アルゴリズムとベンチマークの歴史

ただいた企業・大学の保有するテスト生成アルゴリズムの性能評価を行った．このISCAS85ベンチマークが起爆剤となりその後次々と新しいアイディアに基づく性能のよいテスト生成アルゴリズムが発表され続けられることになる．ISCAS85ベンチマークの3年後に，その10個のベンチマークすべてに対して100％の故障検出効率を達成するのに初めて成功したSOCRATESが発表されている．

ISCAS85ベンチマークが発表されてから4年後に，順序回路用ベンチマークの必要性も問われ，再度，筆者，Franc Brglez, 他数名とで国際会議ISCAS'89において順序回路を対象としたテスト生成アルゴリズムのベンチマークの特別セッションを企画した．ISCAS89ベンチマークである．順序回路のテスト生成の歴史についてはあとで述べる．テスト生成アルゴリズム用のベンチマークとして，ISCAS85ベンチマークを第1世代と考えれば，ISCAS89ベンチマークは第2世代と考えることができる．その後，テスト生成の対象となる回路規模は増大の一歩をたどり，より大規模で現実的な新しいベンチマークの必要性が問われ（H. Fujiwara, "Needed, Third-generation ATPG benchmarks", The Last Byte, IEEE Design & Test of Computers, p.96, 1998.），1999年にScott Davidsonにより国際会議ITC'99（International Test Conference 1999）において第3世代と呼べる新しいベンチマークによる特別セッションが企画された．ITC99ベンチマークである．

ITC99ベンチマークが現れる以前は，ISCAS85, ISCAS89ベンチマーク回路すべてに対して，当時のテスト生成アルゴリズムは100％故障検出効率を達成していたが，ITC99の大規模ベンチマークの出現により，市販のテスト生成ツールでさえ100％の故障検出効率を達成できない回路が現れた．その後，2002年にE. Gizdarskiと筆者の発表したSPIRITは，ITC99ベンチマークに対しても100％の故障検出効率を達成するのに成功している．

以上，組合せ回路用テスト生成アルゴリズムの歴史を紹介した．つぎに順序回路用テスト生成アルゴリズムの歴史を紹介しよう．図9.25の右側の順序回路用テスト生成アルゴリズムの歴史を見ていただきたい．

組合せ回路を対象とした最初の完全なアルゴリズムは，J.P. Rothの発明したDアルゴリズムであることはすでに紹介した．その発表の2年後の1968年に，NECのH. Kuboにより，Dアルゴリズムを順序回路用に拡張した拡張Dアルゴリズムが発表されている．興味深いのは，Dアルゴリズムの発明者のJ.P. Rothらのグループが同様の拡張Dアルゴリズムをさらに3年遅れて発表している点である．テスト生成

アルゴリズムにおける日本の研究レベルが非常に高かったことを示す良い事例である。

拡張Dアルゴリズムは，テスト系列が存在する故障に対して常にそのテスト系列を生成できるとは限らない。その意味で，組合せ回路に対しては完全なDアルゴリズムも，順序回路に対しては完全なアルゴリズムではない。このことを解消したのが，1976年にP. Muthにより発表された9値法である。9値法は，その他にバックトラックの発生確率が拡張Dアルゴリズムより小さいなどの特長がある。

組合せ回路に対しては最新のアルゴリズムSPIRITのように大規模な回路に対しても100％の故障検出効率を達成できることが知られている。これに比べ，順序回路のテスト生成問題は極端に計算量が大きくなり，効率のよいアルゴリズムを考案するのが難しい。そのためか，組合せ回路に対しては多くの成功事例があるのに対して，順序回路に対してはそれが非常に少ない。その中で，よく知られたものとして，ベル研究所で開発されたCONTEST，GENTEST，イリノイ大学のJ.H. Patelらのグループの開発したHITECがある。HITECは後にSunrise社のTestGenに採用され，現在はSynopsys社のTetraMAXへと発展している。

図9.25で紹介したISCAS85，ISCAS89，ITC99の各ベンチマークは下記のホームページから入手できるので活用されるとよい。

  ISCAS85 Benchmark〈http://www.cbl.ncsu.edu/CBL_Docs/iscas85.html〉
  ISCAS89 Benchmark〈http://www.cbl.ncsu.edu/CBL_Docs/iscas89.html〉
  ITC99 Benchmark〈http://www.cerc.utexas.edu/itc99-benchmarks/bench.html〉

テストに関する情報が掲載されている筆者のホームページからも様々な情報を入手できるので一度訪問されるとよい。

  テストの広場：〈http://fan.naist.jp/test_plaza/index-j.html〉

## 演習問題

**9-1** つぎの等式を証明せよ。

(a) $\dfrac{d\overline{f}(X)}{dx_i} = \dfrac{df(X)}{dx_i}$

(b) $\dfrac{df(X)}{dx_i} = \dfrac{df(X)}{d\bar{x}_i}$

(c) $\dfrac{d}{dx_i}\left(\dfrac{df(X)}{dx_j}\right) = \dfrac{d}{dx_j}\left(\dfrac{df(X)}{dx_i}\right)$

(d) $\dfrac{d\,[f(X)\cdot g(X)]}{dx_i} = f(X)\cdot\dfrac{dg(X)}{dx_i} \oplus g(X)\cdot\dfrac{df(X)}{dx_i} \oplus \dfrac{df(X)}{dx_i}\cdot\dfrac{dg(X)}{dx_i}$

(e) $\dfrac{d\,[f(X)+g(X)]}{dx_i} = \bar{f}(X)\cdot\dfrac{dg(X)}{dx_i} \oplus \bar{g}(X)\cdot\dfrac{df(X)}{dx_i} \oplus \dfrac{df(X)}{dx_i}\cdot\dfrac{dg(X)}{dx_i}$

(f) $\dfrac{d\,[f(X)\oplus g(X)]}{dx_i} = \dfrac{df(X)}{dx_i} \oplus \dfrac{dg(X)}{dx_i}$

9-2 図 9.26 の回路に対して，出力関数を $f$ とするとき，つぎのブール微分を求めよ．

(a) $f$ を $x_1$, $x_2$, $x_3$, $x_4$ で表現するとき，$f$ の $x_1$ に関するブール微分

(b) $f$ を $h$ と $x_3$, $x_4$ で表現するとき，$f$ の $h$ に関するブール微分

(c) $f$ を $g$ と $x_1$, $x_2$, $x_3$, $x_4$ で表現するとき，$f$ の $g$ に関するブール微分

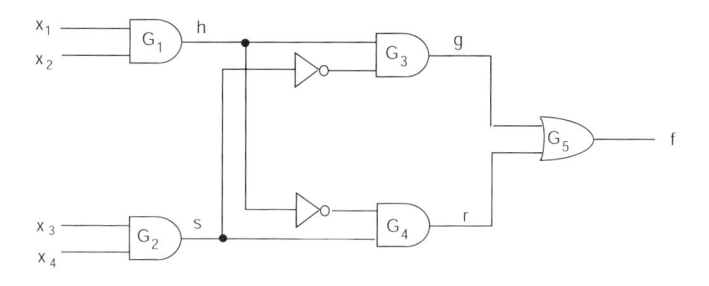

図9.26

9-3 図 9.26 の回路において，つぎの各故障に対するテストパターンの集合をブール微分で求めよ．

(a) $h$ の 0 縮退故障

(b) $s$ の 1 縮退故障

(c) $g$ の 1 縮退故障

(d) $r$ の 0 縮退故障

9-4 EOR ゲート，NOT ゲートの基本キューブを示せ．

9-5 2 入力 AND ゲートが故障により 2 入力 OR ゲートに変化したとする．この故障に対する故障 D キューブを求めよ．

9-6 つぎのゲートの伝搬 D キューブを求めよ．
  (a) 3 入力 OR
  (b) 3 入力 NOR
  (c) 4 入力 NAND
  (d) 2 入力 EOR

9-7 図 9.26 の回路において，信号線 $h$ の 0 縮退故障に対するテストパターンを D アルゴリズムで求めよ．

9-8 図 9.27 に示すように，4 入力 NAND に対して，A＝B＝0，C＝D＝1 の入力パターンが与えられているとする．故障リスト $L_A$, $L_B$, $L_C$, $L_D$ が出力 E にどのように伝搬するかを計算する集合算を示せ．

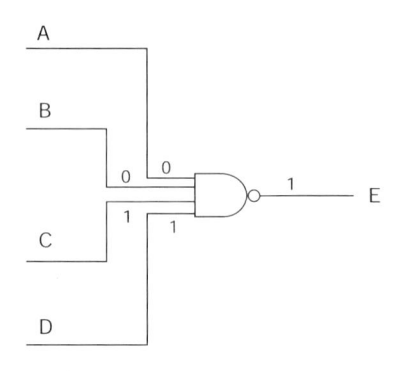

図 9.27

9-9 図 9.24 に同時故障シミュレーションの例が示されているが，この同じ例について演繹故障シミュレーションを適用して検出可能な故障を求めよ．

9-10 図 9.28 の回路において入力パターン系列 (A, B, C, D)＝(0, 0, 0, 1)，(1, 0, 0, 1) を加える．この入力系列に対して演繹故障シミュレーションと同時故障シミュレーションを行ない，メモリ使用量と計算手数を比較せよ．

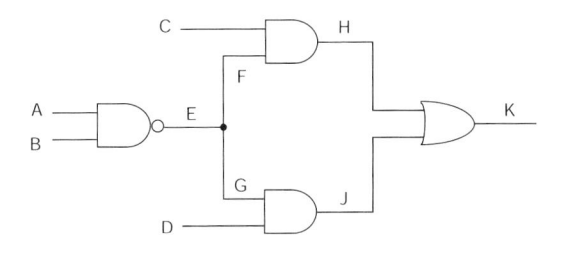

図9.28

# 第10章　テスト容易化設計

## 10.1　テスタビリティ

　テストに要する費用は，テストデータを生成する段階とそのテストパターンを回路に加えてテストを実行する段階に分けて考えることができる。したがって，テストの費用を少なくするためには

(1)　テストデータを容易に生成できること，

(2)　テストデータ量が少ないこと，

が必要である。

　(1)は，コンピュータでテストデータを自動的に生成する場合，その計算量が少ないことに対応する。これはテストデータを生成するアルゴリズムの計算複雑度に関係し，対象とする回路が大規模になるほどコンピュータ使用による費用が膨大なものとなるのを防ぐためにも重要な点である。(2)はテスト時間の短縮によるテスト費用の軽減や保守能率の向上のためにも重要な点である。

　テストの費用とテスト容易性とは相関があり，テストの費用が少なくてすむことはテストが容易であると考えることができる。テスト容易性を表す用語として**テスタビリティ**（testability，**可検査性**ともいう）がある。テスタビリティとは，どれだけ容易にテストを行なうことができるかというテスト容易性を言い，与えられた回路がどれだけのテスタビリティをもっているか，回路のどの部分のテスタビリティが悪いのか，などを解析することを**テスタビリティ解析**（testability analysis）という。

　テスタビリティを解析するために，それを数量化した種々の**テスタビリティ尺度**（testability measure）が考案されている。これまで提案されている尺度としては，計算量（費用）を評価する尺度と，信号値 0，1 の生起確率を評価する尺度がある。

　テスタビリティを費用で評価する代表的な尺度として，ここでは L.H. Goldstein の尺度を述べる。Goldstein の尺度は順序回路と組合せ回路に対するものがあり全部で 6 個の尺度から成り立っている。その中で組合せ回路の尺度を紹介する。

## 10.1 テスタビリティ

**信号線 N の 1 - 可制御性　$CC^1(N)$**

信号線 N に論理値 1 を設定しようとするとき，他に論理値を設定しなければならない信号線数の最小値．

**信号線 N の 0 - 可制御性　$CC^0(N)$**

信号線 N に論理値 0 を設定しようとするとき，他に論理値を設定しなければならない信号線数の最小値．

**信号線 N の可観測性　$CO(N)$**

信号線 N の値を外部出力に伝搬させるとき，論理値を設定しなければならない信号線数の最小値．

**可制御性尺度の計算手順**

$CC^1(N)$ や $CC^0(N)$ は回路の入力側から出力側へつぎのように計算する．

(1) まず，外部入力に対して

$$CC^0(I) = CC^1(I) = 1 \tag{10.1}$$

とおく．

(2) $n$ 入力 $X_1, X_2, ..., X_n$ の AND ゲートに対して，出力 Y の $CC^1$, $CC^0$ をつぎのように計算する．

$$CC^1(Y) = 1 + \sum_{i}^{n} CC^1(X_i) \tag{10.2}$$

$$CC^0(Y) = 1 + \mathrm{Min}_{i}\{CC^0(X_i)\} \tag{10.3}$$

(3) $n$ 入力 $X_1, X_2, ..., X_n$ の OR ゲートに対して，出力 Y の $CC^1$, $CC^0$ をつぎのように計算する．

$$CC^1(Y) = 1 + \mathrm{Min}_{i}\{CC^1(X_i)\} \tag{10.4}$$

$$CC^0(Y) = 1 + \sum_{i=1}^{n} CC^0(X_i) \tag{10.5}$$

(4) 入力 X，出力 Y の NOT ゲートに対してはつぎのように計算する．

$$CC^1(Y) = 1 + CC^0(X) \tag{10.6}$$

$$CC^0(Y) = 1 + CC^1(X) \tag{10.7}$$

(5) $X_0$ から $X_1$, $X_2$, ..., $X_n$ への分岐に対しては

$$CC^1(X_i) = CC^1(X_0) \qquad (1 \leq i \leq m) \tag{10.8}$$
$$CC^0(X_i) = CC^0(X_0) \qquad (1 \leq i \leq m) \tag{10.9}$$

とおく。

**可観測尺度の計算手順**

CO(N) は $CC^1(N)$ と $CC^0(N)$ を用いて,回路の出力側から入力側へつぎのように計算する。

(1) まず,外部出力に対して

$$CO(U) = 0 \tag{10.10}$$

とおく。

(2) $n$ 入力 $X_1$, $X_2$, ..., $X_n$, 出力 Y の AND ゲートに対して,入力 $X_i$ の CO をつぎのように計算する。

$$CO(X_i) = 1 + CO(Y) + \sum_{j \neq i} CC^1(X_j) \tag{10.11}$$

(3) $n$ 入力 $X_1$, $X_2$, ..., $X_n$, 出力 Y の OR ゲートに対して,入力 $X_i$ の CO をつぎのように計算する。

$$CO(X_i) = 1 + CO(Y) + \sum_{j \neq i} CC^0(X_j) \tag{10.12}$$

(4) 入力 X,出力 Y の NOT ゲートに対してつぎのように計算する。

$$CO(X) = 1 + CO(Y) \tag{10.13}$$

(5) $X_0$ から $X_1$, $X_2$, ..., $X_m$ への分岐に対しては

$$CO(X_0) = \min_i \{CO(X_i)\} \tag{10.14}$$

とおく。

図 10.1 に以上の方法で求めた Goldstein の尺度を示す．図では尺度をベクトル $(CC^1(N), CC^0(N), CO(N))$ の形で示している．

以上の手順で得られる可制御性，可観測性尺度は，信号線 N に対する 1 や 0 の制御が 1 回で成功したときの計算手数を評価しており，再収斂分岐が存在するために 1 回の計算では成功せずバックトラックが生じ，2 度，3 度と計算し直すような場合の計算手数を評価していない．したがって，再収斂分岐のある回路に対する計算手数はどうしても過小評価になる．

つぎに，0，1 の生起確率を用いてテスタビリティを評価する尺度を紹介する．信号線 N の 1-可制御性 C1(N)，0-可制御性 C0(N)，可観測性 O(N) をつぎのように定義する．

$$C1(N) = \frac{\text{N=1 となる入力パターン数}}{\text{全入力パターン数}} \tag{10.15}$$

$$C0(N) = \frac{\text{N=0 となる入力パターン数}}{\text{全入力パターン数}} \tag{10.16}$$

$$O(N) = \frac{\text{N の値の変化が外部出力まで伝搬する入力パターン数}}{\text{全入力パターン数}} \tag{10.17}$$

可制御性尺度は入力側から出力側へと，信号の独立を仮定してつぎのように計算する．$C = A \cdot B$ なる AND ゲートに対しては

$$C1(C) = C1(A)C1(B) \tag{10.18}$$

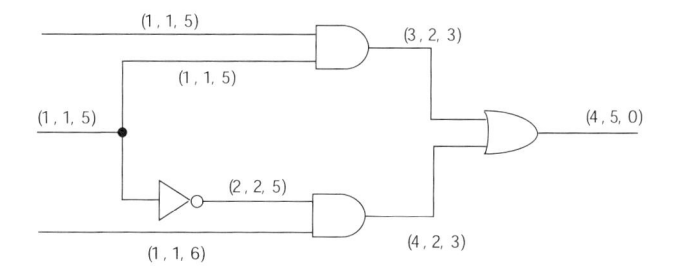

$$C0(C) = 1 - C1(C) \tag{10.19}$$

**図10.1** Goldstein の尺度

さらに，可観測性尺度は出力側から入力側へ，つぎのように計算する。

$C = A \cdot B$ なる AND ゲートに対しては

$$O(A) = C1(B)O(C) \tag{10.20}$$
$$O(B) = C1(A)O(C) \tag{10.21}$$

信号線 P が Q と R に分岐する分岐点では

$$O(P) = 1 - (1 - O(Q))(1 - O(R)) \tag{10.22}$$

とする。

　以上の可制御性・可観測性尺度を用いてテスタビリティ解析を行なうわけであるが，テスタビリティ解析の応用としてはつぎのようなものが考えられる。

(1) テスタビリティを向上させるために設計変更を行なう際の指針として，テスタビリティ尺度を利用する。

(2) テスト生成アルゴリズムの効率向上のための発見的手法の指針として，テスタビリティ尺度を利用する。

(3) 故障シミュレーションの代替として故障検出率を評価するのに利用する。

　(1) では，テスタビリティ解析により，どの箇所がどのようにテスタビリティが悪いかを解析し，それを改善するためにテストポイント等を追加して設計変更を行なう。これは，一種のテスト容易化設計の方法である。

　(2) は，テスト生成アルゴリズムの効率を高めるためのものであるが，例えば，D アルゴリズムにおいて，つぎのような選択操作において無作為に選ぶのではなく高い成功率を保証する尺度を用いて選択操作に優先度を設けるという，発見的な方策に利用する。

　(i) D 駆動，すなわち，経路活性化のために D を伝搬する経路が複数個存在し，どの経路に D を伝搬するかの選択。この場合，可観測性の最も良い経路を選択すればよい。

　(ii) 一致操作において，AND（または NAND）ゲートの入力を 0 にするときどの入力を 0 にするか，また，OR（または NOR）ゲートの入力を 1 にするときどの入力を 1 にするかの選択。この場合，最も可制御性の良い入力を選べばよい。

　(3) では，故障検出率を求めるための故障シミュレーションに多くの計算時間が

かかるため,これに代わる方法として考えられているもので,テスタビリティ解析により故障検出率を予測しようとするものである。主に,確率に基づくテスタビリティ尺度を用いた解析において考えられている。例えば,確率に基づく尺度 $C1(N)$,$C0(N)$,$O(N)$ を用いて信号線 N の 0 縮退故障 N/0 と 1 縮退故障 N/1 の検出率をつぎのように計算する。

$$P(N/0) = C1(N)O(N) \qquad (10.23)$$

$$P(N/1) = C0(N)O(N) \qquad (10.24)$$

## 10.2 万能テスト法

一般に,テストの対象となる回路ごとにテストパターンやテスト系列が異なり,したがって,回路ごとにテスト生成を行なわなければならない。このテスト生成に多くの時間が費やされるわけで,回路ごとのテスト生成の必要がなくなればテスト生成の費用は大幅に削減される。これを実現する方法として**万能テスト**(universal test)方式がある。テストされる回路の機能に依存しないテストパターンの集合を**万能テスト集合**という。万能テスト集合をもつ回路に対してはテストパターンを回路ごとに生成する必要はなく,テスト容易な回路を実現していることになる。一般の回路に対して万能テスト可能な回路を設計することは困難であるが,PLA に対しては,若干のハードウェアの増加により万能テスト可能な PLA を容易に設計することができる(藤原 1981)。

図 10.2 に示すように,PLA はデコーダ,AND アレイ,OR アレイの 3 つの部分か

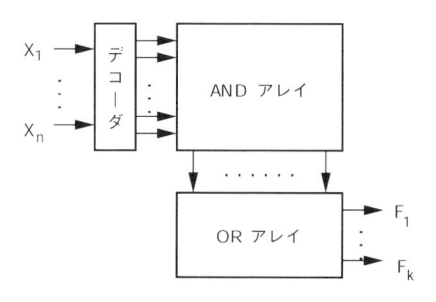

図10.2 PLA

ら成り立っている。この PLA に若干のハードウェアを付加すれば，つぎに示す特長を有する PLA を構成することができる。ここでは，筆者が提案した方法を述べる。

(1) PLA の入力端子数を $n$，積項数を $m$ とすると，テストパターンが PLA のサイズ $n, m$ だけにより一意的に決まり，PLA の機能 (AND アレイ，OR アレイの接続パターン) に依存しない万能テスト集合を有する。
(2) この万能テスト集合で PLA 内部の縮退故障，交点故障，ブリッジ故障の多重故障を 100% 検出可能である。
(3) 万能テスト集合のテストパターン数およびテスト系列長は $O(nm)$ である。

この特長を有する万能テスト可能な PLA に拡大するには図 10.3 のようにすれば

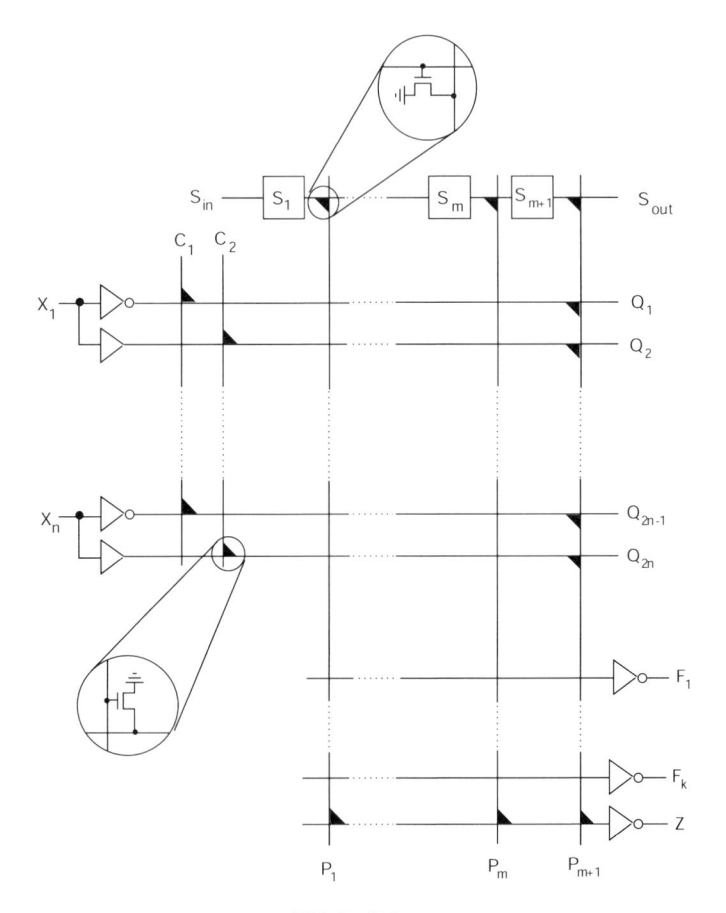

**図10.3 拡大 PLA**

## 10.2 万能テスト法

よい。図では nMOS トランジスタを考えているので，NOR–NOR 論理を実現している。まず，積項線を制御するためにシフトレジスタを付加する。各積項線 $P_i$ はシフトレジスタのセル $S_i$ によりつぎのように制御される。

$$P_i = p_i \cdot \overline{S_i} \qquad (i=1,\ 2,\ ...,\ m) \tag{10.25}$$

ここで，$p_i$ は拡大前の積項である。このシフトレジスタにより，任意の積項線を選択し活性化できる。

デコーダと AND アレイの間に制御線 $C_1$, $C_2$ を有する拡大デコーダを挿入する。これの論理は

$$Q_{2i-1} = X_i \cdot C_1 \qquad (i=1,\ 2,\ ...,\ n) \tag{10.26}$$
$$Q_{2i} = X_i \cdot \overline{C_2} \qquad (i=1,\ 2,\ ...,\ n) \tag{10.27}$$

である。これにより，任意のビット線を選択し活性化できる。

AND アレイと OR アレイに信号線が各々1本づつ追加する。それらにはすべての交点において（トランジスタを）接続する。その論理は

$$P_{m+1} = \overline{Q_1} \cdot \overline{Q_2} ... \overline{Q_{2n}} \, \overline{S_{m+1}} \tag{10.28}$$
$$Z = P_1 + P_2 + ... + P_m + P_{m+1} \tag{10.29}$$

である。

この拡大 PLA に対する万能テスト集合を表 10.1 に示す。表からわかるように，すべてのテストパターンは PLA を構成する AND アレイや OR アレイの接続に無関係に PLA のサイズ $n$, $m$ だけに依存している。この万能テスト集合で，縮退故障，交点故障，ブリッジ故障のすべての多重故障を 100％検出可能である。

PLA は小規模な論理回路を対象にプログラムできる LSI として利用されてきたが，大規模な論理回路を実現するプログラマブル LSI として **FPGA**（Field-Programmable Logic Arrays）がある。FPGA に対しても，PLA と同様に万能テストが可能なテスト容易化設計法が提案されている（井上，藤原 1997）。

表10.1　万能テスト集合

| | $X_1$ ……… $X_i$ ……… $X_n$ | $C_1$ | $C_2$ | $S_1$ ……… $S_j$ ……… $S_m$ | $S_{m+1}$ |
|---|---|---|---|---|---|
| $I^1$ | 0 ……………………… 0 | 1 | 0 | 1 ……………………… | 1 |
| $I^2_j$ <br> ($1 \leq j \leq m+1$) | 0 ……………………… 0 | 1 | 0 | 1 ……… 0 ……… | 1 |
| $I^3_{m+1}$ | 1 ……………………… 1 | 0 | 1 | 1 ……………… 1 | 0 |
| $I^4_{ij}$ <br> ($1 \leq i \leq n$) <br> ($1 \leq j \leq m+1$) | 1 ……… 0 ……… 1 | 0 | 1 | 1 ……………………… | 1 |
| $I^5_{ij}$ <br> ($1 \leq i \leq n$) <br> ($1 \leq j \leq m+1$) | 0 ……… 1 ……… 1 | 1 | 0 | 1 ……… 0 ……… | 1 |

## 10.3　スキャン設計

　組合せ回路に対しては高速のアルゴリズムが研究開発され実用化されている。しかし，順序回路に対しては，回路規模が増大すればテスト系列生成が非常に困難となり場合によれば不可能となる。順序回路のテスト生成において問題となるのは，フリップフロップの可制御性，可観測性であることが分かる。したがって，つぎに示す2つの性質を持つ順序回路に対しては，そのテスト生成の複雑度は組合せ回路のそれとほぼ同じにすることができる。

(1)　順序回路を構成する各フリップフロップに外部から自由に状態を設定できる。

(2)　それらのフリップフロップの状態を容易に観測できる。

　これを実現する方法として，通常の動作モードのほかに，制御信号によりフリップフロップを直列のシフトレジスタとして動作させる**スキャン設計**（scan design）がある。スキャン設計にはこれまで多くの方式が発表されている。図10.4にスキャン方式の原理図を示す。

　図(a)が変更前の回路とする。図(b)のように，フリップフロップに外部から直接入力できるようにスキャン入力（scan in）端子を設け，通常動作時のデータ（data）入力とスキャン入力をスイッチ（SW）で切り替えてフリップフロップに入力できるようにする。フリップフロップの出力はスキャン出力（scan out）端子から外部へ観測

## 10.3 スキャン設計

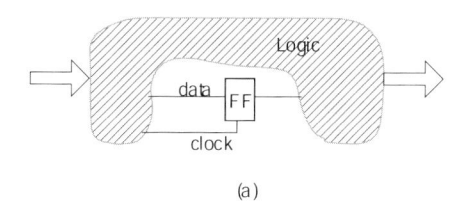

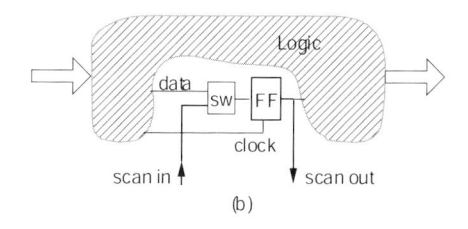

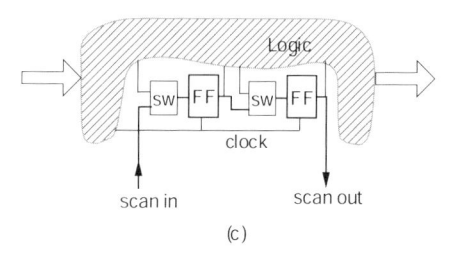

図10.4 スキャン設計

できるようにする．フリップフロップごとにスキャン入出力端子を用意すると余分の端子がフリップフロップの個数の2倍必要となり実用的でない．図(c)に示すようにフリップフロップを一列に連結し，シフトレジスタとして動作できるようにすれば付加端子は2個ですむ．

スキャン設計された順序回路では，フリップフロップをシフトレジスタとして動作させることができるので，容易に各フリップフロップを任意の状態に設定できると同時にそれらの状態を観測することができる．スキャン設計された順序回路に対しては，そのテスト生成の問題は組合せ回路の問題として取り扱うことができる．したがって，組合せ回路用の高速のテスト生成アルゴリズムを用いて順序回路のテスト生成ができ，テスト容易性が飛躍的に向上している．

図10.5にIBMのスキャン設計（**LSSD**，Level Sensitive Scan Design）の基本とな

(a)

(b)

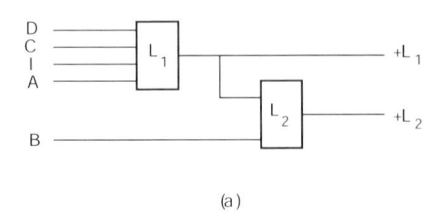

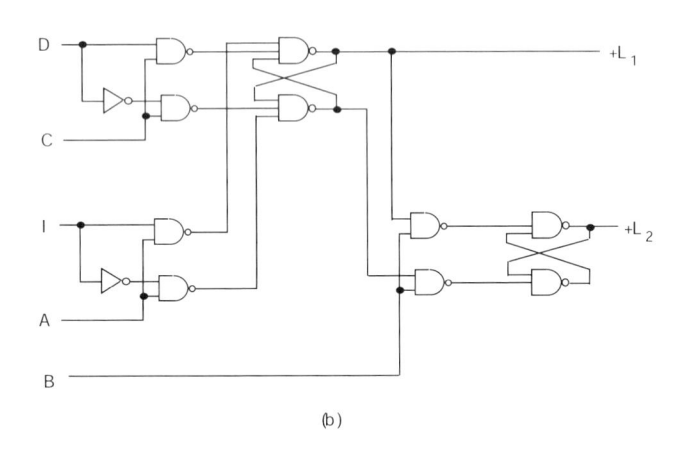

図10.5　シフトレジスタ・ラッチ

るシフトレジスタ・ラッチを示す。このラッチを用いて2相クロックによるLSSDの回路構成を図10.6に示す。マスタフリップフロップ$L_1$とスレーブフリップフロップ$L_2$を独立させ，各々異なるクロックで動作させている。通常動作時には，クロック$C_1$と$C_2$を用い組合せ回路の出力を$L_1$の入力とし$L_2$の出力をフィードバックして組合せ回路の入力として動作させる。シフトレジスタとして動作させるときは，クロックAとBで制御し，すべてのフリップフロップを鎖状に連結する。

　スキャン設計により，テスト生成の複雑度が飛躍的に改善されるが，余分な論理によるハードウェア費用の増加，回路の動作速度の低下，などの弊害も現われる。これを，少しでも解消するために，必要最小限のフリップフロップだけをスキャン設計する**部分スキャン設計**（partial scan design）も提案されている。回路規模が大きくなれば，常に100％の故障検出率を達成するテストパターンが得られるとは限らない。したがって，実用的な観点からすれば，必ずしもすべてのフリップフロップ

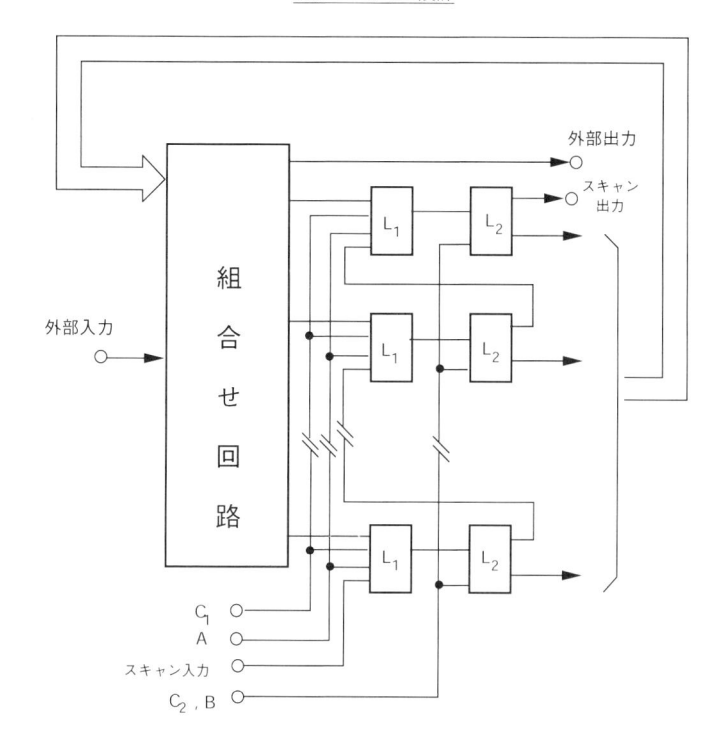

**図10.6** LSSD によるスキャン設計

をスキャンするのではなく，テストパターン生成の過程において必要となったフリップフロップだけをスキャンにできるようにしても故障検出率はそれほど悪くならない。

　チップのテストが困難になる状況では，ボードテストはさらに困難になりつつある。ボードのテスト方式として，ボードに搭載されている各チップを直接テストできる**インサーキットテスト方式**がある。しかし，ボードに搭載されるチップの複雑度が増し，特に面実装技術の進歩により密に包装されたチップが搭載されている場合は，このテスト方式ではテスト困難あるいは不可能という問題が起こってくる。これを解決する方法として，図 10.7 に示す**境界スキャン**（boundary scan）方式が提案されている。図のように設計されておれば，ボードのテストはスキャンパスを通じて搭載されている各チップへテストパターンを加え，その応答パターンを観測することにより行なうことができる。したがって，面実装 IC を含むボードのテストも

IEEE標準　　IEEE 1149.1

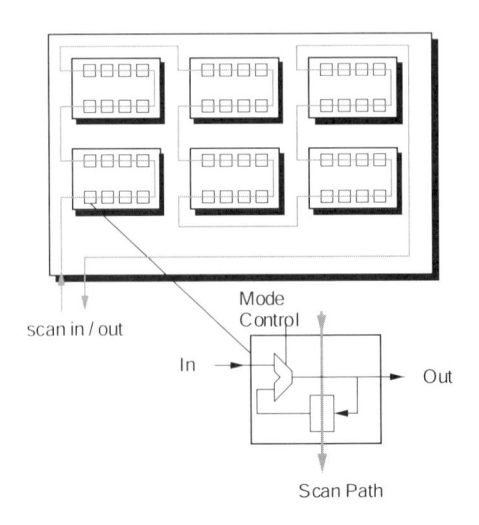

**図10.7** 境界スキャン

容易になり，そのテスト費用も軽減することができる。境界スキャンは IEEE の標準規格になっている（IEEE 1149.1）。

　スキャン設計方式の概念は IBM システム 360 のシステム診断において現われ，その後，NEC のスキャンパス方式，IBM の LSSD 方式，Sperry-Univac のスキャン・セット方式，富士通のランダムアクセススキャン方式，日立のスキャンバス方式，などが発表され大型の計算機を中心に実用化されてきた。その後 ASIC（Application Specific IC）やマイクロプロセッサにもスキャン設計が取り入れられるようになってきている。スキャン設計を ASIC に適用した例は多く，スキャン回路を自動的に挿入しテストプログラムとともにユーザに提供されている。マイクロプロセッサでも，スキャン設計を適用した例が多く発表されている。通常，プロセッサのテストは，機能テストと構造テストを併用して行なわれている。スキャン設計は構造テストを援助するためのテスト容易化であるので，このいずれのチップでも構造テストを中心にテストを行なっている。スキャン設計方式と 10.5 節で述べる組込み自己テスト方式を併用したマイクロプロセッサも多い。

　最近では，システム全体を 1 チップの LSI として実現したシステム LSI あるいは

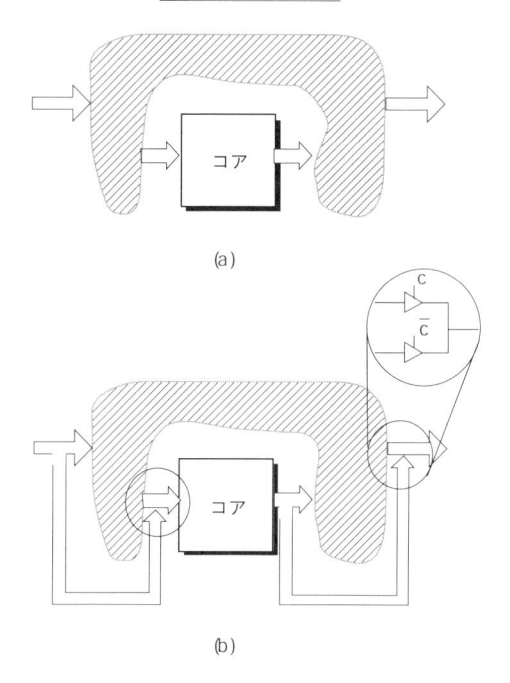

**図10.8** 可制御性・可観測性の向上

システムオンチップ（SoC）が実用化されている。このようなシステムオンチップ内部には，マイクロプロセッサやメモリがコアとして組込まれ，それらのテストは非常に困難になっている。このような場合にも図10.8に示すように，バス方式や境界スキャン方式で外部から可制御性，可観測性を向上するテスト容易化設計方式が考えられている。システムオンチップのテストについては10.6節で詳しく述べる。

## 10.4 非スキャン設計

スキャン設計によるテスト容易化設計は，その有効性が確かめられ実用化されているが，つぎに述べるような欠点がある。

1. 論理合成後の回路に対して変更を加えるので，論理合成の際に考慮したタイミング等の最適性が損なわれる。
2. スキャンのためのハードウェアオーバーヘッドが大きい。
3. スキャンフリップフロップに対してその値の制御および観測を逐次的に行うので，フリップフロップ数が多くなるとテスト実行時間が長くなる。

4．スキャンフリップフロップに対して逐次的なスキャン操作によりテストパターンを設定およびその出力応答を観測するので，組合せ論理部に対して，通常動作時と同じ周波数のクロックを与える**実動作速度** (at-speed) でのテストが困難である．

上記の欠点1を解消するために，ゲートレベル回路に合成される前のレジスタ転送レベルの設計を対象としたテスト容易化設計が考えられている．さらに，欠点2～4を解消するために，スキャン方式でない**非スキャン方式**によるテスト容易化設計が提案されている．ここでは，その一つとして筆者らが提案した非スキャン設計法を紹介する（藤原他 1998，1999，2000）．

レジスタ転送レベルでの回路は，一般にコントローラ部とデータパス部に分けて記述される．コントローラは有限状態機械 (FSM, Finite State Machine) で記述され，データパスは演算モジュールやレジスタとそれらの相互接続で記述される．データパスはコントローラに比べ一般に大きく，コントローラとデータパスでは，その回路特性が異なるため，それぞれ異なるテスト容易化設計法が提案されている．

## コントローラの非スキャンテスト容易化設計

FSM を論理合成して得られた順序回路の状態レジスタが表現できる状態のうち，FSM のリセット状態から到達可能な状態を**有効状態**と呼び，到達不可能な状態を**無効状態**と呼ぶ．順序回路の組合せ論理部に対して，組合せ回路用テスト生成アルゴリズムを適用して生成したテストパターンは，状態レジスタの値が有効状態ならば**有効テストパターン**と呼び，無効状態ならば**無効テストパターン**と呼ぶ．有効テストパターンに現れる有効状態を**有効テスト状態**と呼び，無効テストパターンに現れる状態を**無効テスト状態**と呼ぶ．

提案手法（大竹，増澤，藤原 1998）では，100％の故障検出効率を達成するために順序回路用テスト生成アルゴリズムを使わず組合せ回路用テスト生成アルゴリズムを使う．したがって順序回路の組合せ論理部に対して組合せテスト生成アルゴリズムを適用し，テストパターンを生成する．生成されたテストパターンは有効テストパターンと無効テストパターンに分類できる．有効テストパターンは FSM のリセット状態からその有効テスト状態に遷移させることで印加できる．一方，無効テストパターンは，その無効テスト状態には遷移できないので，図 10.9 に示すように，すべての無効テスト状態を生成する論理（**無効テスト状態生成回路**）を，合成され

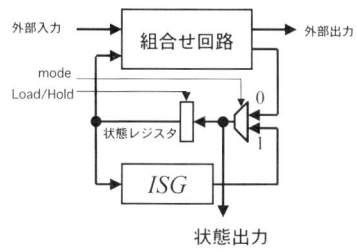

## 10.4 非スキャン設計

```
          外部入力 → [組合せ回路] → 外部出力
                        ↑
                    mode
                  Load/Hold
                        ↓
                   状態レジスタ ── MUX
                        ↓         ↑
                     [ISG] ───────┘
                        ↓
                     状態出力
          ISG: 無効テスト状態生成回路
```

(a)

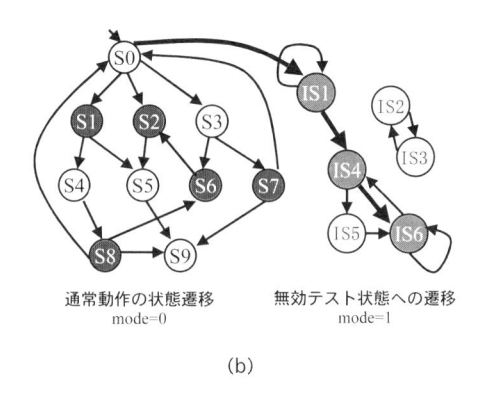

```
  通常動作の状態遷移              無効テスト状態への遷移
       mode=0                        mode=1
     (S0,S1,...,S9)                (IS1,...,IS6)
```

(b)

**図10.9** 無効テスト状態生成論理を付加したコントローラ

た順序回路に別途付加する．このようにテスト容易化された順序回路に対して，組合せ論理部の各テストパターンはつぎのように印加される．まず有効テストパターンについては，はじめに状態レジスタにその有効テスト状態を設定するための入力系列を外部入力から印加し，つぎに外部入力からテストパターンの外部入力部の値を印加する．一方，無効テストパターンについては，はじめに無効テスト状態を生成する論理によって状態レジスタに無効テスト状態を設定し，つぎに外部入力からテストパターンの外部入力部の値を印加する．これにより，組合せ論理部のテストパターンはすべて印加することができ，100％の故障検出効率を達成できる．図10.9に示すように，有効テストパターンと無効テストパターンの印加はマルチプレクサを切り替えることで実行される．状態レジスタをスキャンレジスタに設計変更し，テスト状態への設定をスキャン操作で行うスキャン方式とは異なり，提案手法では実動作速度でのテストが可能である．

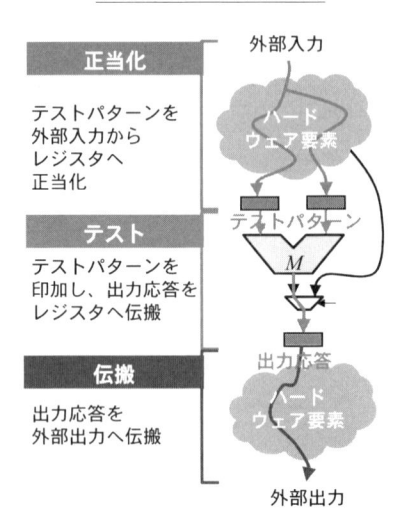

図10.10 強可検査データパスのテストプラン

## データパスの非スキャンテスト容易化設計

ここでのテスト容易化設計法は，階層テスト生成法に基づく手法である（図10.10参照）。階層テスト生成法では，2段階でテスト生成を行う。まず，データパスを構成する演算モジュールに対してゲートレベルでテスト生成を行う演算モジュールは組合せ回路であるので，ここでのテスト生成は組合せ回路用テスト生成アルゴリズムを用いて行われる。組合せテスト生成アルゴリズムを用いるので，演算モジュール単体に対しては故障検出効率100％のテストパターン集合が生成される。つぎに，生成されたテストパターンをデータパスの外部入力からその演算モジュールに伝搬し，演算モジュールの出力応答をデータパスの外部出力まで伝搬させるための一連のテスト系列を，レジスタ転送レベルで生成する。このテスト系列には，コントローラからの制御信号の時系列が含まれる。これを**テストプラン**と呼ぶ。一般に，このテストプランを生成する問題もNP完全であり，したがって，演算モジュールに対して故障検出効率100％のテストパターン集合が生成されたとしても，そのテストパターンを印可／観測するためのテストプランを生成できるとは限らない。またその生成に多くの時間を要することになる。

データパスを構成する各モジュール（ハードウエア要素）に対して，外部入力から任意の値をそのモジュールの入力端子に伝搬可能（**強可制御性**），かつ，その出力

## 10.4 非スキャン設計

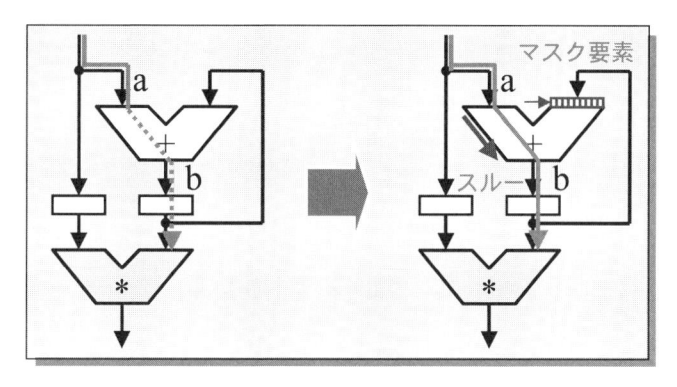

(a) スルー機能付加

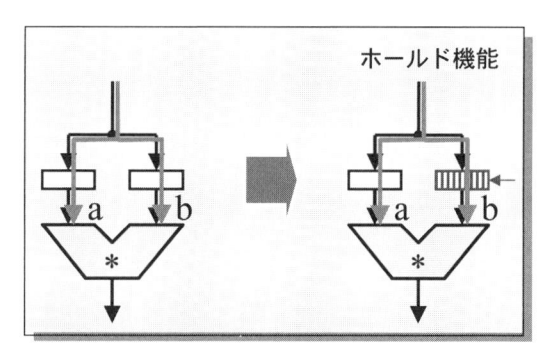

(b) ホールド機能付加

図10.11　テスト容易化要素

端子の任意の値を外部出力まで伝搬可能（**強可観測性**）ならば，そのデータパスは**強可検査**であるという。データパスが強可検査性を満たすならば，すべてのモジュールに対してテストプランが存在するので，モジュール毎に故障検出効率100％のテストパターン集合を用いることで，データパスに対して100％の故障検出効率を達成できる（和田，増澤，K.K. Saluja，藤原 1999）。

任意に設計されたデータパスは，必ずしも強可検査性を満たすとは限らない。そこで，図10.11に示す2種類の機能（スルー機能，ホールド機能）を付加することにより，データパスを強可検査なデータパスに設計変更する。演算モジュールに対しては，図10.11(a)に示すように，スルー機能を付加する。例えば，加算器の場合，片

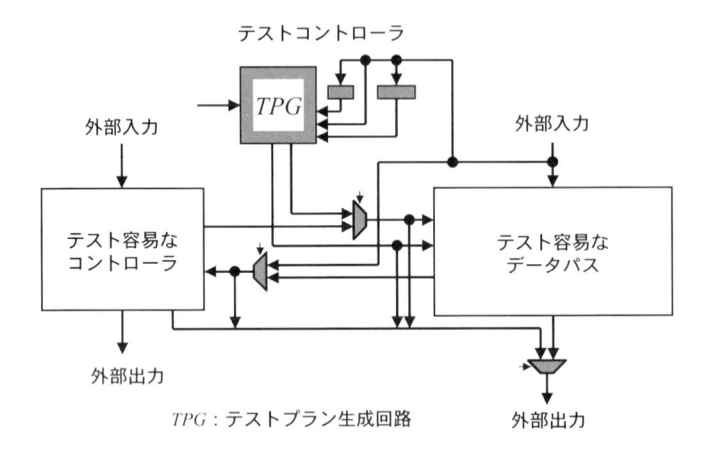

図10.12　RTL回路全体の非スキャンテスト容易化設計

方の入力に値ゼロが入力されるようにマスク（ANDゲート）を付加する。レジスタに対しては，図10.11(b)に示すように，現時刻の値を保持する（ホールド）機能を付加する。これにより，レジスタa，bに任意の異なる値を設定できる。

**レジスタ転送レベル回路全体の非スキャンテスト容易化設計**

　先に，コントローラ，データパス，各々に対して100%の故障検出効率が達成でき，実動作テストも可能な非スキャンテスト容易化設計法を示した。つぎに，これらのコントローラとデータパスから構成されるレジスタ転送レベル回路全体のテスト容易化を考える（大竹，和田，増澤，藤原2000）。

　図10.12に示すように，コントローラとデータパスに対してそれぞれ上記のテスト容易化を行う。レジスタ転送レベル回路全体のテスト容易化を考える際，コントローラとデータパスそれぞれのテスト容易化で考慮したテスト容易性を保証する必要がある。そのために，図10.12に示すように，コントローラとデータパスはマルチプレクサを用いて論理的に分離する。これにより，コントローラのテスト容易性は保証される。データパスのテスト容易性としてテストプランを供給する必要がある。これを既存のコントローラから供給するように設計するのは一般に困難であり，それを求めるのに多くの時間を浪費する。したがって，ここでは，データパスに必要なテストプラン（制御信号系列）を供給する回路として**テストコントローラ**を付加する。図10.12に示すように，テストコントローラは，**テストプラン生成回路**（TPG,

Test Plan Generator），テスト対象モジュール識別レジスタ（TMR），およびテストパターンレジスタ（TPR）から構成される。TMR にはデータパス中のテスト対象のモジュールを識別する番号が格納される。TPR には，テスト対象モジュールのテストパターンに制御信号が含まれる場合，その制御テスト信号が格納される。テストプラン生成回路は，これらのレジスタの情報から，現在テストの対象となっているモジュールのテストプラン（制御信号の時系列）を生成し，データパスにテストプランを供給する。

図 10.12 の非スキャンテスト容易化設計法の有効性が実験により評価されているので紹介する。VHDL で記述された実回路データ（プロセッサ，約 6 万 2 千ゲート）に対して，テスト容易化を行わない場合，市販の順序回路用テスト生成ツールを使ってテスト生成を行ったところ，テスト生成に 80 時間を費やしても故障検出効率は 62％にしか達しなかった。スキャン設計を施すと組合せ回路用テスト生成ツールが使えて，約 100％の故障検出効率を達成できるが，テスト生成に約 15 時間もの時間がかかった。一方，提案手法では，わずか 73 秒のテスト生成時間で 100％の故障検出効率を達成した。テスト生成時間は，スキャン設計方式の 700 分の 1 に大幅に短縮されている。テスト系列長については，スキャン設計方式では約 100 万パターンとなるのに対し，提案手法では約 1 万パターンと，テスト系列長も 100 分の 1 に大幅に短縮されている。

## 10.5　組込み自己テスト

スキャン設計によるテスト容易化設計は，その有効性が確かめられ実用化されているが，テスト容易化を一層進めた設計法として組込み自己テスト方式がある。外部のテスタによりテストを行なう方式を外部テスト（external test）方式といい，これに対して，テストを行なう回路（テスタ）を被テスト回路の内部に組み込んでテストを行なう方式を**組込み自己テスト**（built-in self test）方式という。図 10.13 に組込み自己テスト方式の原理図を示す。

組込み自己テスト方式では，テストパターンを発生する回路およびテストパターンに対する出力応答を調べる回路が必要である。ROM のようなメモリにテストパターンを蓄えておき，それを読出してテストを行なう方式では多くのメモリとテスト時間がかかる。多くのメモリを必要とせずしかも高速にテストパターンを発生するためにハードウェアでテストパターンを発生する方法が考えられる。テストパ

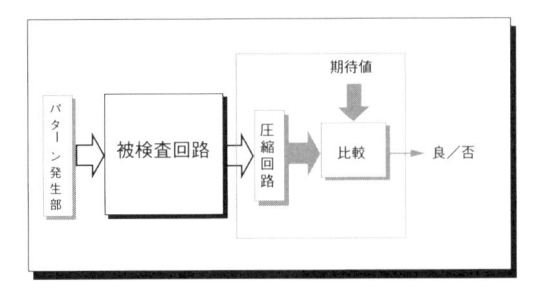

図10.13 組込み自己テスト

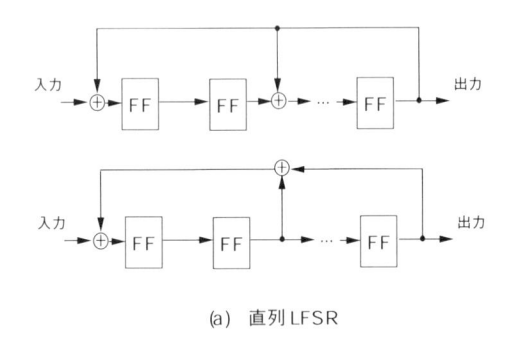

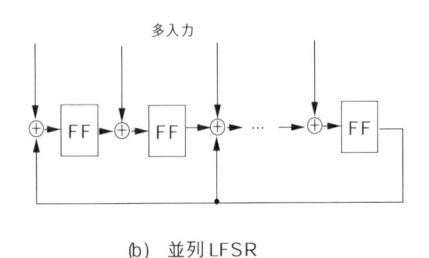

(a) 直列LFSR

(b) 並列LFSR

図10.14 線形フィードバックシフトレジスタ

ターン発生回路としては，**線形フィードバックシフトレジスタ**（LFSR, linear feedback shift register）やカウンタなどが用いられる．図10.14に線形フィードバックシフトレジスタの例を示す．線形フィードバックシフトレジスタでは，すべて0のパターンを除くすべてのパターンを疑似ランダム的に発生することができる．したがって，線形フィードバックシフトレジスタを用いて疑似ランダムテストやすべて

のパターンをテストする**全数テスト**（exhaustive test）を行なうことができる。

　テストパターンに対する出力応答パターンをすべて正しい期待値と比較する方法では，期待値を蓄えるための膨大なメモリが必要となり，また多くの時間がかかるという欠点がある。このため，組込み自己テスト方式では，通常，出力応答系列を線形フィードバックシフトレジスタやカウンタなどで圧縮し，最後に残る値と正しい期待値と比較してテストを行なう。圧縮回路として線形フィードバックシフトレジスタを用いる場合，このテスト方式を**シグネチャ解析**（signature analysis）と呼び，この線形フィードバックシフトレジスタを**シグネチャレジスタ**あるいは**シグネチャアナライザ**と呼ぶ。テスト系列を加え終わった後にシグネチャレジスタに残る値をシグネチャと呼ぶ。**シグネチャ**を正しい期待値と比較して，故障の有無や故障状態を診断する。

　このようにシグネチャ解析では多くのメモリを必要とせず高速にテストを行なうことができるが，テストされる回路の出力側に誤りが伝播してもシグネチャレジスタにより圧縮されるために誤りがマスクされ消えてしまうことがある。したがって，圧縮によるこのような**誤り見逃し**がどの程度起こるか，またそのような誤り見逃しの少ないシグネチャレジスタとしてはどのようなものがあるかを明らかにする必要がある。

　一般にシグネチャ解析における誤り見逃し率は非常に小さく，シグネチャレジスタに伝播する誤りを高い確率で検出することができる。問題は線形フィードバックシフトレジスタで発生した疑似ランダムパターンでどれだけの故障検出率が得られるかであるが，回路によってはランダムパターンでは高い故障検出率を達成できないものがあり，特に順序回路の場合は難しい。したがって，ランダムテストに対して高い故障検出率となるように回路を設計あるいは設計変更する必要がある。

　組込み自己テスト方式では，図 10.15 に示すようにバス構造で設計される場合が多い。その場合，集中管理型と分散型の 2 つに大きく分類できる。集中管理型では各モジュールをテストするテスト回路が共通に使われるのでテスト用に付加するハードウェアの面積オーバヘッドが小さいという利点がある。分散型ではモジュール毎にテストパターン発生回路と圧縮回路が必要であるのでハードウェアのオーバヘッドは大きくなるが，各モジュールが独立に同時にテストされるのでテスト時間が短い利点がある。

　図 10.15 のバス構造では，モジュールの入出力側にレジスタをもつことが多い。こ

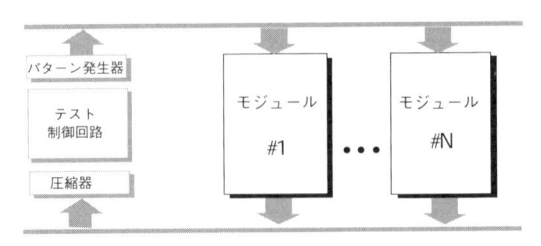

(a) 集中管理型

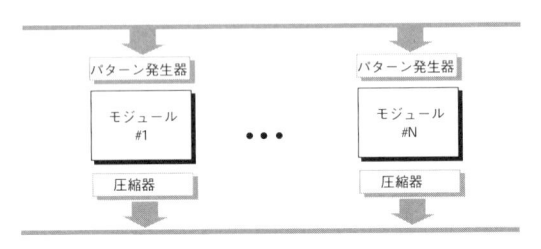

(b) 分散型

図10.15 バス構造での組込み自己テスト

の場合,図10.16(b)の分散型の各モジュールのパターン発生器や圧縮器をテストモード以外の通常の動作モードのときはレジスタとして使うようにすればハードウェアのオーバヘッドを減らすことができる。通常のレジスタのモードの他にシフトレジスタや線形フィードバックシフトレジスタのモードをもつ **BILBO**（Built-In Logic Block Observer）と呼ばれるレジスタがある（G. Koeneman, J. Mucha, G. Zwiefoff の考案）。図10.16 に 8 ビットの BILBO レジスタを示す。制御入力 $B_1$ と $B_2$ により 4 つの動作モードが実現される。通常の動作モードは，$B_1=B_2=1$ である。シフトレジスタモードは $B_1=B_2=0$，線形フィードバックシフトレジスタは $B_1=1, B_2=0$ で実現できる。$B_1=0, B_2=1$ のモードはレジスタの内容をクリアするリセットのモードである。

スキャン設計された回路に対して線形フィードバックシフトレジスタを使って組込み自己テストを行なう方式も提案されている。図10.17 はその典型的なブロック図である。外部入力には並列線形フィードバックシフトレジスタで発生する疑似ランダムパターンを並列に加え，スキャン入力には直列線形フィードバックシフトレ

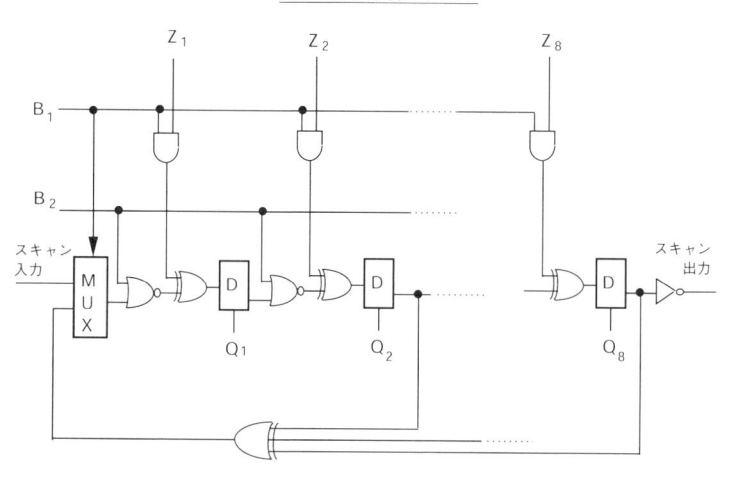

図10.16　BILBOレジスタ

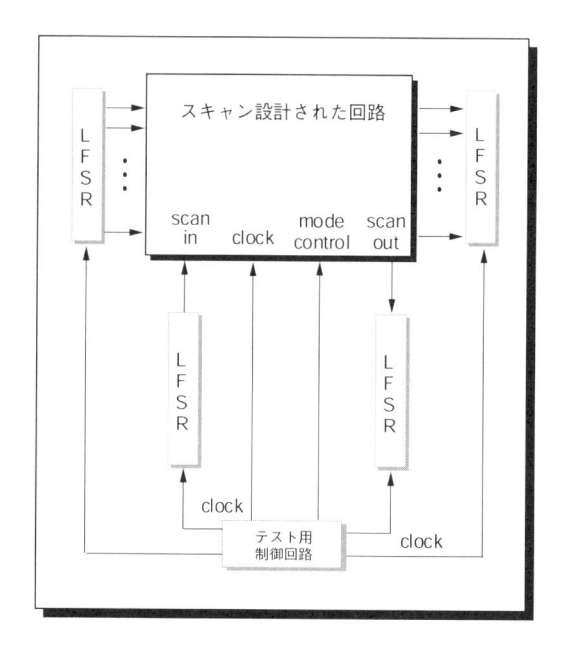

図10.17　スキャン設計を併用した組込み自己テスト

ジスタを用いて疑似ランダムパターンを直列に加える．外部出力に現われるパターンは多入力の並列線形フィードバックレジスタを用いて圧縮する．それらのシグネチャを最後に調べることにより，故障検出や故障診断を行なう．

## 10.6 システムオンチップのテスト

第1章で述べたように，半導体技術の進歩により，従来複数のLSIチップで構成していたシステムを一つのLSIチップとして実現できるようになった．これを**システムLSI**あるいは**システムオンチップ**（SoC, System-on-Chip）と呼ぶ．システムオンチップでは，設計済みの回路を(IP)コアと呼ばれる機能ブロックとして再利用することで，生産性の向上と設計期間の短縮を実現している．コアとしては，マイクロプロセッサ，メモリ，DSP（Digital Signal Processor），MPEG処理系，通信制御系回路などがある．システムオンチップの設計者が設計するユーザ定義回路もコアと見なせば，システムオンチップは，複数のコアとそれらを接続する信号線から構成されると考えることができる．

システムオンチップは，従来の基板（ボード）上に複数のLSIチップを搭載して実現した**システムオンボード**（SoB, System-on-Board）と類似している．システムオンボードに搭載されるLSIチップとシステムオンチップに埋め込まれるコアとを対応させれば，システムオンボードとシステムオンチップは類似している．しかし，システムオンボードのテストでは，搭載されたLSIチップはテスト済みであると考えることができるのに対して，システムオンチップに埋め込まれたコアは，テストする必要がある．システムオンボードのテストでは，搭載された各LSIチップを接続する信号線すなわち**インターコネクト**（interconnect）のテストが主となる．それに対して，システムオンチップのテストでは，チップ内の各コアを接続するインターコネクトのテストのみならず，コアもテストの対象となる．

通常，コアを提供する側がコアのテスト系列をあらかじめ求めておき，コアのユーザに提供する．チップ内部に埋め込まれたコアをテストするには，この提供されたテスト系列をコアに印加しその応答系列を観測する必要がある．図10.18に示すように，チップ外部のテスターを用いてテストする外部テスト方式では，**テストパターン生成回路**（Test Pattern Source）や**テスト応答解析回路**（Test Response Sink）はテスター内部にあり，システムオンチップの外部入力端子からチップ内部のコアへのテスト系列を伝搬し，そのコアにテスト系列を印加し，さらにそのコアの応答系

## 10.6 システムオンチップのテスト

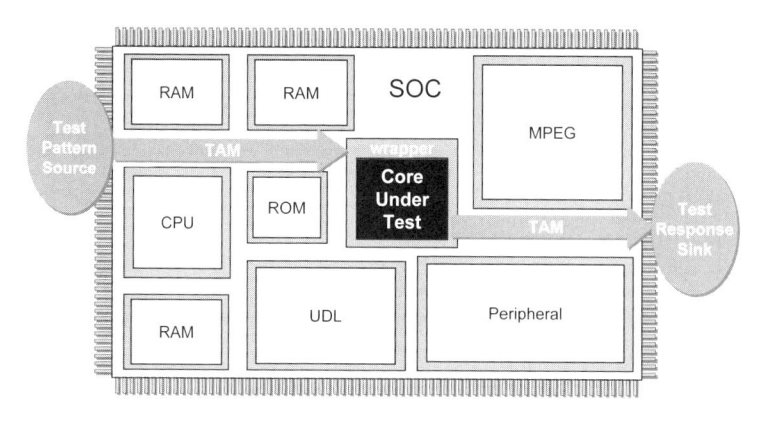

**図10.18** システムオンチップのテストアクセス機構

列をチップの外部出力端子まで伝搬し観測する必要がある．このテスト系列や応答系列を伝搬する操作を**テストアクセス**といい，そのテストアクセスに必要な経路や制御機構を**テストアクセス機構**（**TAM**，Test Access Mechanism）という．システムオンチップの内部のコアは，外部のテスターによる外部テスト方式でテストされる場合の他，チップ内部に組込まれたテストパターン発生回路やテスト応答解析回路によりテストされる組込み自己テスト方式でテストされる場合も考えられる．以下では，外部テスト方式を考える．

テストアクセス方式としては，テストバス方式，境界スキャン方式，透明経路方式，連続可検査方式などがある．**テストバス方式**は，システムオンチップの外部入力から外部出力にテストデータを伝搬するために内部にバスを付加する．さらに，各コアの入力側にマルチプレクサを付加し，通常動作時の入力とテスト実行時のバスからの入力を切り替えることでコア側の接続情報とは無関係にコアへのテストアクセスを実現する方式である（図10.19）．テストバス方式ではテスト実行時間は短いという利点があるが，面積／遅延オーバーヘッドで問題がある．さらにコア間の信号線（インターコネクト）のテストができないという問題が残る．

**境界スキャン方式**は，10.3節で述べたボードテストでの境界スキャンと同様に，各コアの入出力にスキャンフリップフロップを挿入し，境界スキャンを実現する（図10.20）．境界スキャン方式では，ボードテストの時と同様，インターコネクトのテストが容易であるという利点があるが，スキャン操作によりテスト系列を伝搬させるためそのテスト実行時間が膨大なものとなる．また，挿入するスキャンフリップフ

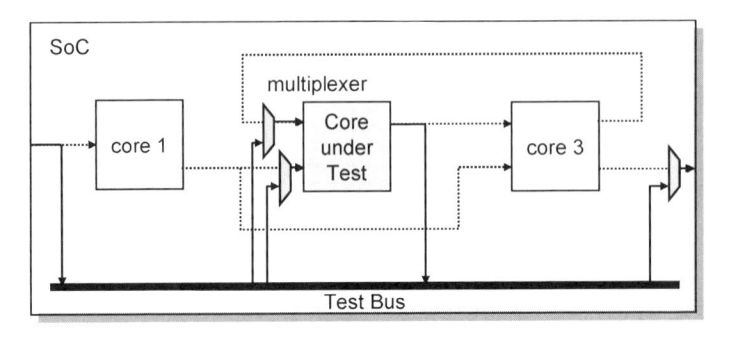

図10.19 テストバス方式

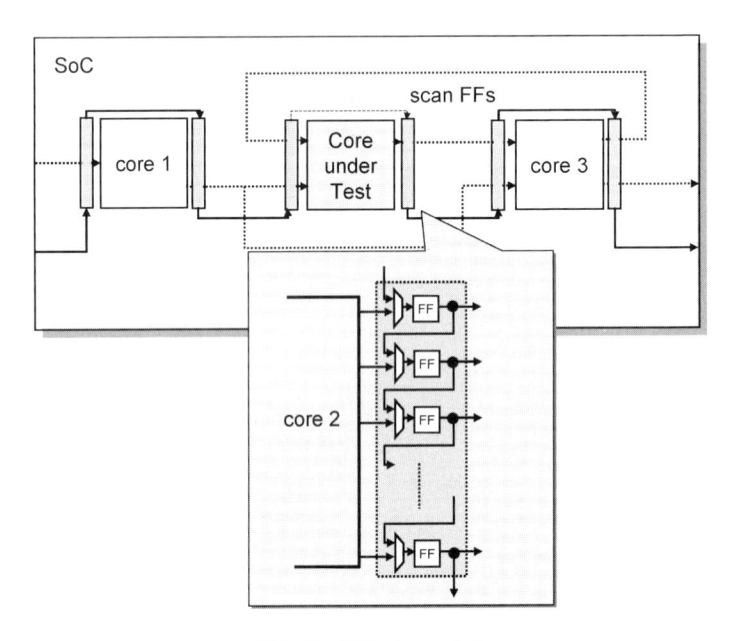

図10.20 境界スキャン方式

ロップの面積オーバーヘッドも大きいという欠点がある。

**透明経路方式**では,テストバス方式や境界スキャン方式とは異なり,コア内部の回路要素や信号線を利用して透明経路と呼ばれるテストデータを伝搬するための経路を実現し,そのコア内部の透明経路とチップの既存の信号線を利用してテストアクセスを実現する方式である(図10.21)。コア間の接続情報を用いるために,テス

## 10.6 システムオンチップのテスト

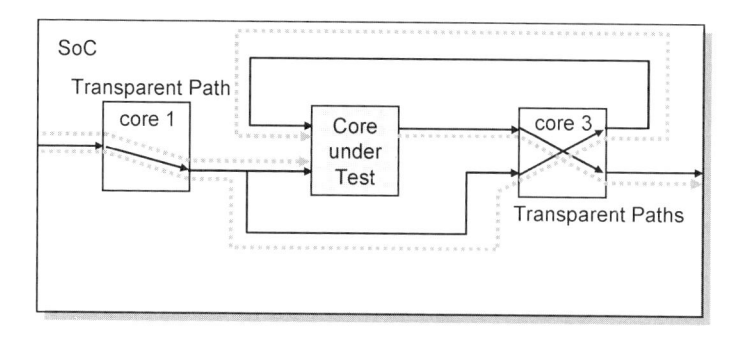

[図: SoC内のTransparent Path, core 1, Core under Test, core 3, Transparent Paths]

**図10.21** 透明経路方式

トバス方式や境界スキャン方式に比べテストアクセス経路の実現およびその制御は複雑であるが，面積／遅延オーバーヘッドは小さいという利点がある。テスト実行時間はテストバス方式より大きいが境界スキャン方式より短い。

　システムオンチップの各コアのテスト系列はコアを提供する側から与えられ，様々なテスト方式に基づく様々なタイプのテスト系列であることが多い。テスト対象の故障モデルも様々である。したがって，システムオンチップのテストでは，各コアやインターコネクトに対して，任意のテスト系列を実動作速度で連続して印加し，その応答を観測する必要がある。このようなテストアクセスを**連続テストアクセス**と呼ぶ。システムオンチップのすべてのコア，インターコネクトに対して，連続テストアクセスが可能なとき，システムオンチップは**連続可検査**であるという。与えられたシステムオンチップを最小のオーバーヘッドで連続可検査にするテスト容易化設計法が提案されている（米田，藤原2002）。

　テストアクセス機構は，種々のテストアクセス方式により実現することができる。システムオンチップの設計者が様々な制約のもとで最適なテストアクセス方式を採用しテストアーキテクチャを設計する。その際，コアに対してテストアクセスを容易にするための標準化が施されていると，チップ全体のテストが容易になる。システムオンボードのテストを容易にするために，ボードに搭載されるLSIチップに境界スキャンの標準化IEEE1149.1が考えられたのと同じように，システムオンチップのテストにおいて，コアに対して標準化されたラッパーと呼ばれる回路を付加する方法が考えられている。図10.22に **IEEE1500** の標準化に準拠した例を示す。基本的には，ボードでの境界スキャンと同じようにコアの入出力側に図10.23に示す

222  第10章　テスト容易化設計

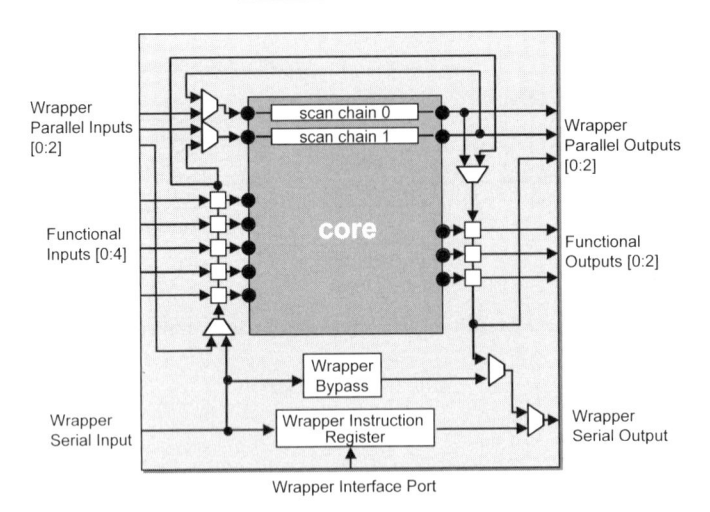

図10.22　IEEE 1500準拠ラッパー

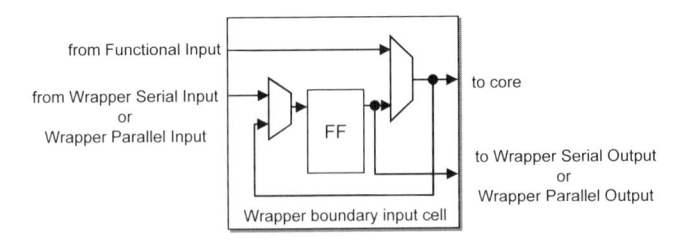

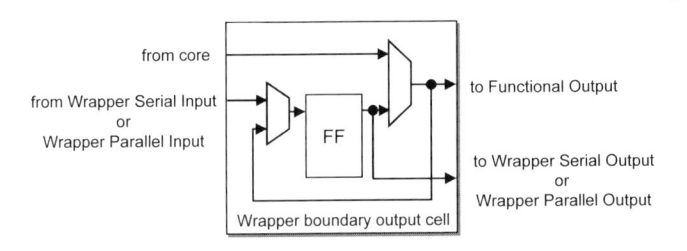

図10.23　ラッパーの境界セル

## 演習問題

**10-1** 図 10.1 の回路について確率尺度（C1, C0, O）を計算し，Goldstein の尺度と比較せよ．

**10-2** 図 8.6 の回路に対して，Goldstein の尺度（$CC^1$, $CC^0$, CO）を計算せよ．

**10-3** 図 8.6 の回路に対して，確率尺度（C1, C0, O）を計算せよ．

**10-4** 図 10.3 の拡大 PLA に対する万能テスト集合は表 10.1 に示されている．つぎの各故障はどのテストパターンで検出されるか示せ．

(a) ビット線 $Q_i$ と制御線 $C^1$ の交点における交点故障

(b) ビット線 $Q_i$ と制御線 $C^2$ の交点における交点故障

(c) ビット線 $Q_i$ と積項線 $P_j$ の交点における交点故障

(d) セル $S_i$ と積項線 $P_j$ の交点における交点故障

(e) 出力 Z と積項線 $P_j$ の交点における交点故障

**10-5** 表 10.1 の万能テスト集合の中で，つぎの入力パターンはどのような故障を検出できるか．

(a) $I^1$ と $I^2_j$  ($j=1, 2, ..., m+1$)

(b) $I^4_{ij}$ と $I^5_{ij}$  ($i=1, 2, ..., n$ ; $j=1, 2, ..., m+1$)

**10-6** 部分スキャン設計とは何か．その長所と短所を述べよ．

**10-7** 境界スキャン方式とは何か．その必要性を述べ，問題点を示せ．

**10-8** シグネチャ解析法の長所と短所を述べよ．

**10-9** 線形フィードバックシフトレジスタをパターン発生器として用いる組込み自己テスト方式の長所と短所を述べよ．

**10-10** 組込み自己テスト方式における集中管理型と分散型の特長を述べよ．

# 付録　VHDLで記述したモデルコンピュータ

## 1　はじめに

この付録は第7章で設計したモデルコンピュータをハードウェア記述言語VHDLで記述したものである。以下の構成はつぎの通りである。

　　第2節　パッケージ
　　第3節　システム構成記述
　　第4節　構成要素の記述

なお，パッケージ，システム構成記述，構成要素記述はすべて文法チェック済み，システム構成記述，構成要素記述は動作チェック済みである。

## 2　パッケージ

### 2.1　Comppack

モデルコンピュータが扱うデータやアドレスを定義している。

library ieee;

use ieee.std_logic_1164.all;

use ieee.std_logic_arith.all;


package comppack is

　　subtype address is unsigned (11 downto 0);

　　subtype data is std_logic_vector (15 downto 0);

　　subtype iodata is std_logic_vector (7 downto 0);

　　constant length: integer: =data'length;

　　function conv_data (ARG: iodata) return data;

　　function conv_iodata (ARG: data) return iodata;

　　type memarray is array (2** (address'length)-1 downto 0) of data;

```
    type cstate is (ads, ift, dec, exc);
end;


package body comppack is
function conv_data (ARG: iodata) return data is
begin
    return ext (ARG, length);
end;
function conv_iodata (ARG: data) return iodata is
begin
    return ARG (iodata'length-1 downto 0);
end;
end;
```

## 2.2 instructionpack

モデルコンピュータの命令セットを定義している。表 7.1 に対応する。

```
library ieee;
use ieee.std_logic_1164.all;
use ieee.std_logic_arith.all;
use work.comppack.all;

package instructionpack is
    subtype opcode is integer range 0 to 15;
    constant ADD: opcode:=0;
    constant SBT: opcode:=1; -- instead of SUB
    constant LAND: opcode:=2; -- instead of AND
    constant LOR: opcode:=3; -- instead of OR
    constant LDA: opcode:=4;
    constant STA: opcode:=5;
    constant BRA: opcode:=6;
    constant CLA: opcode:=7;
```

```vhdl
    constant CMA: opcode:=8;
    constant INC: opcode:=9;
    constant SZA: opcode:=10;
    constant SPA: opcode:=11;
    constant SKI: opcode:=12;
    constant INP: opcode:=13;
    constant SKO: opcode:=14;
    constant OPT: opcode:=15; -- instead of OUT
    function get_opcode (ARG: data) return opcode;
    function get_address (ARG: data) return address;
    constant addrlsb: integer:=0;
    constant addrmsb: integer:=11;
    constant opcodelsb: integer:=12;
    constant opcodemsb: integer:=15;
end;

package body instructionpack is
function get_address (ARG: data) return address is
    variable i: integer;
    variable addr: address;
begin
    for i in addrlsb to addrmsb loop
        addr (i-addrlsb):=ARG(i);
    end loop;
    return addr;
end;

function get_opcode (ARG: data) return opcode is
    variable i: integer;
    variable n: opcode;
begin
```

```
    n:=0;
   for i in opcodelsb to opcodemsb loop
      if (ARG(i)='1') then
         n:=n+2**(i-opcodelsb);
      end if;
   end loop;
   return n;
end;
end;
```

## 2.3　alupack

ALU の機能表を定義している。表 7.3 に対応する。

```
library ieee;
use ieee.std_logic_1164.all;
use ieee.std_logic_arith.all;
use work.comppack.all;

package alupack is
   -- function
   subtype alufunction is std_logic_vector (2 downto 0);
   constant aluadd: alufunction :="000";
   constant alusub: alufunction :="001";
   constant aluand: alufunction :="010";
   constant aluor: alufunction :="011";
   constant aluthru: alufunction :="100";
   constant aluclr: alufunction :="101";
   constant alucmp: alufunction :="110";
   constant aluinc: alufunction :="111";
   -- internal data process/transformation
   subtype numericdata is signed (length-1 downto 0);
   function conv_numericdata (ARG: data) return numericdata;
```

```vhdl
    function conv_data (ARG: numericdata) return data;
    function conv_data (ARG: integer) return data;
    function "+"(L: data; R: data) return data;
    function "-"(L: data; R: data) return data;
    function "+"(L: data; R:integer) return data;
    function "="(L: data; R:integer) return boolean;
end;


package body alupack is

function conv_numericdata (ARG: data) return numericdata is
    variable i: integer;
    variable tmp: numericdata;
begin
    for i in 0 to length-1 loop
        tmp(i):= ARG(i);
    end loop;
    return tmp;
end;
function conv_data (ARG: numericdata) return data is
    variable i: integer;
    variable tmp: data;
begin
    for i in 0 to length-1 loop
        tmp(i):=ARG(i);
    end loop;
    return tmp;
end;
function conv_data (ARG: integer) return data is
begin
    return conv_data (conv_signed (ARG, length));
```

end;
function "+"(L: data; R: data) return data is
　　variable tmp: numericdata;
begin
　　tmp:=conv_numericdata(L)+conv_numericdata(R);
　　return conv_data (tmp);
end;
function"-"(L: data; R: data) return data is
　　variable tmp: numericdata;
begin
　　tmp:=conv_numericdata(L)-conv_numericdata(R);
　　return conv_data (tmp);
end;
function "+"(L: data; R: integer) return data is
　　variable tmp: numericdata;
begin
　　tmp:=conv_numericdata(L)+conv_signed (R, length);
　　return conv_data (tmp);
end;
function "="(L: data; R: integer) return boolean is
begin
　　return (conv_integer (conv_numericdata (L))=R);
end;
end;

# 3　システム構成記述

　ALUや各種レジスタ等の構成要素をどのように組み合わせてコンピュータが構成されているかを記述している。図7.9に対応する。ここではメモリ以外の構成要素の接続関係を記述している。
library ieee;
use ieee.std_logic_1164.all;

use ieee.std_logic_arith.all;
use work.comppack.all;
use work.alupack.all;
use work.instructionpack.all;

entity cpu is
port (-- memory interface
    memaddress: out address;
    memout: out data;
    memin: in data;
    write: out std_logic;
    read: out std_logic;
    -- peripheral interface
    pout: out iodata;
    pin: in iodata;
    -- others
    clk: in std_logic);
end;

architecture struct of cpu is
component acc
port (din: in data;
    dout0: out data;
    dout1: out iodata;
    load: in std_logic;
    clk: in std_logic);
end component;
component alu
port (din0, din1: in data;
    dout: out data;
    sflag, zflag: out std_logic;

```
    func: in alufunction);
end component;
component ctrl
port(zflag, sflag, nflag, uflag: in std_logic;
    opcode: in opcode;
    clk: in std_logic;
    read, write: out std_logic;
    alufunc: out alufunction;
    c1, c2, c3, c4, c5, c6, c7, c8: out std_logic);
end component ;
component ibr
port (din: in iodata;
    dout: out iodata;
    load: in std_logic;
    clk: in std_logic);
end component;
component ir
port (din: in data;
    codeout: out opcode;
    addressout: out address;
    load: in std_logic;
    clk: in std_logic);
end component;
component mar
port (din: in address;
    dout: out address;
    load, clk: in std_logic);
end component;
component mux1
port (din0: in address;
    din1: in address;
```

```vhdl
      dout: out address;
      sel: in std_logic);
end component;
component mux2
port (din0: in data;
      din1: in iodata;
      dout: out data;
      sel: in std_logic);
end component;
component nreg
port (set: in std_logic;
      reset: in std_logic;
      status: out std_logic);
end component;
component obr
port (din: in iodata;
      dout: out iodata;
      load: in std_logic;
      clk: in std_logic);
end component;
component pc
port (din: in address;
      dout: out address;
      load, inc, clk: in std_logic);
end component;
component sfreg
port (din: in std_logic;
      load: in std_logic;
      clk: in std_logic;
      dout: out std_logic);
end component;
```

付録　VHDL で記述したモデルコンピュータ　　　233

```
    component ureg
    port (set: in std_logic;
       reset: in std_logic;
       status: out std_logic);
    end component ;
    component zfreg
    port (din: in std_logic;
       load: in std_logic;
       clk: in std_logic;
       dout: out std_logic);
    end component;


    signal pcout, mux1out, iraddrout: address;
    signal aluout, mux2out, acc0out: data;
    signal acc1out, ibrout: iodata;
    signal ircodeout: opcode;
    signal alusout, aluzout, sregout, zregout, uregout, nregout: std_logic;
    signal c1, c2, c3, c4, c5, c6, c7, c8, vdd: std_logic;
    signal alufunc: alufunction;
    begin

    vdd<='1';


    program_coumter:
       pc      port map (iraddrout, pcout, c2, c1, clk);


    address_mux:
       mux1    port map (pcout, iraddrout, mux1out, c3);


    memory_address_register:
       mar     port map (mux1out, memaddress, c4, clk);
```

instruction_register:
   ir    port map (memin, ircodeout, iraddrout, c5, clk);

controller:
   ctrl    port map (zregout, sregout, nregout, uregout,
             ircodeout, clk, read, write, alufunc,
             c1, c2, c3, c4, c5, c6, c7, c8);

arithmetic_logic_unit:
   alu    port map (acc0out, memin, aluout, alusout, aluzout, alufunc);
data_mux:
   mux2    port map (aluout, ibrout, mux2out, c6);

accumlator:
   acc    port map (mux2out, acc0out, acc1out, c7, clk);
memout<=acc0out;

input_buffer_register:
   ibr    port map (pin, ibrout, clk, vdd);
   -- always load

output_buffer_register:
   obr    port map (acc1out, pout, c8, clk);

zero_flag_register:
   zfreg    port map (aluzout, c7, clk, zregout);

sign_flag_register:
   sfreg    port map (alusout, c7, clk, sregout);

nflag_register:

nreg    port map (vdd, c6, nregout);
　　--always set (reset dominant latch)


uflag_register:

　　ureg    port map (vdd, c8, uregout);
　　--always set (reset dominant latch)


end;

# 4 　構成要素の記述

## 4.1 　プログラムカウンタ (PC)

library ieee;
use ieee.std_logic_1164.all;
use ieee.std_logic_arith.all;
use work.comppack.all;


entity pc is
port (din: in address;
　　dout: out address;
　　load, inc, clk : in std_logic);
end;


architecture behave of pc is
signal tmp1,tmp2: address;
begin
　　tmp1<=din when load='1' else
　　　　tmp2+1 when inc='1' else
　　　　tmp2;
　　dout<=tmp2;

　　process

```
    begin
       wait until clk'event and clk='0';
   tmp2<=tmp1;
   end process;

end;
```

## 4.2 メモリアドレスレジスタ (MAR)

```
library ieee;
use ieee.std_logic_1164.all;
use ieee.std_logic_arith.all;
use work.comppack.all;

entity mar is
port (din: in address;
   dout: out address;
   load, clk: in std_logic);
end;

architecture behave of mar is
   signal tmp1,tmp2: address;
begin
   tmp1<= din when load='0' else
      tmp2;
   dout<=tmp2;

   process
   begin
      wait until clk'event and clk='0';
      tmp2<=tmp1;
   end process;
```

end;

## 4.3 命令レジスタ (IR)

library ieee;
use ieee.std_logic_1164.all;
use ieee.std_logic_arith.all;
use work.comppack.all;
use work.instructionpack.all;

entity ir is
port (din: in data;
　codeout: out opcode;
　addressout: out address;
　load: in std_logic;
　clk: in std_logic);
end;

architecture behave of ir is
　signal tmp1, tmp2: data;
begin
　tmp1<=din when load='1' else
　　tmp2;
　codeout<=get_opcode (tmp2);
　addressout<=get_address (tmp2);

　process
　begin
　　wait until clk'event and clk='0';
　　tmp2<=tmp1;
　end process;

end;

## 4.4 アキュムレータ (ACC)

```
library ieee;
use ieee.std_logic_1164.all;
use ieee.std_logic_arith.all;
use work.comppack.all;

entity acc is
port (din: in data;
   dout0: out data;
   dout1: out iodata;
   load: in std_logic;
   clk: in std_logic);
end;

architecture behave of acc is
   signal tmp1, tmp2: data;
begin
   tmp1<=tmp2 when load='1' else
      din;
   dout0<=tmp2;
   dout1<=conv_iodata (tmp2);

   process
   begin
      wait until clk'event and clk='0';
      tmp1<=tmp1;
   end process;
end;
```

## 4.5 演算回路（ALU）

```vhdl
library ieee;
use ieee.std_logic_1164.all;
use ieee.std_logic_arith.all;
use work.comppack.all;
use work.alupack.all;

entity alu is
port (din0, din1: in data;
    dout: out data;
    sflag, zflag: out std_logic;
    func: in alufunction);
end;

architecture behave of alu is
    signal tmp: data;
begin
    zflag<='1' when tmp=0 else
        '0';
    sflag<=tmp (length-1);
    dout<=tmp;
    with func select
        tmp<=din0+din1 when aluadd,
            din0-din1 when alusub,
            din0 and din1 when aluand,
            din0 or din1 when aluor,
            din1 when aluthru,
            conv_data(0) when aluclr,
            not (din0) when alucmp,
            din1+1 when aluinc,
            ext ("X",length) when others;
```

end;

## 4.6 制御回路（コントローラ）

　コントローラは命令を解釈してモデルコンピュータの他の構成要素の動作を制御する．命令デコーダは conv_q，制御回路は make_**，タイミングカウンタは tc，タイミングデコーダは conv_t というプロセスに対応する．

```
library ieee;
use ieee.std_logic_1164.all;
use ieee.std_logic_arith.all;
use work.comppack.all;
use work.alupack.all;
use work.instructionpack.all;

entity ctrl is
port (zflag, sflag, nflag, uflag: in std_logic;
    opcode: in opcode;
    clk: in std_logic;
    read, write: out std_logic;
    alufunc: out alufunction;
    c1, c2, c3, c4, c5, c6, c7, c8: out std_logic);
end;

architecture behave of ctrl is
    signal state: cstate;
    signal t: std_logic_vector (3 downto 0);
    signal q: std_logic_vector (15 downto 0);
begin
    tc: process
    begin
        wait until clk'event and clk='0';
        case state is
```

```
      when ads=>state<=ift;
      when ift =>state<=dec;
      when dec =>state<=exc;
      when exc =>state<=ads;
      end case;
  end process;


  conv_t: process (state)
  begin
      case state is
      when ads=>t<="0001";
      when ift=>t<="0010";
      when dec=>t<="0100";
      when exc=>t<="1000";
      when others=>t<="0000";
      end case;
  end process;


  conv_q: process (opcode)
  begin
      case opcode is
      when ADD  =>q<="0000000000000001";
      when SBT=>q<="0000000000000010";
      when LAND=>q<="0000000000000100";
      when LOR=>q<="0000000000001000";
      when LDA=>q<="0000000000010000";
      when STA=>q<="0000000000100000";
      when BRA=>q<="0000000001000000";
      when CLA=>q<="0000000010000000";
      when CMA=>q<="0000000100000000";
      when INC=>q<="0000001000000000";
```

```vhdl
        when SZA=>q<="0000010000000000";
        when SPA=>q<="0000100000000000";
        when SKI=>q<="0001000000000000";
        when INP=>q<="0010000000000000";
        when SKO=>q<="0100000000000000";
        when OPT=>q<="1000000000000000";
        when others=>q<="0000000000000000";
      end case;
    end process;

    make_read: process (t,q)
    begin
      read<=t(1) or
      (t(3) and (q(0) or q(1) or q(2) or q(3) or q(4)));
    end process;

    make_write: process (t,q)
    begin
      write<=t(3) and q(5);
    end process;

    make_c1: process (t,q,zflag, sflag, nflag, uflag)
    begin
      c1<=t(1) or
      (t(3) and
         ((q(10) and zflag) or (q(11) and not (sflag)) or
         (q(12) and nflag) or (q(14) and uflag)));
    end process;

    make_c2: process (t,q)
    begin
```

c2<=t(3) and q(6);
end process;

make_c3: process (t,q)
begin
   c3<=t(2);
end process;

make_c4: process (t,q)
begin
   c4<=t(0) or t(2);
end process;

make_c5: process (t,q)
begin
   c5<=t(1);
end process;

make_c6: process (t,q)
begin
   c6<=t(3) and q(13);
end process;

make_c7: process (t,q)
begin
   c7<=(t(3) and q(0)) or (t(3) and q(1)) or (t(3) and q(2)) or
      (t(3) and q(3)) or (t(3) and q(3)) or (t(3) and q(7)) or
      (t(3) and q(8)) or (t(3) and q(9)) or (t(3) and q(13));
end process;

make_c8: process (t,q)

```vhdl
begin
   c8<=t(3) and q(15);
end process;


make_alufunc: process (state, opcode)
begin
   if (state=exc) then
   case opcode is
   when ADD=>alufunc<=aluadd;
   when SBT=>alufunc<=alusub;
   when LAND=>alufunc<=aluand;
   when LOR=>alufunc<=aluor;
   when LDA=>alufunc<=aluthru;
   when CLA=>alufunc<=aluclr;
   when CMA=>alufunc<=alucmp;
   when INC=>alufunc<=aluinc;
   when others=>alufunc<=ext ("X", alufunction'length);
   end case;
   else
      alufunc<=ext ("X",alufunction'length);
   end if;
end process;


end;
```

## 4.7 入力レジスタ（IBR）

```vhdl
library ieee;
use ieee.std_logic_1164.all;
use ieee.std_logic_arith.all;
use work.comppack.all;
use work.obr;
```

```
entity ibr is
port (din: in iodata;
    dout: out iodata;
    load: in std_logic;
    clk: in std_logic);
end;

architecture struct of ibr is
component obr
port (din: in iodata;
    dout: out iodata;
    load: in std_logic;
    clk: in std_logic);
end component;
begin
reg: obr port map (din,dout,load,clk);
end;
```

## 4.8 出力レジスタ（OBR）

入力レジスタと同一の機能で実現可能なので，入力レジスタの設計を再利用している。

```
library ieee;
use ieee.std_logic_1164.all;
use ieee.std_logic_arith.all;
use work.comppack.all;

entity obr is
port (din: in iodata;
    dout: out iodata;
    load: in std_logic;
```

    clk: in std_logic);
end;


architecture behave of obr is
    signal tmp1, tmp2: iodata;
begin
    tmp1<=din when load='1' else
        tmp2;
    dout<=tmp2;

    process
    begin
        wait until clk'event and clk='0';
        tmp2<=tmp1;
    end process;
end;


## 4.9 ゼロフラグ (Z)

library ieee;
use ieee.std_logic_1164.all;
use ieee.std_logic_arith.all;
use work.comppack.all;

entity zfreg is
port (din: in std_logic;
    load: in std_logic;
    clk: in std_logic;
    dout: out std_logic);
end;

architecture behave of zfreg is

```
   signal tmp1,tmp2: std_logic;
begin
   tmp1<=din when load='1' else
      tmp2;
   dout<=tmp2;

   process
   begin
      wait until clk'event and clk='0';
      tmp2<=tmp1;
   end process;
end;
```

## 4.10 符合フラグ (S)

```
library ieee;
use ieee.std_logic_1164.all;
use ieee.std_logic_arith.all;
use work.comppack.all;
use work.zfreg;

entity sfreg is
port (din: in std_logic;
   load: in std_logic;
   clk: in std_logic;
   dout: out std_logic);
end;

architecture struct of sfreg is
component zfreg
port (din: in std_logic;
   load: in std_logic;
```

```
    clk: in std_logic;
    dout: out std_logic);
end component;
begin
    e1: zfreg
    port map (din, load, clk, dout);
end;
```

## 4.11　出力フラグ (U)

```
library ieee;
use ieee.std_logic_1164.all;
use ieee.std_logic_arith.all;
use work.comppack.all;


entity ureg is
port (set: in std_logic;
    reset: in std_logic;
    status: out std_logic);
end;


architecture behave of ureg is
    signal tmp: std_logic;
begin
    tmp<=(tmp and not (reset)) or (set and not (reset));
    status<=tmp;
end;
```

## 4.12　入力フラグ (N)

　　出力フラグと同一の機能で実現可能なので，出力フラグの設計を再利用している。

```
library ieee;
use ieee.std_logic_1164.all;
```

use ieee.std_logic_arith.all;
use work.comppack.all;
use work.ureg;

entity nreg is
port (set: in std_logic;
　　reset: in std_logic;
　　status: out std_logic);
end;

architecture struct of nreg is
　component ureg
　port (set: in std_logic;
　　　reset: in std_logic;
　　　status: out std_logic);
　end component;
begin
　e1: ureg port map (set, reset, status);
end;

## 4.13　マルチプレクサ1

メモリアドレスレジスタの入力側にあるマルチプレクサ。

library ieee;
use ieee.std_logic_1164.all;
use ieee.std_logic_arith.all;
use work.comppack.all;

entity mux1 is
port (din0: in address;
　din1: in address;
　dout: out address;

    sel: in std_logic);
end;


architecture behave of mux1 is
begin
    dout<=din0 when sel='0' else
        din1;
end;


## 4.14 マルチプレクサ2

アキュムレータの入力側にあるマルチプレクサ。

library ieee;
use ieee.std_logic_1164.all;
use ieee.std_logic_arith.all;
use work.comppack.all;


entity mux2 is
port (din0: in data;
    din1: in iodata;
    dout: out data;
    sel: in std_logic);
end;


architecture behave of mux2 is
begin
    dout<=din0 when sel='0' else
        conv_data (din1);
end;

# 参考文献

## ディジタルシステムの設計

[D1]　G. Boole: An Investigation of the Laws of Thought, Dover（1954）

[D2]　M. Phister, Jr.: Logical Design of Digital Computers, John Wiley & Sons（1958）
　　　尾崎　弘 訳：ディジタル計算機の論理設計，朝倉書店（1966）

[D3]　尾崎　弘，樹下行三：ディジタル代数学，共立出版（1966）

[D4]　高須　達：論理設計概論，裳華房（1967）

[D5]　D.E. Knuth: The Art of Computer Programming: Seminumerical Algorithms, Addison-Wesley（1969）

[D6]　萩原　宏：電子計算機通論1/2，朝倉書店（1969/1971）

[D7]　C.G. Bell and A. Newell: Computer Structures: Readings and Examples, McGraw-Hill（1971）

[D8]　野崎昭弘：スィッチング理論，共立出版（1972）

[D9]　A.D. Friedman and P.R. Menon: Theory and Design of Switching Circuits, Computer Science Press（1975）

[D10]　当麻喜弘：順序回路論，昭晃堂（1976）

[D11]　A.K. Agrawala and T.G. Rauscher: Foundations of Microprogramming, Academic（1976）

[D12]　H. Katzan, Jr.: Microprogramming Primer, McGraw-Hill（1977）

[D13]　Z. Kohavi: Switching and Automata Theory (2nd ed.), McGraw-Hill（1978）

[D14]　D.L. Dietmeyer: Logic Design of Digital Systems (2nd ed.), Allyn & Bacon（1978）

[D15]　J.P. Hayes: Computer Architecture and Organization, McGraw-Hill（1978）

[D16]　F.J. Hill and G.R. Peterson: Digital Systems: Hardware Organization and Design ($2^{nd}$ ed.), John Wiley & Sons（1978）
　　　当麻喜弘，他 共訳：コンピュータの構成と設計I／II，サイエンス社（1981）

[D17]　S. Muroga: Logic Design and Switching Theory, John Wiley & Sons（1979）

室賀三郎, 笹尾 勤 共訳：論理設計とスイッチング理論, 共立出版 (1981)

[D18] M.M. Mano: Digital Logic and Computer Design, Prentice-Hall (1979)
奥川峻史, 井上訓行 共訳：コンピュータの論理設計, 共立出版 (1983)

[D19] 森下 巌：マイクロコンピュータ入門, 昭晃堂 (1979)

[D20] 尾崎 弘, 藤原秀雄：論理数学の基礎, オーム社 (1980)

[D21] R.L. Krutz: Microprocessors and Logic Design, John Wiley & Sons (1980)
奥川峻史, 井上訓行 共訳：マイクロプロセッサと論理設計, 共立出版 (1982)

[D22] W.I. Fletcher: An Engineering Approach to Digital Design, Prentice-Hall (1980)

[D23] J.B. Peatman: Digital Hardware Design, McGraw-Hill (1980)

[D24] C. Mead and L. Conway: Introduction to VLSI Systems, Addison-Wesley (1980)

[D25] F.J. Hill and G.R. Peterson: Introduction to Switching Theory and Logical Design (3$^{rd}$ ed.), John Wiley & Sons (1981)

[D26] J.F. Wakerly: Microcomputer Architecture and Programming, John Wiley & Sons (1981)

[D27] 矢島脩三：計算機の機能と構造, 岩波書店 (1982)

[D28] 相磯秀夫, 飯塚 肇, 元岡 達, 田中英彦：計算機アーキテクチャ, 岩波書店 (1982)

[D29] M.M. Mano: Computer System Architecture, Prentice-Hall (1982)

[D30] S. Muroga: VLSI System Design, John Wiley & Sons (1982)

[D31] 当麻喜弘, 内藤祥雄, 南谷 崇：順序機械, 岩波書店 (1983)

[D32] 高浪五男：電子計算機Ⅰ (ハードウェア), 朝倉書店 (1983)

[D33] 山田 博 編：VLSIコンピュータのCAD, 産業図書 (1983)

[D34] 喜田祐三, 萩原吉宗, 岩崎一彦：68000マイクロコンピュータ, 丸善 (1983)

[D35] Y. Paker: Multi-microprocessor Systems, Academic Press (1983)
渡辺豊英, 湧谷猪久夫, 個澤義明 共訳：マルチ・マイクロプロセッサ・システム, 啓学出版 (1984)

[D36] M.H. Lewin: Logic Design and Computer Organization, Addison-Wesley (1983)

[D37] R.M. Kline: Structured Digital Design, Prentice-Hall (1983)

[D38] 中川圭介：計算機の論理設計, 近代科学社 (1984)

## 参考文献

[D39] 元岡 達, 他：VLSI コンピュータ I, 岩波書店 (1984)

[D40] 相原恒博, 高松雄三：論理設計入門, 日新出版 (1984)

[D41] M.M. Mano: Digital Design, Prentice-Hall (1984)

[D42] T.L. Booth: Introduction to Computer Engineering (3rd ed.), John Wiley & Sons (1984)

[D43] F.J. Hill and G.R. Peterson: Digital Logic and Microprocessors, John Wiley & Sons (1984)

[D44] A.S. Tanenbaum: Structured Computer Organization (2nd ed.), Prentice-Hall (1984)

[D45] V.C. Hamacher, Z.G. Vranesic and S.G. Zaky: Computer Organization (2nd ed.), McGraw-Hill (1984)

[D46] 手塚慶一 編著：電子計算機基礎論 (第2版), 昭晃堂 (1985)

[D47] 萩原 宏, 黒住祥祐：現代電子計算機 (ハードウェア), オーム社 (1985)

[D48] 飯塚 肇：現代計算機方式論 [ I ], オーム社 (1985)

[D49] 高橋義造：計算機方式, コロナ社 (1985)

[D50] 坂村 健：コンピュータアーキテクチャ (電脳建築学), 共立出版 (1985)

[D51] 村岡洋一：コンピュータアーキテクチャ (第2版), 近代科学社 (1985)

[D52] 楠 菊信, 武末 勝, 脇村慶明：コンピュータの論理構成とアーキテクチャ, コロナ社 (1985)

[D53] 斉藤忠夫, 発田 弘, 大森健児：計算機アーキテクチャ, オーム社 (1985)

[D54] 村田健郎, 小国 力, 唐木幸比古：スーパコンピュータ：科学技術計算への適用, 丸善 (1985)

[D55] C.H. Roth: Fundamentals of Logic Design (3rd ed.), West (1985)

[D56] A.G. Lippiatt and G.L. Wright: The Architecture of Small Computer Systems (2nd ed.), Prentice-Hall (1985)

[D57] M.D. Ercegovac, T. Lang: Digital Systems and Hardware/Firmware Algorithms, John Wiley & Sons (1985)

[D58] K. Hwang and F.A. Briggs: Computer Architecture and Parallel Processing, McGraw-Hill (1985)

[D59] 当麻喜弘：スイッチング回路理論, コロナ社 (1986)

[D60] 朝日廣治, 外園寛実, 國岡保弘：32 ビットマイクロプロセッサ MC68020,

オーム社（1986）

[D61] 手塚慶一，打浪清一：電子計算機システム論，昭晃堂（1986）
[D62] 富田真治：並列計算機構成論，昭晃堂（1986）
[D63] E. Hoerbst ed.: Logic Design and Simulation, North-Holland（1986）
[D64] D.P. Agrawal ed.: Advanced Computer Architecture: Tutorial, IEEE Computer Society Press/North-Holland（1986）
[D65] 甘利俊一：バイオコンピュータ，岩波書店（1987）
[D66] 柴山　潔：コンピュータアーキテクチャ，オーム社（1987）
[D67] R.W. Hartenstein ed.: Hardware Description Language, North-Holland（1987）
[D68] 村岡洋一：VLSIコンピュータアーキテクチャ，近代科学社（1988）
[D69] 鈴木久喜，石井直宏，岩田　彰：基礎電子計算機，コロナ社（1988）
[D70] 富田真治，村上和彰：計算機システム工学，昭晃堂（1988）
[D71] 麻生英樹：ニューラルネットワーク情報処理，産業図書（1988）
[D72] M.M. Mano: Computer Engineering: Hardware Design, Prentice-Hall（1988）
[D73] M.M. Mano: Computer Engineering: Hardware Design, Prentice-Hall（1988）
[D74] D.E. Rumelhart, et al.: Parallel Distributed Processing I/II, The MIT Press（1988）
[D75] 板野肯三：アーキテクチャとハードウェアの構成，近代科学社（1989）
[D76] 田丸啓吉：論理回路の基礎，工学図書（1989）
[D77] 藤原秀雄：コンピュータの設計とテスト，工学図書（1990）
[D78] 山田輝彦：論理回路理論，森北出版（1990）
[D79] J.L. Hennessy and D.A. Patterson: Computer Architecture: A Quantitative Approach, Morgan Kaufmann Publishers（1990）
[D80] 奥川峻史：コンピュータアーキテクチャとRISC，共立出版（1992）
[D81] D. Gaiski, A. Wu, N. Dutt, and S. Lin: High-Level Synthesis: Introduction to Chip and System Design, Kluwer Academic（1992）
[D82] P. Michel, U. Lauther and P. Duzy, ed.: The Synthesis Approach to Digital System Design, Kluwer Academic（1992）
[D83] J.P. Hayes: Introduction to Digital Logic Design, Addison-Wesley（1993）
[D84] T. Sasao, ed.: Logic Synthesis and Optimization, Kluwer Academic（1993）
[D85] D.A. Patterson and J.L. Hennessy: Computer Organization and Design: The

Hardware/Software Interface, Morgan Kaufmann Publishers, Inc.（1994）

[D86] G. De Micheli: Synthesis and Optimization of Digital Circuits, McGraw-Hill（1994）

[D87] D.L. Perry: VHDL, McGraw-Hill, Inc.（1994）
今井正治，山田昭彦 監訳，メンター・グラフィックス・ジャパン㈱訳：VHDL，アスキー出版局（1996）

[D88] 笹尾　勤：論理設計（スイッチング回路理論），近代科学社（1995）

[D89] V.K. Madisetti: VLSI Digital Signal Processors, IEEE Press（1995）

[D90] T. Sasao and M. Fujita, ed.: Representations of Discrete Functions, Kluwer Academic（1996）

[D91] S. Minato: Binary Decision Diagrams and Applications for VLSI CAD, Kluwer Academic（1996）

[D92] V.P. Heuring and H. F. Jordan, Computer Systems Design and Architecture, Addison-Wesley（1997）

[D93] A.A. Jerraya, H. Ding, P. Kission and M. Rahmouni: Behavioral Synthesis and Component Reuse with VHDL, Kluwer Academic（1997）

[D94] K.C. Chang: Digital Design and Modeling with VHDL and Synthesis, IEEE Computer Society Press（1997）

[D95] S. Sjoholm and L. Lindh: VHDL for Designers, Prentice-Hall（1997）

[D96] V.P. Heuring, H.F. Jordan: Computer Systems Design and Architecture, Addison-Wesley（1997）

[D97] P. Eles, K. Kuchcinski and Z. Peng: System Synthesis with VHDL, Kluwer Academic（1998）

[D98] 藤原秀雄：コンピュータ設計概論，工学図書（1998）

[D99] Z. Navabi: VHDL, Analysis and Modeling of Digital Systems, McGraw-Hill（1998）

[D100] J.P. Elliott: Understanding Behavioral Synthesis: A Practical Guide to High-Level Design, Kluwer Academic Publishers（1999）

[D101] S.G. Shiva: Computer Design and Architecture, Marcel Dekker, Inc.（2000）

[D102] S. Furber: ARM, System-on-Chip Architecture, Addison-Wesley（2000）

[D103] 深山正幸，北川章夫，秋田純一，鈴木正國：HDLによるLSI設計，共立出

版（2001）
- [D104] C.J. Myers 著（米田友洋 訳）：非同期式回路の設計，共立出版（2001）
- [D105] J.F. Wakerly: Digital Design Principles and Practices, Prentice Hall（2001）
- [D106] W. Wolf: Computers and Components, Morgan Kaufmann Publishers（2001）
- [D107] M.M. Mano, C.R. Kime: Logic and Computer Design Fundamentals, Prentice Hall（2001）
- [D108] M.M. Mano: Digital Design, Prentice Hall（2002）
- [D109] W. Wolf: Modern VLSI Design, System-on-Chip Design, Prentice Hall（2002）

## ディジタルシステムのテスト

- [T1] H.Y. Chang, E. Manning and G. Metze: Fault Diagnosis of Digital Systems, John Wiley & Sons（1970）
鵜飼直哉，利谷圭介 共訳：ディジタルシステムの故障診断，産業図書（1971）
- [T2] W.W. Peterson and E.J. Weldon, Jr.: Error-Correcting Codes (2nd ed.), The MIT Press（1972）
- [T3] K. A. Breuer and A.D. Friedman: Diagnosis and Reliable Design of Digital Systems, Computer Science Press（1976）
- [T4] 猪瀬 博 編：コンピュータシステムの高信頼化，情報処理学会（1977）
- [T5] J. Wakerly: Error Detecting Codes, Self-Checking Circuits and Applications, Elsevier North-Holland（1978）
- [T6] J.P. Roth: Computer Logic, Testing and Verification, Computer Science Press（1980）
- [T7] T. Anderson and P.A. Lee: Fault Tolerance: Principles and Practice, Prentice-Hall（1981）
- [T8] D.P. Siewiorek and R.S. Swarz: The Theory and Practice of Reliable System Design, Digital Press（1982）
- [T9] 樹下行三，藤原秀雄：ディジタル回路の故障診断（上），工学図書（1983）
- [T10] 可児賢二，川西 宏，船津重宏：超 LSI CAD の基礎，オーム社（1983）

[T11]　玉本英夫：論理回路の故障診断，日刊工業新聞社（1984）

[T12]　R.G. Bennetts: Design of Testable Logic Circuits, Addison-Wesley（1984）

[T13]　C.C. Timoc ed.: Logic Design for Testability, IEEE Computer Society Press（1984）

[T14]　H. Fujiwara: Logic Testing and Design for Testability, The MIT Press（1985）

[T15]　H.K.Reghabati ed.: Tutorial: VLSI Testing and Validation Techniques, IEEE Computer Society Press（1985）

[T16]　P.K. Lala: Fault Tolerant and Fault Testable Hardware Design, Prentice-Hall（1985）

　　　当麻喜弘 監訳, 古屋　清, 玉本英夫 共訳：フォールト・トレランス入門, オーム社（1988）

[T17]　J.Gray 他著, 渡辺栄一 編訳：フォールトトレラントシステム, マッグロウヒルブック（1986）

[T18]　D.K. Pradhan ed.: Fault-Tolerant Computing I/II, Prentice-Hall（1986）

[T19]　E.J. McCluskey: Logic Design Principles: with Emphasis on Testable Semicustom Circuits, Prentice-Hall（1986）

[T20]　A. Miczo: Digital Logic Testing and Simulation, John Wiley & Sons（1986）

[T21]　T.W. Williams ed.: VLSI Testing, North-Holland（1986）

[T22]　B.R. Wilkins: Testing Digital Circuits: An Introduction, Van Nostrand Reinhold（1986）

[T23]　N. Singh: An Artificial Intelligence Approach to Test Generation, Kluwer Academic（1987）

[T24]　F.F. Tsui: LSI/VLSI Testability Design, McGraw-Hill（1987）

[T25]　P.H. Bardell, W.H. McAnney and J. Savir: Built-In Test for VLSI: Pseudorandom Techniques, John Wiley & Sons（1987）

[T26]　当麻喜弘 監修, 向殿政男 編：コンピュータシステムの高信頼化技術入門, 日本規格協会（1988）

[T27]　V.D. Agrawal and S.C. Seth ed.: Tutorial: Test Generation for VLSI Chips, IEEE Computer Society Press（1988）

[T28]　向殿政男 編：フォールト・トレラント・コンピューティング, 丸善（1989）

[T29]　K-T. Cheng and V.D. Agrawal: Unified Methods for VLSI Simulation and Test

Generation, Kluwer Academic（1989）

[T30] 藤原秀雄：コンピュータの設計とテスト，工学図書（1990）

[T31] 当麻喜弘，南谷　崇，藤原秀雄：フォールトトレラントシステムの構成と設計，槙書店（1991）

[T32] A. Gosh, S. Devadas and A.R. Newton: Sequential Logic Testing and Verification, Kluwer Academic Publishers（1992）

[T33] M.T. Lee: High-Level Test Synthesis of Digital VLSI Circuits, Artech House（1997）

[T34] S.L. Hurst: VLSI Testing: Digital and Mixed Analogue/Digital Techniques, The Institution of Electrical Engineers（1998）

[T35] A. Kristic and K-T. Cheng: Delay Fault Testing for VLSI Circuits, Kluwer Academic Publishers（1998）

[T36] J. Rajski and J. Tyszer: Arithmetic Built-In Self-Test for Embedded Systems, Prentice Hall PTR（1998）

[T37] J.C. Lopez, R.Hermida and W. Geissehardt ed.: Advanced Techniques for Embedded Systems Design and Test, Kluwer Academic Publishers（1998）

[T38] A.L. Crouch: Design for Test for Digital IC's and Embedded Core Systems, Prentice Hall PTR（1999）

[T39] R. Rajsuman: System-on-a-Chip Design and Test, Artech House（2000）

[T40] M.L. Bushnell and V.D. Agrawal: Essentials of Electronic Testing for Digital, Memory and Mixed-Signal VLSI Circuits, Kluwer Academic Publishers（2000）

[T41] S. Mourad and Y. Zorian: Principles of Testing Electronic Systems, John Wiley and Sons, Inc.（2000）

[T42] K. Chakrabarty, V. Iyengar and A. Chaudra: Test Resource Partitioning for System-on-a-Chip, Kluwer Academic Publishers（2002）

[T43] N. Nicolici and B.M. Al-Hshimi: Power-Constrained Testing of VLSI Circuits, Kluwer Academic Publishers（2003）

[T44] N. Jha and S. Guputa: Testing of Digital Systems, Cambridge University Press（2003）

# 索　引

## 《和　文》

### 【ア　行】

| | |
|---|---|
| アキュムレータ | 53,112 |
| アドレス・デコーダ | 24 |
| アドレスマッピング回路 | 74 |
| 誤り見逃し | 215 |
| 一意活性化 | 172 |
| 一致操作 | 164 |
| イネーブル | 19 |
| インサーキットテスト方式 | 205 |
| インターコネクト | 218 |
| インバータ | 8 |
| エッジ・トリガ | 12 |
| 演繹故障シミュレーション | 180 |
| エンコーダ | 22 |
| 演算部 | 4 |
| オープン故障 | 136 |

### 【カ　行】

| | |
|---|---|
| 回転シフト | 47 |
| 回路設計 | 110 |
| カウンタ | 28 |
| 学習 | 174 |
| 拡張Dアルゴリズム | 176 |
| 拡張一意活性化 | 175 |
| 拡張含意操作 | 174 |
| 可検査性 | 194 |
| 活性化された経路 | 158 |
| カルノー図 | 18 |
| 含意操作 | 163 |
| 簡単化 | 16 |
| 記憶素子 | 4 |
| 機能故障 | 139 |
| 機能シミュレータ | 5 |
| 機能設計 | 2,109 |
| 機能ブロック | 37 |
| 基本キューブ | 160 |
| キューブ | 18 |
| 境界スキャン | 205 |
| 境界スキャン方式 | 219 |
| 強可観測性 | 211 |
| 強可検査 | 211 |
| 強可制御性 | 210 |
| 組合せ回路 | 8 |
| 組み合わせ禁止 | 14 |
| 組込み自己テスト | 213 |
| 組込みシステム | 1 |
| クロック・パルス | 11 |
| クロックサイクル | 90 |
| クロック発生器 | 11 |
| 経路遅延故障 | 141 |
| 結合故障 | 139 |
| 結線制御 | 68 |
| 決定的技法 | 173 |
| ゲート | 4,8 |
| ゲート遅延故障 | 141 |
| 検証 | 110 |
| 高位合成 | 4 |
| 交点故障 | 137 |
| 故障 | 135 |
| 故障$\alpha$の基本Dキューブ | 160 |
| 故障検出 | 142 |
| 故障検出効率 | 146 |
| 故障検出率 | 146 |
| 故障差関数 | 142 |
| 故障シミュレーション | 146 |
| 故障診断 | 142 |
| 故障リスト | 180 |
| コントローラ | 4 |
| コントロール／データフローグラフ | 90,92 |
| コントロールステップ | 90 |
| コンピュータ援用設計 | 2 |

### 【サ　行】

| | |
|---|---|
| 最小項 | 24 |
| 算術シフト | 47 |
| 算術マイクロ操作 | 46 |
| 3状態ゲート | 41 |
| シグネチャ | 215 |
| シグネチャアナライザ | 215 |
| シグネチャ解析 | 215 |
| シグネチャレジスタ | 215 |
| システムLSI | 1,218 |
| システムオンチップ | 1,218 |
| システムオンボード | 218 |
| システムグラフ | 146 |
| システムシミュレータ | 5 |

| | |
|---|---|
| システム設計 | 2, 109 |
| 実動作速度 | 208 |
| 自動配置配線 | 4 |
| シフト・マイクロ操作 | 46 |
| シフトレジスタ | 30 |
| 縮退故障 | 135 |
| 主項 | 160 |
| 出力バッファ・レジスタ | 112 |
| 出力フラグU | 112 |
| 順序回路 | 8 |
| 仕様 | 15 |
| 状態図 | 26 |
| 状態遷移表 | 26 |
| 状態レジスタ | 52 |
| 状態割当 | 26 |
| 冗長故障 | 142 |
| 静的学習 | 175 |
| ショート故障 | 136 |
| 真理値表 | 7, 15 |
| 垂直型 | 76 |
| 水平型 | 76 |
| スキャン設計 | 202 |
| スケジューリング | 90 |
| 正エッジ | 13 |
| 制御条件 | 37 |
| 制御部 | 4 |
| 制御メモリ | 73 |
| 制御語 | 73 |
| 積項 | 25 |
| 設計検証 | 4 |
| 設計資産 | 2 |
| 設計自動化 | 2 |
| セット | 14 |
| セレクタ | 23 |
| ゼロフラグ | 112 |
| 遷移故障 | 141 |
| 全加算器 | 16 |
| 線形フィードバックシフトレジスタ | 214 |
| 全数テスト | 215 |
| 先頭信号線 | 171 |
| 双対 | 6 |
| 双対の原理 | 6 |
| 双方向バス | 45 |
| 束縛信号線 | 171 |
| ソフトウェア | 2 |

## 【タ 行】

| | |
|---|---|
| 対角型 | 76 |
| 代表故障 | 143 |
| タイミング故障 | 135 |
| 多サイクル | 96 |
| 多重経路活性化 | 158 |
| 多重後方追跡 | 172 |
| 多重故障 | 143 |
| チェイニング | 97 |
| 遅延故障 | 141 |
| 中央処理部 | 109 |
| ディジタル回路 | 8 |
| ディジタルコンピュータ | 1 |
| デコーダ | 19 |
| テスタビリティ | 194 |
| テスタビリティ解析 | 194 |
| テスタビリティ尺度 | 194 |
| テスト | 142 |
| テストアクセス | 219 |
| テストアクセス機構 | 219 |
| テスト応答解析回路 | 218 |
| テスト系列 | 142 |
| テストコントローラ | 212 |
| テスト生成アルゴリズム | 145 |
| テスト設計 | 110 |
| テストバス方式 | 219 |
| テストパターン | 142 |
| テストパターン生成回路 | 218 |
| テストプラン | 210 |
| テストプラン生成回路 | 212 |
| データ・アレイ | 24 |
| データパス | 4 |
| データフローグラフ | 91 |
| デマルチプレクサ | 23 |
| 伝搬Dキューブ | 161 |
| ド・モルガン | 6 |
| 等価故障 | 143 |
| 同期式順序回路 | 9 |
| 動作記述 | 2 |
| 同時故障シミュレーション | 180 |
| 同定問題 | 176 |
| 動的学習 | 175 |
| 透明経路方式 | 220 |
| 特性表 | 14 |
| トランジスタ | 136 |
| トランジスタ故障 | 136 |

## 【ナ 行】

| | |
|---|---|
| 入力バッファ・レジスタ | 112 |
| 入力フラグN | 112 |

## 【ハ 行】

| | |
|---|---|
| パイプライン | 97 |
| バインディング | 91, 100 |

# 索　引

パス遅延故障 …………………………… 141
パーソナルコンピュータ ……………………… 1
パターン依存故障 ……………………… 139
発見的技法 ……………………………… 173
バッファ ………………………………………… 8
ハードウェア …………………………………… 2
ハードウェア／ソフトウェア協調シミュレータ ……………………………………… 5
ハードウェア記述言語 ………………… 4,37
半加算器 ………………………………… 16
反転 ……………………………………… 6
万能テスト ……………………………… 199
万能テスト集合 ………………………… 199
非スキャン方式 ………………………… 208
非同期式順序回路 ……………………… 9
被覆する ……………………………… 144
ファームウェア ………………………… 75
負エッジ ………………………………… 13
符号フラグ ……………………………… 112
部分スキャン設計 ……………………… 204
ブリッジ故障 ………………………… 136
フリップ・フロップ …………………… 11
フリップフロップ ……………………… 4
ブール関数 ……………………………… 7
ブール式 ………………………………… 7
ブール積 ………………………………… 6
ブール代数 ……………………………… 6
ブール変数 ……………………………… 7
ブール和 ………………………………… 6
プログラム・カウンタ ………………… 112
プログラムメモリ ……………………… 4
プロセッサ ……………………………… 4
並列故障シミュレーション …………… 180

## 【マ　行】

マイクロ操作 …………………………… 37
マイクロプログラム …………………… 73
マイクロプログラム順序器 …………… 74
マイクロプログラム制御 ……………… 73
マイクロ命令 …………………………… 73
マスタ・スレーブ ……………………… 12
マルチプレクサ ………………………… 22
無効状態 ……………………………… 208
無効テスト状態 ……………………… 208
無効テスト状態生成回路 …………… 208
無効テストパターン ………………… 208
命令サイクル ………………………… 109
命令実行 ……………………………… 109
命令セット …………………………… 113
命令取出し …………………………… 109

命令レジスタ ………………………… 112
メモリ・アドレス・レジスタ ……… 111
メモリ故障 …………………………… 139
メモリ素子 …………………………… 24
モデル・コンピュータ ……………… 111

## 【ヤ　行】

有限状態機械 …………………………… 4
有効状態 ……………………………… 208
有効テスト状態 ……………………… 208
有効テストパターン ………………… 208

## 【ラ　行】

ライフタイム …………………………… 99
リセット ………………………………… 14
リソースアロケーション ……………… 94
レイアウト設計 …………………… 4,110
レジスタ ………………………………… 30
レジスタ（メモリ）アロケーション … 99
レジスタ転送言語 ……………………… 37
レジスタ転送レベル …………………… 2
レジスタ転送論理 ……………………… 37
連続可検査 …………………………… 221
連続テストアクセス ………………… 221
ロード ………………………………… 39
論理回路 ……………………………… 4,8
論理関数 ………………………………… 7
論理合成 ………………………………… 4
論理故障 ……………………………… 135
論理式 ………………………………… 7
論理シフト …………………………… 47
論理シミュレータ ……………………… 5
論理図 ………………………………… 16
論理積 ………………………………… 7
論理設計 …………………………… 4,109
論理素子 ………………………………… 4
論理否定 ………………………………… 7
論理変数 ………………………………… 7
論理マイクロ操作 …………………… 46
論理和 ………………………………… 7

## 《欧　文》

### 【A】

ACC ……………………………… 53,112
ADR ……………………………… 112

# 索　引

## 【A】
ALAP ……………………………… 94
AND ……………………………… 7
AND アレイ ……………………… 25
ASAP ……………………………… 94

## 【B】
BILBO ……………………………… 216

## 【C】
C-MOS ……………………………… 136
CAD ………………………………… 2,143
CDFG ……………………………… 90,92
CPU ………………………………… 109

## 【D】
DA …………………………………… 2
D アルゴリズム …………………… 160
D 駆動 ……………………………… 163
D 交差 ……………………………… 163
D 算法 ……………………………… 160
D フリップフロップ ……………… 11
D フロンティア …………………… 163
D ラッチ …………………………… 11

## 【F】
FAN アルゴリズム ………………… 170
FPGA ……………………………… 201
FSM ………………………………… 4
FSM コントローラ ………………… 68

## 【H】
HDL ………………………………… 4

## 【I】
IBR ………………………………… 112
IEEE 1500 ………………………… 221
if-then …………………………… 38
IP …………………………………… 2
IR …………………………………… 112

## 【J】
JK フリップフロップ ……………… 14

## 【L】
LFSR ……………………………… 214
LSSD ……………………………… 203

## 【M】
MAR ………………………………… 111

## 【N】
N-MOS ……………………………… 136
NOT ………………………………… 7

## 【O】
OBR ………………………………… 112
OP …………………………………… 112
OR …………………………………… 7
OR アレイ ………………………… 24

## 【P】
PC …………………………………… 112
PLA ………………………………… 25
PLA 故障 …………………………… 137
PODEM アルゴリズム …………… 166

## 【R】
RAM ………………………………… 24,31
Read ……………………………… 121,125,127
ROM ………………………………… 24
RTL ………………………………… 2
RWM ………………………………… 24

## 【S】
S …………………………………… 112
S－グラフ ………………………… 146
SoC ………………………………… 1
SOCRATES ………………………… 174
SPIRIT ……………………………… 176
SR フリップフロップ …………… 14
SR ラッチ ………………………… 32

## 【T】
TAM ………………………………… 219

## 【V】
Verilog-HDL ……………………… 4
VHDL ……………………………… 4,37

## 【W】
Write ……………………………… 121,125,127

## 【Z】
Z …………………………………… 112

―― 著 者 略 歴 ――

藤原　秀雄（ふじわら　ひでお）

| | |
|---|---|
| 1974 年 | 大阪大学大学院　博士課程修了 |
| 1974 年 | 大阪大学　助手 |
| 1985 年 | 明治大学　助教授 |
| 1990 年 | 同大学　教授 |
| 1993 年 | 奈良先端科学技術大学院大学　教授 |
| 現　在 | 同大学情報科学研究科　教授 |

工学博士，IEEE Fellow, 電子情報通信学会フェロー，情報処理学会フェロー
専門は，論理設計論，テスト，フォールトトレランス，設計自動化

主な著書　「論理数学の基礎」（共著，オーム社，1980 年）
　　　　　「ディジタル回路の故障診断（上）」（共著，工学図書，1983 年）
　　　　　「Logic Testing and Design for Testability」（MIT Press，1985 年）
　　　　　「コンピュータの設計とテスト」（工学図書，1990 年）
　　　　　「フォールトトレラントシステムの構成と設計」（共著，槇書店，1991 年）
　　　　　「コンピュータ設計概論」（工学図書，1998 年）

ディジタルシステムの設計とテスト　　　Printed in Japan

平成 16 年 5 月 14 日　初　版

著　者　　藤　原　秀　雄
発行者　　笠　原　　　隆

発 行 所　工学図書株式会社

東京都千代田区麹町 2-6-3
電　話　03 (3262) 3 7 7 2 番
Ｆ Ａ Ｘ　03 (3261) 0 9 8 3 番

印刷所　昭和情報プロセス株式会社

Ⓒ　藤原秀雄　　2004
ISBN 4-7692-0459-0 C3058

☆定価はカバーに表示してあります。

―――― 好評発売中 ――――

## コンピュータ設計概論
工学博士 藤原秀雄 著
★A5判　定価2,310円

## 論理回路の基礎 (改訂版)
工学博士 田丸啓吉 著
★A5判　定価2,310円

## テーマ別 電子回路例解と演習
工学博士 島田一雄／工学博士 南任靖雄 共著
★A5判　定価3,150円

## 磁性材料
工学博士 小沼稔 著
★A5判　定価3,150円

## CCDと応用技術
鈴木茂夫 著
★A5判　定価1,785円

## EMCと基礎技術
鈴木茂夫 著
★A5判　定価1,575円

## 光情報産業と先端技術
工学博士 米津宏雄 著
★A5判　定価2,100円

〔表示価格は税込み（5％）の価格〕

―― 工学図書　http://www.kougakutosho.co.jp ――